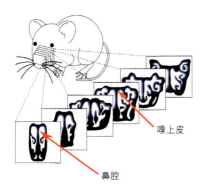
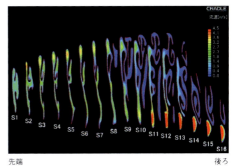

口絵1 マウスの鼻腔構造
(左) 鼻腔の冠状切片. におい分子は白く表した鼻腔空間に入ってきて, 黒く表した鼻甲介・鼻中隔の表面にある嗅上皮によって認識される. (右) 3次元再構築した鼻腔空間ににおい分子を流したときのにおい濃度変化のシミュレーション. [図2.3参照]

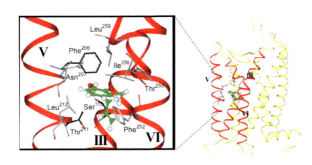

口絵2 嗅覚受容体の立体構造モデル (右) とにおい分子結合モデル (左) (Katada et al., 2005)
マウス嗅覚受容体 mOR-EG の第3, 5, 6膜貫通部位 (リボン構造) でつくられる空間にリガンドであるオイゲノールが結合している様子. [図2.8参照]

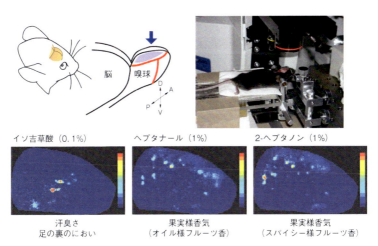

口絵3 カルシウムイメージング法によるマウスの嗅球におけるにおい応答測定
(上) 麻酔下でマウスの嗅球の背側を露出させ, においを嗅がせて顕微鏡下で応答を測定する様子.
(下) 発火する糸球体の空間パターンはそれぞれのにおいで異なる. 活性化パターンの類似度はにおいの質の類似度を反映する. [図2.11参照]

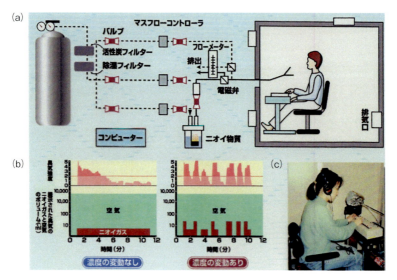

口絵4 変動臭気提示・評価装置による変動臭気の感覚強度の測定（斉藤他，1993を一部変更）
(a) 装置全体の模式図．(b) コンピューター表示画面．上方に評価者によって評定された12分間の感覚強度の変化を，下方に提示された臭気の濃度変化を示す．左画面は濃度が一定の持続臭気，右画面は濃度が変わる変動臭気を示す．(c) 提示される臭気の感覚強度を連続評定する評価者．[1.2節参照]

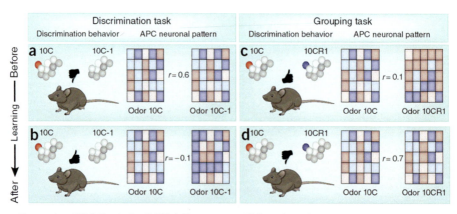

口絵5 におい学習前後における前梨状皮質のニューロン活動での相関（Weiss & Sobel, 2012, Figure 1）
(a, b) 判別テスト：におい学習前，ラットはにおい10Cとにおい10C-1を区別できない．前梨状皮質（APC）ニューロン群間の活動パターンは相関（0.6）(a)．学習後，ラットは10Cと10C-1をうまく判別し，APCの相関は脱相関（−0.1）(b)．(c, d) においをグループ化する学習前，ラットはにおい10Cとにおい10CR1を判別し，APCのニューロン群間の相関は脱相関（0.1）(c)．学習後には，APCの相関は高い数値（0.7）を示した．[図3.21参照]

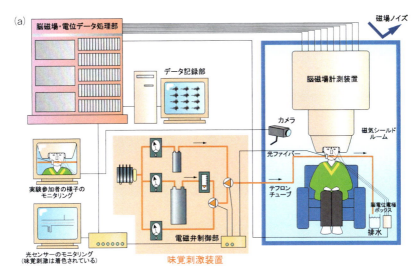

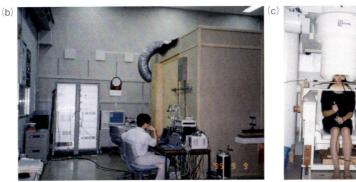

口絵6 味覚の脳磁場計測の様子
(a) 実験の模式図．(b) シールドルームの外にある MEG 計測装置と，味刺激装置の味刺激の立ち上がりをチェックする実験者．(c) シールドルーム内の実験参加者．[第3章参照]

81歳男性

発症8か月
MMSE 26点
OSIT-J 正答4問

3年後
MMSE 19点
脳血流低下が進行

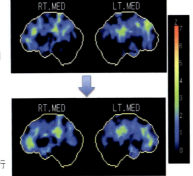

口絵7 脳血流 SPECT の経時変化 物忘れを自覚してから8か月後（上），および3年後（下）の脳の SPECT 検査結果（飯嶋, 2015）．青い部分は血流低下部位を示す．[図6.2参照]

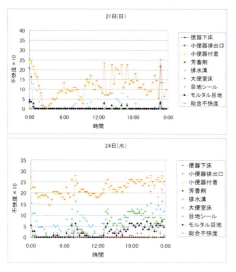

口絵 8 トイレ臭の測定［図 7.9 参照］

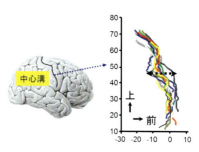

口絵 9 8 名の実験参加者の中心溝における個人差［図 8.11 参照］

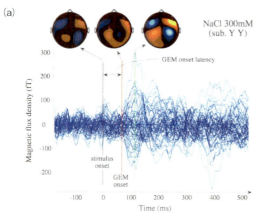

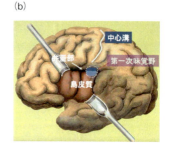

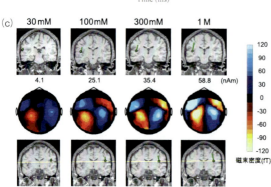

口絵 10 食塩に対する MEG 応答 (a) 食塩に対する MEG 波形と磁場応答マップ．縦棒は時間軸上に，左から味刺激 onset，味覚誘発磁場 onset，最大磁場応答を示す（Saito et al., 1998, Figure 1 を一部変更）．(b) (a) の最大磁場応答から推定されたヒトの第一次味覚野（サルの G 野に相当）の位置．サルの G 野より後方の頭頂弁蓋部と島の移行部にある．(c) 食塩の濃度変化に対する磁場応答と第一次味覚野の活動の大きさ（緑色の線）の変化（Kobayakawa et al., 2008, Figure 2）．［3.1 節参照］

食と味嗅覚の人間科学

斉藤幸子・今田純雄 [監修]

味嗅覚の科学

人の受容体遺伝子から製品設計まで

斉藤幸子・小早川 達 [編]

朝倉書店

は じ め に

　世界遺産に指定された和食の世界的ブームや，その鍵となる日本古来のだしの味，また，国家的なプロジェクトである味覚教育（食育）など，今日，生活の中で味覚の話題には事欠かない．また，香りで快適性を高めた多様な商品，悪臭を検知する臭気判定士，認知症と嗅覚減退の関係，「香害」に苦しむ化学物質過敏症患者の存在など，生活の中でのにおいの話題も，テレビや新聞をにぎわしている．

　しかし，40，50年前は，社会的関心は低く，ごく稀に臭気公害に関する記事を新聞で見る程度だった．心理学の分野においても，味覚と嗅覚に関する研究は，視覚や聴覚に比べて軽んじられ，1960年代の心理学概論のテキストには，味嗅覚に関する記述は数ページしかなかった．その頃大学生だった筆者が味やにおいの実験を始めようとしても，周りには先輩の研究者が皆無で，味刺激やにおい刺激を計量する機器もなかった．筆者が1967年に採用された国立研究所でも状況は同じで，味嗅覚に関する研究への関心は全くなかった．しかし奇しくも同年，公害対策基本法が制定され悪臭が典型7大公害のひとつに定められ，臭気に対する社会的関心は高まりつつあった．先ず，単体悪臭物質の濃度による基準づくりが行われ，1971年に悪臭防止法として制定された．しかし，苦情としてあげられる現場臭気の多くは複合臭気で，個々の臭気の濃度による基準づくりは難しく，人の感覚を取り入れた評価法が検討されるようになった．筆者らも1980年に臭気公害の対策技術に関するプロジェクトを立ち上げることとなった．

　筆者らは，臭気公害対策に関して悪臭の分類，臭気の不快性の評価，変動臭気の評価，評価の個人差とその要因の研究に取り組んだ．その後，社会的要請や国家的プロジェクトの中で高齢者の嗅覚減退とその計測法，味嗅覚の脳機能，国際比較などの研究に携わることができた．この間，1967年に研究会として立ち上げられた「味と匂のシンポシアム」（現在の「日本味と匂学会」）が日本の味とにおいの研究を牽引してきた．本会は味嗅覚に限らず，広く味とにおいに関わる研究をターゲットとしたもので，心理学分野の発表は少なかったが，参加によって味嗅覚の基礎的・臨床的研究の最先端を知ることができ，解剖学・生理学の専門家との情報交換は貴重であった．当初は発表件数も少なく，味とにおいの研究が一部屋で発表されていたので，味覚・嗅覚の両方の情報を得られた上，味覚と嗅覚両方について物質から受容，神経系，脳機能と人の心理を包括的に考えるきっかけにもなり，人間という全体像をとらえることができた．

　21世紀に入ると，2004年にバックとアクセルが，においの受容体遺伝子の発見と嗅覚の分子メカニズムの解明に対してノーベル生理学・医学賞を授与され，においに関す

る研究は分子生物学分野は勿論，幅広い分野で大きく進展し今日に至っている．また，味覚についても受容体遺伝子に関わる分子生物学分野の研究は大きく進展した．

　本書は，人の味嗅覚心理学の研究に携わっている人々が，専門ではなくても知っていた方がよい隣接分野の知見を一冊にまとめたもので，大きく3部で構成されている．第1部は味嗅覚科学の基礎で，先ず，人の味嗅覚の知覚・認知心理学，次に，味物質・におい物質について，さらに，口腔内や鼻腔内における味・においの受容機構，最後に味嗅覚情報の神経伝達機構と脳機能を見ていく．各分野の研究は現在も続行中のため，繋がっていないところも多いが，ご了解いただきたい．第2部では，味嗅覚の生涯発達に焦点を当て，主に子どもと高齢者の味嗅覚の知覚や認知について見ていく．第3部では，人の味嗅覚研究の応用例を，健康・医療分野，臭気環境分野，食品・香粧品産業分野からそれぞれ取り上げて見ていく．また，各章では味覚と嗅覚の両方を解説し，同一のテーマに関する味覚・嗅覚の知識を整理しやすいよう目次を組んだ．両感覚とも化学物質を刺激とするため，化学感覚と呼ばれ，さまざまな共通点があるからである．また，本書はシリーズ〈食と味嗅覚の人間科学〉の2冊目であり，すでに刊行された『食行動の科学』の読者に対して，基礎的な情報を提供する役割もある．

　本書の特徴は，人の味嗅覚の基礎から応用を，幅広い分野の第一線の先生にご執筆いただいたことである．また，心理学分野で人の味嗅覚を40年間研究してきた筆者自身が，隣接する分野について現在も知りたいと思っていることを執筆していただいたものでもある．そのため，人の味嗅覚研究に興味がある心理学の学生や研究者は勿論，企業ですでに味嗅覚に関わる研究や開発に従事している技術者，まだ卒業研究テーマあるいは将来の方向を決めていない大学生など，いろいろな意味でこの分野に興味をもっている人にとっても，便利で欲張った本になっていると思う．一方，味嗅覚の基礎分野で日夜研究に没頭している人が，もう少しマクロな視点で人間の味嗅覚心理学やその応用分野を知って，自分の研究に新しい発想を得ていただけることも期待している．

　最後に，いくつかお断りをしておきたい．限られた紙数のため，記述できなかったものも多い．それについては参考文献を参照していただきたい．また，研究内容が多分野にまたがるため，用語や表現が分野により異なるところがあるが，強制的な統一はしなかった．また，本書のサブタイトルは「人の受容体遺伝子から製品設計まで」であるが，これは被験体がすべて人という意味ではない．人の味嗅覚を理解する上で欠かせない基礎研究の一部は動物実験も含んでいる．最後に，研究は日進月歩であり，読者は，本書を足がかりに，さらに新しい知識を吸収され，独自の発想や考えも大切にして，それぞれの学習や仕事に活かしていただければ幸甚である．

　2018年5月

斉藤記す

編集者

斉 藤 幸 子　　斉藤幸子味覚嗅覚研究所

小早川　達　　産業技術総合研究所人間情報研究部門

執筆者

愛 場 庸 雅　大阪市立総合医療センター

綾 部 早 穂　筑波大学人間系

飯 嶋　　睦　東京女子医科大学医学部

岩 崎 好 陽　元におい・かおり環境協会会長

上 野 広 行　東京都環境科学研究所

小 河 孝 夫　滋賀医科大学医学部

小 川　　尚　熊本大学名誉教授
　　　　　　　熊本機能病院

河合美佐子　前味の素株式会社

喜 多 純 一　株式会社島津製作所

日下部裕子　農業・食品産業技術総合研究機構

熊 沢 賢 二　小川香料株式会社

小早川　達　産業技術総合研究所人間情報研究
　　　　　　　部門

斉 藤 幸 子　斉藤幸子味覚嗅覚研究所

坂 井 信 之　東北大学大学院文学研究科

須貝外喜夫　金沢看護専門学校

東 原 和 成　東京大学大学院農学生命科学研究科

中 野 詩 織　花王株式会社

松葉佐智子　東京ガス株式会社

松 宗 憲 彦　小林製薬株式会社

三 輪 高 喜　金沢医科大学医学部

武藤志真子　女子栄養大学名誉教授

森 谷 愛 美　花王株式会社

山 本 晃 輔　大阪産業大学国際学部

吉 井 文 子　前別府大学食物栄養科学部

（五十音順）

目　　次

第1部　味嗅覚研究の基礎

1. 味・においの知覚と認知 ･･････････････････････････････････････ 2

　1.1　味の知覚と認知 ･･････････････････････････････････[斉藤幸子]･･ 2

　　1.1.1　基本味とは何か？ ･････････････････････････････････ 2

　　1.1.2　味の検知・弁別 ･･････････････････････････････････ 6

　　1.1.3　味の感覚強度関数 ････････････････････････････････ 6

　1.2　においの知覚 ･･････････････････････[中野詩織・斉藤幸子]･･ 8

　　1.2.1　においの表現・分類 ･･･････････････････････････････ 8

　　1.2.2　においの同定 ･･････････････････････････････････ 15

　　1.2.3　においの閾値・感覚強度 ･･････････････････････････ 18

　　1.2.4　においの快不快 ･･･････････････････････････････ 27

　1.3　においの記憶 ･･････････････････････････････[山本晃輔]･･ 35

　　1.3.1　においの短期記憶と長期記憶 ･･････････････････････ 36

　　1.3.2　においの想起手がかりとしての有効性 ･･･････････････ 38

　　1.3.3　においの記憶研究における今後の課題 ･･･････････････ 41

　1.4　味覚・嗅覚の相互作用 ･･･････････････････････[坂井信之]･･ 43

　　1.4.1　嗅覚の味覚に及ぼす影響 ･･････････････････････････ 44

　　1.4.2　味覚の嗅覚に及ぼす影響 ･･････････････････････････ 46

　　1.4.3　味覚と嗅覚の連合学習 ･･･････････････････････････ 48

　　1.4.4　研究上の問題点 ･････････････････････････････････ 49

　　1.4.5　味覚・嗅覚の相互作用研究の今後の課題 ･････････････ 49

2. 味・におい物質とその受容機構 ･･･････････････････････････････ 52

　2.1　味物質とにおい物質 ･･････････････････････････[吉井文子]･･ 52

　　2.1.1　味物質 ･･････････････････････････････････････ 52

　　2.1.2　におい物質 ･･･････････････････････････････････ 55

　　2.1.3　味物質・におい物質の化学的特徴 ･･････････････････ 60

　　2.1.4　味物質とにおい物質についての今後の展望 ･･････････ 63

目　　　次　　　　　　　v

2.2　味物質の受容……………………………………………[日下部裕子]…65

2.2.1　味蕾の構造……………………………………………65

2.2.2　味覚受容体同定の経緯…………………………………66

2.2.3　明らかになった味覚受容体……………………………66

2.2.4　味細胞内での情報伝達…………………………………71

2.2.5　体調に左右される味覚受容……………………………71

2.2.6　消化器官と味覚受容体…………………………………72

2.2.7　味物質受容研究の今後の課題…………………………73

2.3　におい物質の受容………………………………………[東原和成]…75

2.3.1　鼻腔空間へのにおいの取り込み………………………75

2.3.2　嗅上皮と嗅神経細胞……………………………………76

2.3.3　嗅覚受容体遺伝子………………………………………78

2.3.4　受容体タンパク質の構造とにおい結合………………79

2.3.5　嗅覚シグナルトランスダクション……………………81

2.3.6　においと嗅覚受容体の組合せ…………………………81

2.3.7　嗅球におけるにおい地図………………………………83

2.3.8　嗅盲と受容体遺伝子……………………………………85

3.　味・におい情報の神経伝達と脳機能………………………………………87

3.1　味覚の神経伝達・脳機能レベル………………[小早川　達・小川　尚]…87

3.1.1　末梢味覚神経……………………………………………87

3.1.2　中枢味覚経路：味覚中継核および関連構造…………90

3.1.3　ヒトにおける味覚野……………………………………96

3.2　嗅覚の神経伝達と脳機能………………………………………104

3.2.1　嗅覚の中枢情報伝達と脳機能………………[須貝外喜夫]…104

3.2.2　人間の脳活動の計測…………………………[綾部早穂]…118

第2部　味嗅覚の生涯発達

4.　子どもの味覚・嗅覚………………………………………………………126

4.1　子どもの味覚…………………………………………[武藤志真子]…126

4.1.1　胎児・新生児・乳児……………………………………126

4.1.2　幼児………………………………………………………127

4.1.3　小学校児童………………………………………………131

4.1.4　中学校生徒………………………………………………133

vi　　　　　目　　　次

4.2　子どもの嗅覚‥‥‥‥‥‥‥‥‥‥‥‥‥‥‥‥‥‥‥‥‥‥‥［斉藤幸子］‥‥136
　4.2.1　新生児・乳児‥‥‥‥‥‥‥‥‥‥‥‥‥‥‥‥‥‥‥‥‥‥‥‥‥‥‥‥‥136
　4.2.2　幼児・児童‥‥‥‥‥‥‥‥‥‥‥‥‥‥‥‥‥‥‥‥‥‥‥‥‥‥‥‥‥‥137
　4.2.3　青壮年，高齢者との比較からみた児童の嗅覚の特徴‥‥‥‥‥‥‥‥‥139

5. 高齢者の味覚・嗅覚‥‥‥‥‥‥‥‥‥‥‥‥‥‥‥‥‥‥‥‥‥‥‥‥‥‥‥‥‥‥142

5.1　高齢者の味覚‥‥‥‥‥‥‥‥‥‥‥‥‥‥‥‥‥‥‥‥‥‥［河合美佐子］‥‥142
　5.1.1　高齢者の味覚感受性‥‥‥‥‥‥‥‥‥‥‥‥‥‥‥‥‥‥‥‥‥‥‥‥‥142
　5.1.2　高齢者の食における味覚‥‥‥‥‥‥‥‥‥‥‥‥‥‥‥‥‥‥‥‥‥‥‥147
　5.1.3　高齢者の健康状態と味覚‥‥‥‥‥‥‥‥‥‥‥‥‥‥‥‥‥‥‥‥‥‥‥150
　5.1.4　今後の課題‥‥‥‥‥‥‥‥‥‥‥‥‥‥‥‥‥‥‥‥‥‥‥‥‥‥‥‥‥‥152
5.2　高齢者の嗅覚‥‥‥‥‥‥‥‥‥‥‥‥‥‥‥‥‥‥‥‥‥‥‥［斉藤幸子］‥‥154
　5.2.1　においの閾値‥‥‥‥‥‥‥‥‥‥‥‥‥‥‥‥‥‥‥‥‥‥‥‥‥‥‥‥‥154
　5.2.2　高齢者のにおいの同定能力と感覚強度評定‥‥‥‥‥‥‥‥‥‥‥‥‥‥155
　5.2.3　においの質の弁別‥‥‥‥‥‥‥‥‥‥‥‥‥‥‥‥‥‥‥‥‥‥‥‥‥‥‥156
　5.2.4　嗅覚減退に対する高齢者の自覚‥‥‥‥‥‥‥‥‥‥‥‥‥‥‥‥‥‥‥‥158

第3部　味嗅覚科学の応用

6. 健康・医療分野への応用‥‥‥‥‥‥‥‥‥‥‥‥‥‥‥‥‥‥‥‥‥‥‥‥‥‥‥162

6.1　嗅 覚 障 害‥‥‥‥‥‥‥‥‥‥‥‥‥‥‥‥‥‥‥‥‥‥‥‥‥‥‥［三輪高喜］‥‥162
　6.1.1　嗅覚障害の分類‥‥‥‥‥‥‥‥‥‥‥‥‥‥‥‥‥‥‥‥‥‥‥‥‥‥‥‥162
　6.1.2　嗅覚障害の原因疾患とその病態，臨床的特徴‥‥‥‥‥‥‥‥‥‥‥‥‥164
　6.1.3　質的嗅覚障害‥‥‥‥‥‥‥‥‥‥‥‥‥‥‥‥‥‥‥‥‥‥‥‥‥‥‥‥‥166
　6.1.4　今後の展望‥‥‥‥‥‥‥‥‥‥‥‥‥‥‥‥‥‥‥‥‥‥‥‥‥‥‥‥‥‥169
6.2　神経変性疾患と嗅覚‥‥‥‥‥‥‥‥‥‥‥‥‥‥‥‥‥‥‥‥‥［飯嶋　睦］‥‥170
　6.2.1　パーキンソン病‥‥‥‥‥‥‥‥‥‥‥‥‥‥‥‥‥‥‥‥‥‥‥‥‥‥‥‥171
　6.2.2　軽度認知症・認知症における嗅覚障害‥‥‥‥‥‥‥‥‥‥‥‥‥‥‥‥173
　6.2.3　レム睡眠行動異常症‥‥‥‥‥‥‥‥‥‥‥‥‥‥‥‥‥‥‥‥‥‥‥‥‥‥175
　6.2.4　筋萎縮性側索硬化症‥‥‥‥‥‥‥‥‥‥‥‥‥‥‥‥‥‥‥‥‥‥‥‥‥‥175
　6.2.5　神経疾患における嗅覚機能評価の展望‥‥‥‥‥‥‥‥‥‥‥‥‥‥‥‥176
6.3　味 覚 障 害‥‥‥‥‥‥‥‥‥‥‥‥‥‥‥‥‥‥‥‥‥‥‥‥‥‥‥［愛場庸雅］‥‥178
　6.3.1　味覚障害の疫学‥‥‥‥‥‥‥‥‥‥‥‥‥‥‥‥‥‥‥‥‥‥‥‥‥‥‥‥178
　6.3.2　味覚障害の症状‥‥‥‥‥‥‥‥‥‥‥‥‥‥‥‥‥‥‥‥‥‥‥‥‥‥‥‥179
　6.3.3　味覚障害の原因‥‥‥‥‥‥‥‥‥‥‥‥‥‥‥‥‥‥‥‥‥‥‥‥‥‥‥‥181
　6.3.4　味覚障害の診断‥‥‥‥‥‥‥‥‥‥‥‥‥‥‥‥‥‥‥‥‥‥‥‥‥‥‥‥186

目　　次　　vii

6.3.5　味覚障害の治療 ……………………………………………… 188

7. 臭気環境分野への応用 …………………………………………… 191
7.1　臭気公害の現状と対策 ………………………………… [上野広行] … 191
　7.1.1　悪臭苦情の発生状況 …………………………………………… 191
　7.1.2　悪臭防止法による臭気対策 …………………………………… 193
　7.1.3　臭気対策の実際 ………………………………………………… 197
7.2　悪臭の表現・分類 ……………………………………… [斉藤幸子] … 200
　7.2.1　悪臭物質に対する表現は多様で個人差が大きい ……………… 201
　7.2.2　悪臭の分類 ……………………………………………………… 204
　7.2.3　環境臭気の臭気質評価のための記述語の選定 ………………… 205
7.3　においセンサおよびにおい識別装置を用いた臭気対策 ……… [喜多純一] … 207
　7.3.1　成分分析によるにおいの客観評価の課題 …………………… 207
　7.3.2　においセンサ素子とにおい識別装置 ………………………… 209
　7.3.3　におい識別装置の応用 ………………………………………… 213

8. 食品産業・香粧品産業などへの応用 …………………………… 218
8.1　連続強度評定による飲料の後味の評価 ………………… [森谷愛美] … 218
　8.1.1　コーヒーの風味 ………………………………………………… 219
　8.1.2　コーヒー飲料の苦味と後鼻腔香に対する連続強度評定 ……… 220
　8.1.3　より良い商品開発のために …………………………………… 223
8.2　生活複合臭の分析と芳香消臭剤開発 …………………… [松宗憲彦] … 224
　8.2.1　芳香消臭剤の歴史 ……………………………………………… 224
　8.2.2　生活環境の変化と生活複合臭 ………………………………… 225
　8.2.3　芳香消臭剤の製品開発 ………………………………………… 228
8.3　香料開発におけるフレーバーリリース分析技術の応用 ……… [熊沢賢二] … 231
　8.3.1　新たなフレーバーリリース分析法の開発 …………………… 231
　8.3.2　フレーバーリリースに配慮した香料の開発 ………………… 233
　8.3.3　フレーバーリリース分析とその応用における今後の課題 …… 234
8.4　都市ガスの付臭剤の臭質に関する評価 ……… [小早川　達・松葉佐智子] … 237
　8.4.1　付臭剤の臭質に求められる要件 ……………………………… 237
　8.4.2　ガス臭であるとの認識 ………………………………………… 238
　8.4.3　嗅覚感度の低減 ………………………………………………… 239
8.5　脳計測でわかること・わからないこと ………………… [小早川　達] … 242

viii　　　　　　　　　　目　　　次

あとがき･･247
索　　引･･249

コラム目次

1●日本人のためのスティック型嗅覚同定能力検査法･････････[斉藤幸子]･･･ 17
2●神経変性疾患と味覚･･･････････････････････････[小河孝夫]･･･185
3●かおり風景100選を訪ねて･････････････････････[岩崎好陽]･･･206

第1部 味嗅覚研究の基礎

　　第1部では，人の味嗅覚に関する心理学，化学，生理学，分子生物学分野の基礎研究について最近の成果を中心に概説する．心理学の分野では，基本味とは何か，嗅覚の個人差はどうして生じるのか，においの記憶や味とにおいの相互作用に注目したい．また，味やにおいの違いが感覚細胞の受容体で認識されるしくみは，2004年のノーベル生理学・医学賞を契機に日進月歩で明らかにされているが，どこまでわかったのだろうか．さらに，最新の脳計測法を用いて，長い間ブラックボックスだったヒトの第一次味覚野が同定されたが，サルと同じ脳部位だったのだろうか．また，記憶や味とにおいの相互作用に関する心理学的知見は，脳レベルでどこまで解明されたのだろうか．

1. 味・においの知覚と認知
2. 味・におい物質とその受容機構
3. 味・におい情報の神経伝達と脳機能

01　味・においの知覚と認知

1.1　味の知覚と認知

　寿司屋で，シャリの上のマグロとアジの違いは目隠しをしていても，食べれば容易に区別できる．しかし，これら寿司種から，においや歯触り，大きさ，音など味覚以外の感覚を取り去ると弁別は難しくなる．このような，においや歯触りなども含んだ味，さらに辛味や渋味は広義の味と呼ばれる．狭義の味は味覚受容器である味蕾にある受容体で受容され，味覚神経で脳に伝えられ，さらに最新の脳科学の知見によれば，大脳の第一次味覚野（3.1.3 項 a 参照）を賦活させる味といえる．なお，本シリーズの先行図書『食行動の科学』のコラムで，日下部（2017）が学術用語と断って味覚（gustation）と呼んだものは，ここでいう狭義の味と同じである．本節では狭義の味について述べるが，その中で特に，基本味とは何かについて言及したい．多くの味覚解説書には，「味（または味覚）には，甘味，苦味，酸味，塩から味（または塩味），うま味の 5 基本味がある」と書かれている．味覚について初学者は，この 5 基本味が味覚の普遍的な法則だと思うだろう．実はそうではなく，現在もっとも受け入れられている考え方（説）というのが相応しい．なぜなら，味覚研究は最初は知覚心理学，次に解剖学，神経生理学，近年になって分子生物学，脳科学，食品科学などの分野で進展し，この 50 年の間で基本味という言葉の定義は大きく変わり，その内容も変化してきたからである．つまり，上述の 5 基本味は，色の 3 原色のように確立したものではなく，現在の科学的知見から妥当とされる説で，最終的な理解に至るまでのひとつの通過点にすぎないからである．1.1.1 項では基本味とは何かを歴史的にたどる．

　この他，本節では，代表的味についての検知閾や強度関数についても述べるが，味物質や食品の快不快やおいしさについては言及しないので，他書（たとえば伏木，2008；日下部・和田，2011）を参考にされたい．

1.1.1　基本味とは何か？

　歴史的にみると，ギリシャ時代，アリストテレスは基本味として，甘味，苦味，酸味，塩から味，収斂味，刺激味（pungent），辛味（harsh）の 7 つをあげた．その後，

19世紀までにこの他に脂味，アルカリ味，金属味，淡い味（または水の味）などが基本味としてあげられたが，味覚の解剖学的知見から辛味や渋味などのいくつかの味が除外され，20世紀のはじめには，アルカリ味などの候補も残しながら甘味，苦味，酸味，塩味の4つが一般に基本的な味として受け入れられた（Bartoshuk, 1978）．これが4基本味説である．ここでの基本味は知覚心理学と解剖学の知覚に基づいていたと考えられる．ドイツの心理学者Henning（1916）は，心理物理学的実験も行って，この甘味，苦味，酸味，塩味からなる味の4面体モデルを提唱した．このモデルでは各頂点には甘味，苦味，酸味，塩味が，各稜線上には基本2味の混合味が，各面上には基本3味の混合味が位置づけられ，4面体の中は空洞であった（詳細は斉藤，2008, pp. 74-75）．後に，Henningの4面体の信憑性は，基本4味とその混合味を含む類似性データに多次元尺度構成法（multidimensional scaling；MDS）を適用した研究（斉藤，1982）や，基本4味を混合した味の中に基本4味を感じることは非常に少ないという研究（Saito & Iida, 1992）で確かめられた．しかし20世紀後半，心理学者の間では，4基本味説を支持する者とそうでない者の間でしばらく議論が続いた（斉藤，2008）．4基本味説を支持したMcBurney（1974）は，4味に対する被験者の知覚印象，化学的特性，各味質のもつ意味，味覚変革物質や局所麻酔の作用の仕方，強度関数の傾き，舌上の感受性，温度による閾値の変動，交叉や交叉順応の影響，順応後の水の味，味覚反応時間などが異なることを根拠としてあげた．しかし，Schiffman & Erickson（1980）はこれらの論拠の例外をあげて反論し（詳細は斉藤，2008を参照），さらに，広範囲にわたる味物質の中には，4基本味に含まれない味質が多く報告され，4基本味で味全体をカバーできないこと，また，ある味を表すのに4基本味よりもぴったりする言葉が見つけられる場合があることなどをあげた．また，多様な味の類似性データにMDSを適用した研究から，4基本味に含まれない味としてアルカリ味，硫黄味，脂味をあげ，基本味が4つでは不十分だとした（Schiffman & Dackis, 1975）．

　一方，日本では昆布や鰹節からとれるだしの味への関心が高いが，20世紀のはじめ，池田（1909）は昆布のうま味成分としてグルタミン酸ナトリウム（monosodium glutamate；MSG）を抽出し，うま味と名づけた（うま味物質についての詳細は2.1節を参照されたい）．その後，MDSを用いた研究でも，うま味を呈するMSGがいわゆるこれまでの基本味のグループと異なる位置を示すと報告された（吉田，1963；Yamaguchi, 1987）．このことはうま味が知覚心理学的に4基本味と異なるグループの味として認識されることを示した．こうして，うま味は4基本味では説明できない新たな基本味として提唱された．しかしうま味は欧米人にはわかりにくい味で，この提案が受け入れられるには，うま味が味神経を介して中枢に伝えられること，すなわち，うま味だけに応答する神経線維が存在すること，そして，自然界に存在する肉，魚，野菜など多くの食品の味の主たる構成要素であることなどが根拠としてあげられた．うま味受

容体の存在が明らかにされ（2.2.3 項参照），徐々にうま味が基本味として国際的にも認知されるようになった．このように，味覚受容体の研究が進むと，受容体の存在も基本味の要件と考えられるようになった．2000 年，奇しくも同時に味質の神経符号化に関するレビューを発表した生理学者 Scott & Giza（2000）と心理学者 Schiffman（2000）は，その中で，うま味を基本味の候補としてあげた．しかし，うま味はだしの文化で育った日本人に比べ，欧米人には認知しにくい味である．筆者らはうま味に関する国際比較研究で，鰹節から抽出されるうま味成分のイノシン酸ナトリウム（IMP）について，その知覚内容や快不快度は日本人と西欧人で異なるが，閾値や反応時間には差がみられないこと，第一次味覚野は同様に賦活されることを確認した（斉藤他，2002）．このことは，受容体，味覚神経，第一次味覚野までは両群とも同様に味覚情報が伝達されることを示す．したがって，心理実験で示された認知内容や快不快の違いは，短潜時の（最初の）第一次味覚野の賦活よりも後の脳活動として現れると考えられる．また，この実験結果は，うま味が本節の冒頭に記した狭義の味の説明の「大脳の第一次味覚野を賦活させる」を満たすことを示す．

　さらに，これまでも基本味の候補としてたびたび取り上げられていた脂味について，近年，脂肪酸の受容体の存在や専用の味覚神経の存在，知覚の違いなどが報告されはじめ，新しい基本味ではないかと論じられている．

　以上，基本味の定義が 20 世紀のはじめから変化し，その内容も変わってきたことを述べた．一方，このような基本味の概念は，異なる分野での味覚研究を進める上で，共通の枠組みを与えてきたことも確かである．逆に，この利便さ（具体的には刺激の選定が制限されること）が，得られる結果に制約を与えてきた可能性もある．Schiffman（2000）は，「Taste quality and neural coding：Implications from psychophysics and neurophysiology（味質と神経符号化：心理物理学と神経生理学からの推論）」と題したレビューの中で，味覚研究が 4 あるいはもしかしたら 5 基本味しかないという考えによって引っ張られてきたことを懸念した．この先入観が電気生理学的データにも敷衍され，各基本味の神経符号化は専用のニューロンで行われるというラベルドライン説（3.1.1 項 b 参照）を生んだが，それでは多くの神経情報データを説明できなかった．そして，最近の研究データは味覚の範囲が 4 あるいは 5 基本味と考えるよりも広がっており，この広がりは味細胞膜に広く配置されたイオンチャネルや受容部位，それに細胞内伝達物質であるセカンド・メッセンジャーなどの活動の多様性としてもみられると述べている．また，同様に基本味説について研究が進められてきた分子生物学の分野においても，基本味にこだわることへの限界が述べられている（3.2.1 項参照）．基本味の考え方は心理学以外の分野の研究の入口では重要であったといえるだろう．

　基本味の概念が，知覚心理学の分野を越えて，生理学や分子生物学の分野でも広く使われるようになり，基本味の定義は，心理物理学からの代表的味の種類というだけでな

く, 味覚受容体や専用の味覚神経の存在も考慮するよう変化してきた. うま味のように, 文化的な背景がないと知覚が難しい味, 学習によって気づくような味は, 私たちが知らないだけで, 食文化が異なる地域には他にもあるかもしれない. このような新しい味でなくても, 今あげられている 5 つの基本味で身の回りの多様な味覚を説明することは容易でない.

Schiffman et al. (1979) は 17 甘味物質の類似性データに MDS を適用し, 基本味として同じ甘味物質が 1 次元ではなく 3 次元空間で示され, 甘味物質の中にも質的な違いの広がりがあることを示した. また, Faurion et al. (1980) も, さまざまな甘味物質の感度や感覚強度の違いが, 個人がもつさまざまな受容体の相対量に依存することを仮定し, 91 人の閾値と 7 人の強度関数データに MDS を適用し, 複数の甘味受容メカニズムの存在を仮定した (2.2.2 項参照). また, 斉藤他 (1987, 1991) は, 複数の甘味物質の交叉順応実験やタンパク質分解酵素による甘味強度の抑制データから, 甘味物質の受容様式が 1 種類でないことを示唆した. このように人間を対象とした心理物理実験からは甘味の多様な知覚や複数の甘味受容様式が示唆されているが, 甘味の受容体として現在明らかにされているのは T1r2/T1r3 の 1 種類である (2.2.3 項参照). 人の感じる甘味の違いが受容体レベルあるいはそれをとりまく環境から説明されるのか今後の研究に期待したい.

Schiffman et al. (1979) のいう味の広がりは, 味の連続体として Faurion (2014) にもとらえられ, 彼女は連続体を表す言葉の欠如を報告した. 「われわれは非常に多くの味を感じることができるが, 味物質は口に入れるとすぐ複数の特殊性の低い受容体 (low specificity receptors) を使った記号化メカニズムによって弁別される. たとえば, 砂糖をなめたとき, 神経に 1 つのパターンが生じ, サッカリンをなめたとき, 少し異なるパターンが神経に生じる. 各パターンはそれぞれ砂糖やサッカリンをイメージしたもので, そのイメージは脳に蓄えられ, 再び同じパターンが生じたときにはそれがどちらかを同定することができる. しかし, 2 つの味を表現する言葉は, 4 つ, あるいは 5 つしかなくその違いを表現できない」と述べている. さらに, 「味覚受容体の研究の進展により, 個人が知覚する味の特徴は, 1980 年の論文で仮定したさまざまな受容体の相対量の違いだけでなく, 個人の遺伝的多型 (polymorphism) にも依存して変わってくることが明らかにされ, 個人の味覚はさらに個人に独特なものになってきている」(Faurion, 2014) と述べている.

このような味の知覚の違いによる広がりや連続体を言葉で表現することの難しさについては, 「はじめに基本味ありき」ではなく, 心理学分野でも言語表現の可能性について冒頭に述べた広義の味との関係も含めて検討すべきではないだろうか. また, それらの言葉での表現が生体情報としてどのように説明されるのか, その中で基本味という概念はその妥当性も含めて今後どう変化するのか, 今後の研究に期待したい.

1.1.2 味の検知・弁別

味覚の検知閾は味を感じるもっとも薄い濃度であるが，具体的な数値は提示方法や提示量，測定方法などによって異なり，報告にもばらつきがある．Pfaffmann et al. (1971) による諸家の測定値の中央値は，硫酸キニーネが 0.000008 mol，塩酸が 0.0009 mol，食塩が 0.01 mol，ショ糖が 0.01 mol である．うま味については，図 5.3, 5.4 を参照されたい．また，塩味の代表とされている食塩は，塩味の認知閾より薄い濃度で弱い甘味を感じることが報告されている（Pfaffmann et al., 1971；斉藤，1983）．このことは，食塩に対する複数の受容体（あるいは受容様式）を類推させる．また，味覚を研究する心理学者のあいだでは，特定の苦味物質（PTC と PROP）を感じない，あるいは感度の低い「味盲」という現象が古くから知られており，数多くの研究により遺伝的な背景があることは示されていたが，21 世紀に入り加速した味覚受容体遺伝子の研究により，特定の苦味受容体との関連が明らかにされた（詳細は 2.2.3 項 b を参照）．閾値の定義については，1.2.3 項を参照されたい．その他，弁別閾やここにあげた以外の味物質の検知閾などについては，斉藤・山口（1994）を，舌の部位による感受性の違いについては斉藤（2007）を参照されたい．

1.1.3 味の感覚強度関数

閾上味刺激の感覚強度の物理関数は，差の判断に基づく評定をさせた場合には対数関数になり，比の判断に基づく評定をさせた場合にはベキ関数が成り立つことが報告されている（斉藤・山口，1994）．味覚ではさらに 4 基本味に共通の感覚強度尺度を作成する試みがなされ，ガスト尺度（Beebe-Center & Waddell, 1948）とタウ尺度（Indow, 1966）が報告されている．ガスト尺度は心理的強度を比の判断に基づいて構成したもので，タウ尺度は差の判断に基づいて構成したものである．どちらもショ糖 1 g を 100 mL の蒸留水に溶かしたものに相当する感覚強度を 1 ガスト，あるいは 1 タウとし，4 基本味に共通の感覚強度尺度が作成されている．ガスト尺度とタウ尺度の関係は，ガストを SR，タウを SD と表すと，$\log SR = aSD + b$（ただし，a, b は正の定数）で近似される（印東，1973）．2 つの尺度の各味物質の物理量などの詳細，味の順応や後味，各種味物質の強度関数などについては，斉藤・山口（1994）を参照されたい．

［斉藤幸子］

引 用 文 献

Bartoshuk, L. M. (1978). History of taste research. In E. C. Carterette, & M. P. Friedman (Eds.), *Handbook of perception. Vol. 6A* (pp. 3-18). Academic Press.

Beebe-Center, J. G. & Waddell, D. (1948). A general psychological scale of taste. *Journal of Psychology, 26*, 517-524.

Chaudhari, N., Yang, H., Lamp, C., Delay, E., Cartford, C., Than, T., & Roper, S. (1996). The taste of monosodium glutamate : Membrane receptors in taste buds. *Journal of Neuroscience, 16*, 3817-3826.

Erickson, R. P. (1982). Studies on the perception of taste : Do primaries exist? *Physiology and Behavior, 28*, 57-62.

Erickson, R. P., & Covey, E. (1980). On the singularity of taste sensations : What is a taste primary? *Physiology and Behavior, 25*, 527-533.

Faurion, A. (2014). Bases de la physiologie de la gustation, de la molécule au comportement. In C. Lavelle (Ed.), *Science culinaire* (pp. 349-396). Paris : Editions Belin.

Faurion, A., Saito, S., & MacLeod, P. (1980). Sweet taste involves several distinct receptor mechanisms. *Chemical Senses, 5*, 107-121.

Henning, H. (1916). Die qualitätenreihe des geschmacks. *Zeitschrift fur Psychologie und Physiologie der Sinnesorgane, 74*, 203-219.

池田 菊苗 (1909). 新調味料について 東京化学会誌, *30*, 820-836.

Indow, T. (1966). A general equi-distance scale of four qualities of taste. *Japan Psychological Reviews, 8*, 136-150.

印東 太郎 (1973). 尺度構成 (一次元) 日科技連官能検査委員会 (編) 新版官能検査ハンドブック (pp. 452-453) 日科技連出版社

日下部 裕子 (2017). 味覚・味の定義 今田 純雄・和田 有史 (編) 食行動の科学 シリーズ〈食と味嗅覚の人間科学〉(p. 26) 朝倉書店

McBurney, D. H. (1974). Are there primary tastes for man? *Chemical Senses and Flavor, 1*, 17-28.

Pfaffmann, C., Bartoshuk, L. M., & McBurney, D. H. (1971). Taste psychophysics. In L. M. Beidler (Ed.), *Handbook of sensory physiology. Vol. IV. Chemical senses. Part 2. Taste* (pp. 75-101). Berlin : Springer-Verlag.

斉藤 幸子 (1982). 心理的味覚空間の検討 心理学評論, *25*, 105-142.

斉藤 幸子 (1983). 味覚のあいまいさ バイオメカニズム学会誌, *7*(3), 14-19.

斉藤 幸子・Faurion, A.・MacLeod, P. (1991). 心理物理的手法による甘味物質の受容様式の検討 第 25 回味と匂のシンポジウム, 249-252.

斉藤 幸子・Hubener, F.・小早川 達・後藤 なおみ (2002). うま味の感覚, 知覚, 反応時間, 脳活動に関する国際比較研究 : イノシン酸ナトリウムによる第一次味覚野の賦活 日本味と匂学会誌, *9*, 389-392.

Saito, S., & Iida, T. (1992). Psychophysics of gustation and olfaction. *Sensors and Materials, 4* (3), 121-133.

斉藤 幸子・宮本 真美 (1987). 交叉順応に見られる糖の甘味受容 第 21 回味と匂のシンポジウム, 27-30.

斉藤 幸子・山口 静子 (1994). 味覚の精神物理学 大山 正・今井 省吾・和氣 典二 (編) 新編 感覚・知覚心理学ハンドブック (pp. 1485-1506) 誠信書房

Schiffman, S. S. (2000). Taste quality and neural coding : Implications from psychophysics and neurophysiology. *Physiology and Behavior, 69*, 147-159.

Schiffman, S. S., & Dackis, C. (1975). Taste of nutrients : Amino acids vitamines and fatty acids. *Perception and Psychophysics, 17*, 140-146.

Schiffman, S. S., & Erickson, R. P. (1980). The issue of primary tastes versus a taste continuum. *Neuroscience and Behavioral Reviews, 4*, 109-117.

Schiffman, S. S., Reilly, D. A., & Clark, T. B. (1979). Qualitative differences among sweeteners. *Physiology and Behavior, 23*, 1-9.

Scott, T. R., & Giza, B. K. (2000). Issues of gustatory neural coding : Where they stand today. *Physiology and Behavior, 69*, 65-76.

Yamaguchi, S. (1987). Fundamental properties of umami in human taste sensation. In Y. Kawamura, & M. R. Kara (Eds.), *Umami : A basic taste* (pp. 41-73). New York and Basel : Marcel Dekker.

吉田 正昭（1963）．閾値近傍の濃度における味の類似度　心理学研究, *34*, 25-35.

参 考 文 献

伏木 亨（2008）．味覚と嗜好のサイエンス　丸善

日下部 裕子・和田 有史（編著）（2011）．味わいの認知科学――舌の先から脳の向こうまで―― 勁草書房

斉藤 幸子（1994）．味の分類　大山 正・今井 省吾・和氣 典二（編）　新編 感覚・知覚心理学ハンドブック（pp. 1474-1484）　誠信書房

斉藤 幸子（2007）．味覚の精神物理学　大山 正・今井 省吾・和氣 典二・菊地 正（編）　新編 感覚・知覚心理学ハンドブック Part2（pp. 541-542）　誠信書房

斉藤 幸子（2008）．味覚の心理物理学　内川 惠二・近江 政雄（編）　味覚・嗅覚　講座 感覚・知覚の科学 4（pp. 72-89）　朝倉書店

斉藤 幸子・山口 静子（1994）．味覚の精神物理学　大山 正・今井 省吾・和氣 典二（編）　新編 感覚・知覚心理学ハンドブック（pp. 1485-1506）　誠信書房

1.2　においの知覚

1.2.1　においの表現・分類

　これまでに，膨大なにおい分子の中から基本となる物質を選定することや，においの質の表現に適切な記述語を提案することが試みられてきた．しかし，においに関する体験や学習内容は個人間ですべて共有されているわけではないので，経験したにおいの質を言葉で表現することや，においのイメージを他者と共有することは必ずしも容易ではなく，すべての人に共通なにおいの分類体系を考えることは難しい．

a.　においの表現

　日本人の生活の中にあるにおいを表現する記述語を複数の研究をもとにまとめたものを表 1.1 に示す．その後，斉藤・綾部（2002）は生活の中にあるにおい表現を既存研究や多様な物質の評価実験から収集整理し，においの記述語 98 項目を選定した（図 1.1）．他にも，食品や酒，花香など特定の対象についての表現の研究もある．たとえば，花香の表現に適切な用語としては，「澄んだ-濁った」「素朴な-華やかな」「地味な-派手な」「まろやかな-刺激的な」「柔らかい-かたい」「鮮やかな-く

1.2 においの知覚　9

表 1.1　日本のさまざまな生活臭を表す 169 項目の記述語（斉藤，1990，2014a を一部改変）

食品のにおい	果　実	ミカン，モモ，レモン，バナナ，メロン，リンゴ，グレープフルーツ，パイナップル，グレープ，イチゴ
	香辛料調味料	バニラ，シナモン，こしょう，ソース，酢，味噌，青海苔，海苔，醤油，バター，ワサビ，ペパーミント
	野　菜	ニンニク，タマネギ，ゆでた野菜，炊いたフキ，ピーマン，ミツバ，パセリ，シソ，セロリ，長ネギ，ニラ
	その他	たくあん，銀杏の皮，ピーナツ，寿司飯の湯気，ハッカ，乾物（干ししいたけ），ぬかみそ，パンを焼くにおい，カレー，茶，焼いたスルメ，味噌煎餅，コーヒー，とろろ昆布，はちみつ，チョコレート，カラメル，干しぶどう，燻製，ポップコーン，煮干し，フライドチキン，海苔のつくだ煮，うなぎの蒲焼，煮魚の汁
生活用品のにおい		かび臭い，下水道，ペンキ，線香，タール，ニス，機械油，灯油，家庭用のガス，インク臭，靴ずみ，ロウ，ゴム，石鹸，皮革，畳
薬品のにおい		シンナー，ガソリン，ホルマリン，アルコール（酒），消毒用アルコール，漂白剤，消毒液，薬屋，硫黄，メントール，ナフタリン，ベンジン，エーテル，アセトン，正露丸
動・植物などのにおい	動　物	靴下の蒸れた，汗，口臭，酔っぱらいの口臭，生臭い，血生臭い，じゃ香，鶏小屋，牛小屋，豚小屋，家畜小屋，動物小屋，精液，赤ちゃんのにおい
	植　物	木蓮，バラ，ユリ，ジャスミン，沈丁花，松ヤニ，干草，ビャクダン香，雑草，薬草，青臭い，オガクズ，わら，森林，材木，くちなしの花
	その他	蒸したような，どぶ臭い，ほこりっぽい，土，磯（海岸）
焦・煙臭		焦臭，煙臭，ゴムの焼ける，卵焼の少し焦げる，プラスチックの焼臭，ゴミ焼臭，自動車の排気ガス，紙が燃える，ロウソクが燃える
腐敗臭		野菜の腐った，肉の腐った，卵の腐った，ごはんの腐った，ミルクの腐った，ネギの腐った，蒸れた，生ごみの腐った
排泄臭		ぬれたおしめ，糞便，アンモニア臭，尿，公衆トイレ，ネコの尿，鶏糞
形容詞表現		揮発性の，刺激性の，芳香性の，金属的な，鋭い，澄んだ，くどい，重い，軽い，すずしい，柔らかい，爽やか，モヤモヤとした，甘い，甘ずっぱい，すっぱい，にぶい，苦い，温かい，油っぽい，こうばしい

すんだ」「しつこい-あっさりした」「胸がむかむかする-気分が落ち着く」などを含む 16 の形容詞対が選定された（森中他，2001）．悪臭に関連した臭気質の特徴については第 7 章を参照されたい．また，調香師やソムリエなどのにおいの専門家が用いるにおいの表現用語（たとえば，表 1.2）は，においと用語の関連を訓練によって習得したものであり，一般の人々の間では共有しにくい．Yoshida（1964）は，44 種類の単体物質のにおいを学生と調香師に 20 の形容詞で評価させた結果，におい表現に素人である学生は，調香師が強調しては使わない「息づまる」「むかむか」など不快さを表す言葉をより多く使用し，においを表現する語彙が少ないと報告した．また，近年では，食品マーケティングなどで，豊かなイメージ喚起力をもつとされるオノマトペ（擬音語や擬態語

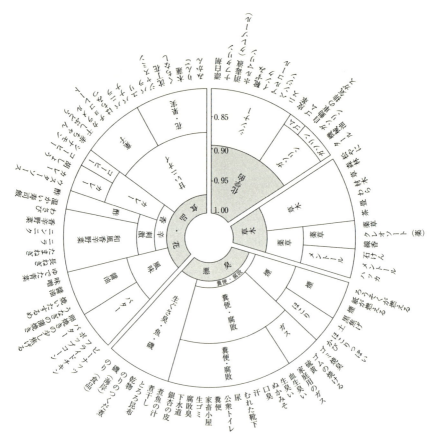

図 1.1 日本の日常生活臭の分類（斉藤・綾部, 2002）

の総称）の活用が増えている．嗅覚に特化したオノマトペは「プーン」や「ツン」などに限られ他の感覚に比べて少ない（矢口, 2011）が，香料開発の現場では，感覚的なにおいの質の表現のために，視覚や触覚に由来するオノマトペの共感覚的表現が活用されている（鈴木, 2013）．大学生を対象とした研究では，においの質を表す形容詞（たとえば，「柔らかい」）に対応するオノマトペ（たとえば，「フワフワ」）を用いて香料の評価を行ったところ，「快-不快」「丸みがある-角がある」の2次元が抽出された（綾部, 2011；中野・綾部, 2013）．

b. においの分類と次元

これまでに報告された代表的なにおいの分類例を表1.3に，分類によって抽出された次元や因子を表1.4に示す．報告された分類の数は4～45で，花香や香料では分類数が

1.2 においの知覚　11

表 1.2 香料業界で用いる香質表現用語（綾部, 2014）

香質表現用語	香質
シトラス	柑橘の香り，新鮮で爽やかな香気
アルデヒド	油っぽくて花様の香気
グリーン	草や緑の葉を想わせる青臭い香気
フルーティ	果実を想わせる香気
ミンティ	フレッシュで清涼感を与える香気
ハーバル	薬草を想わせる香気
アロマティック	香草を想わせる香気
スパイシー	刺激的な香辛料を想わせる香気
フローラル	甘く華やかな花様の香気
ウッディ	木の香りを想わせる香気
アーシー	土臭いにおい
モッシー	苔のような香気
バルサミック	甘く柔らかな暖かみのある香気
ハニー	蜂蜜様の香気
レザー	スモーク様でタバコ様のにおい
アニマリック	獣臭だが薄めると暖かみがあるにおい
アンバー	甘く重厚な香気
ムスキー	動物的な暖かみのある艶っぽい香気
パウダリー	白粉のような甘い粉っぽい香り
スイート	パウダリーのうち甘い香り
アニス	アニス特有のやや薬臭い甘い香り
マリン	海や海岸をイメージさせるメタリックでグリーンな香り
フレッシュ	透明感のある瑞々しい新鮮な香り
メディシナル	薬様のにおいを連想させる香り
コニフェラス	松柏科の植物の枝葉を揉みつぶした香り

多い傾向がある．また，「快-不快」がにおいの分類のための主要な次元であることは多くの研究間で共通しているが，調香師による分類ではこの傾向がみられず（Yoshida, 1964；Zarzo & Stanton, 2009），においの表現や評価についての専門知識の有無がにおいの分類に影響する．

　対象とするにおいの範囲によっても分類は異なる．日常生活ではなじみのない 21 種類の単体のにおい物質相互の知覚的類似性データに，MDS を適用した結果，「快-不快」の次元が個人間で共通して抽出されたが，その寄与率や他の次元の内容は個人で異なった（Berglund et al., 1973）．一方，パイナップル，ベーコン，チョコレート，グリーンペッパーなど 29 種類の食品のにおい相互の知覚的類似性データからは，「果物-牛肉」と「食物-スパイス」の 2 次元が抽出され，個人差は小さかった（Moskowitz & Barbe,

第1章　味・においの知覚と認知

表1.3 代表的なにおいの分類例（斉藤，1994a に一部追加）

研究者	発表年	分類数	においの表現	備考
貝原	18世紀	5	香（こうばし），羶（くさし），焦（こがれくさし），腥（なまぐさし），朽（くちくさし）	中国に古くからある東洋医学的視点で，貝原益軒著「大和本草」に記されている
Linneus	1752年	7	ローレル，ジャスミン，アンバー，タマネギ，山羊，コリアンダー，つちぐもそう	「分類学の父」といわれる博物学者リンネ（C. Linneus）による
Zwaardemaker	1895年	9	エーテル，芳香，バルサム，アンバー，アリル・カコジル，焦性，カプリル，嫌悪，催嘔糞	分類基準には順応の選択性と化学構造を考慮
Henning	1916年	6	薬味，花，果実，樹脂，焦性，腐敗	三角柱の各頂点に6種のにおいを位置づけたにおいのプリズムを提案
加福	1942年	8	果実臭，樹脂臭，花香，焦臭，悪臭，薬味臭，酢臭，腥臭	日本人に親しみのある酢と腥臭をHenningの6臭に追加
Cerberaud	1951年	45	ジャスミン，ネロリ，リラ，ミモザ，ゼラニウム，ツベローズなど	主に花香を分類，悪臭なし
平泉	1951年	18	カンファ，白檀，せり，バラ，ふうろ草科など	食用，化粧品用
甲斐荘	1962年	17	動物，バルサム，カンフル，柑橘，脂肪，蜂蜜，果実，緑，草蕈，土皮，煙，焦げる性，ミント，松柏，粉っぽい（埃っぽい），薬味，木根	花香以外の香料を分類
Rimmel	1968年	18	ローズ，ジャスミン，ネロリ，ツベローズ，ヴァイオレット，バルサム，薬味，クローブ，カンフル，サンダル，柑橘，ラベンダー，ミント，アニス，アーモンド，ムスク，アンバー，果実	主に花香を分類，悪臭なし
Abe et al.	1990年	19	フルーティ，フローラル，ハーブの，グリーン（基本的なにおいの記述語）	専門家を対象に，1573種類の物質について126の記述語評価にクラスター分析を適用．19分類の中で基本的なにおいの記述語を左に示す
上野	1992年	5	焦臭，醗酵・腐敗臭，芳香・果実臭，薬味・油臭，青臭さ（シェルパ族による分類）※日本人にみられる腥臭の分類が現れず	ヒマラヤ高地に住むシェルパ族と日本人対象．食品のにおい20種類の知覚的類似性に基づく分類結果にクラスター分析やMDSを適用
斉藤・綾部	2002年	4〜15	食品・花，化学的，草木，悪臭を上位分類とする階層的なにおいの分類	日本の生活の中にあるさまざまなにおいを表す98の記述語の類似性データにクラスター分析を適用（図1.1）

注）　Rimmel 以前の研究の詳細については吉田（1969）を参照されたい．

1976）．斉藤・綾部（2002）は，日本人の代表的日常生活臭間の相対的距離データにMDSを適用し，バラ，家畜小屋を両端にした「快-不快」，酢，土を両端にした「刺激性」，チョコレート，黒焦げを両端にした「安全-危険」の3次元を得た（図1.2）．「快-不快」と「刺激性」の次元は従来の研究結果を再現したものだが，第3次元の「安全-危険」

1.2 においの知覚

表 1.4　においの分類のための次元および因子（斉藤，1994a を一部改変）

研究者	発表年	次元数	次元の内容	備考
Hazzard	1930 年	10	疎-密，軽-重，滑-粗，軟-硬，薄-厚，鋭-鈍，明-曇，生き生き-生気ない，表面的-深みのある，小-大	心理的印象の記述をまとめたもの
吉田	1961～1964 年	3	快-不快，harshness, intensity or vividness	代表的におい物質相互の定性的類似度を直接判定させたデータに MDS を適用（一般人の場合はまずは快-不快次元で分類するが，専門家では必ずしもそうではない）
Schutz	1964 年	9	芳香，焦燃，硫黄，エーテル様，甘，ランシッド，油状，金属様，薬味様	因子分析，これらの次元を代表する臭気物質を用いたスタンダードマッチング法を提案
Woskow	1964 年	3	快適性，冷たさ（木香），第 3 次元は説明困難	25 種類のにおいの評価データに MDS を適用
Wright & Michels	1964 年	8	情緒的，樹脂様，三叉神経刺激的，薬味様，ベンゾチアゾール，ヘキシルアセテート，不快，シトラール	9 種類の標準物質による 50 臭気の知覚的類似度データに因子分析を適用
Moskowitz & Gerbers	1974 年	2	快-不快，花香-動物臭	快不快や物質特性が異なる 15 種類の物質について，非類似度評価と記述語を用いた評価の両方で同じ次元を抽出
Moskowitz & Barbe	1976 年	2	果物-牛肉，食物-スパイス	29 種類の食品のにおいに対する非類似性データに MDS を適用
斉藤・綾部	2002 年	3	快-不快，刺激性，安全-危険	日本の生活の中にあるさまざまなにおいを表す 98 の記述語のにおいの類似性に基づいたクラスター分析を実施（図 1.1）
樋口他	2002 年	6	感覚次元：強さ・濃さ，明瞭さ，柔らかさ　感情次元：リラックス感，高揚感，ストレス感	比較的快い 10 種類の香料について，30 の形容詞とのあてはまり度に因子分析を適用
Chrea et al.	2004 年	3	快-不快，可食性，香粧性	フランス人，アメリカ人，ベトナム人に対して各国になじみのあるにおい，共通してなじみのあるにおい全 40 種類の分類課題を実施
Dalton et al.	2008 年	3	評価性，力量性，活動性	30 種類の香料について，両極性形容詞50 対を用いた SD 法評価に主成分分析を適用

注）　Wright & Michels 以前の研究の詳細については吉田（1969, 1971）を参照されたい．

は日本人の生活臭を対象とした分類で新たに抽出されたものであった．黒焦げや自動車の排気ガスのにおいがこの次元上で高い負荷を示すが，「快-不快」次元での負荷は低く，家畜小屋のにおいは「快-不快」次元では負荷が高いが，「安全-危険」次元では負荷が低い．「安全-危険」の次元は，その後のマニ族を対象とした研究（Wnuk & Majid, 2014）で

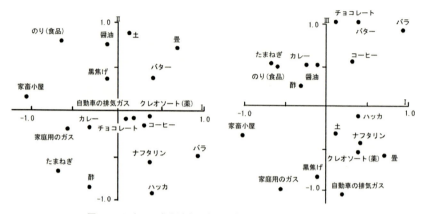

図 1.2 日本の日常生活臭の空間的布置（斉藤・綾部，2002）
Ⅰ：「快-不快」の次元，Ⅱ：「刺激性」の次元，Ⅲ：「安全-危険」の次元

表 1.5 段階的に示した日本人のにおいの分類（斉藤・綾部，2002）

分類の数	4	9	12	18	19
分類の基準*	1.00	0.95 以上	0.90 以上	0.85 以上	0.80 以上
分類を代表する記述語	花・食品	甘いにおい	甘いにおい	果実・花	果実・花
				甘い菓子	甘い菓子
		カレー・コーヒー	カレー・コーヒー	コーヒー	コーヒー
				カレー	カレー
		刺激	酢	酢	酢
			ニンニク	ニンニク	ニンニク
		風味	醤油	醤油	醤油
			バター	バター	バター
	悪臭	生ぐさ臭（磯）	生ぐさ臭（磯）	生ぐさ臭（磯）	生ぐさ臭（磯）
		腐敗・硫黄	腐敗・硫黄	腐敗・糞便	腐敗・糞便
				硫黄	硫黄
		燃えるにおい・ほこり	燃えるにおい・ほこり	ほこり	ほこり
				燃えるにおい	燃えるにおい
	草木	草木	薬草	メントール	メントール
				線香	線香
			木	木	木
	化学的なにおい	化学的なにおい	化学的なにおい	ガソリン・ゴム	ガソリン
					ゴム
				シンナー	シンナー

*分類間の相対的距離を示す．

も抽出された．これら2つの研究は，花や食品のにおいを対象とした従来の研究よりも広い生活全般のにおいを対象としたため，「安全-危険」という新たな次元が抽出されたと考えられる．

においの分類は生育環境や文化によっても異なる．海の近くで育った人は「ワカサギと茎ワカメを切って，水に浸して濾過したもの」のにおいを海苔や磯のにおいと知覚したが，海の近くで育っていない人は下水や腐敗のにおいと知覚した（新川他，1988）．ヒマラヤ高地に住み，魚を食べる習慣がないシェルパ族は，日本人に認められる「魚臭い（<ruby>腥<rt>なまぐさ</rt></ruby>い）」というにおいの分類群をもたず，調査に参加したシェルパ族の半数が「シャケ」のにおいを感じないか，わからないと判断した（上野，1992）．狩猟採集生活を営むタイ南地方のマニ族は，環境のにおいを重視し嗅覚に特化した用語を日常的に使用しており，マニ族が有する15のにおいの用語相互の類似性データから，「快-不快」「安全-危険」の2次元が抽出されている（Wnuk & Majid, 2014）．日本とドイツの比較研究では，たとえば鰹節のにおいは，日本人では実物を見ずとも食品のにおいであることや何のにおいであるかをあてることが比較的できたが，そのにおいになじみのないドイツ人には不快に感じられ，食品のにおいと判断されなかった（Ayabe-Kanamura et al., 1998）．果物と花のにおいに対象を限定して3か国間の分類傾向を比較したChrea et al.（2004）では，フランス人とアメリカ人は果物と花に分類したが，ベトナム人はにおいの強さや快不快に基づいた分類をした．斉藤・綾部（2002）の，記述語による日本人の生活臭分類でも，果実と花が同じクラスター（甘いにおい）に収束しており（表1.5），Chrea et al.（2004）の結果は，欧米における香水をはじめとした花香への伝統的な関心の高さや接触頻度の高さという文化的，風土的背景を示したと考えられる．

1.2.2 においの同定

a. においの同定の正誤判断の難しさ

においの同定とは，提示されたにおいが何のにおいであるかわかることをいうが，日常生活で接することの多いにおいであっても，嗅覚情報以外に手がかりが与えられなければ同定が困難とされている（Cain, 1979）．日本人の生活にある27種類のにおいについて正しく同定できた割合（正同定率）は，においの種類によって差はあったが（たとえばクレヨン10%に対してチョコレート100%の正同定率），平均の正同定率は51.7%であった（杉山・綾部，2014）．ただし，自由記述で回答した場合，においの同定内容の正誤は研究者が判断するため，その判断基準に依存して正同定率が変わる可能性がある．たとえば，リンゴの皮のにおいが接着剤と回答された場合，この回答は誤同定と判断されそうであるが，果実のにおいの特徴を表すエステル類がリンゴに含まれており，これと同様の物質は有機溶剤にも含まれているため，感覚的には正しいことになる（杉山他，2003）．同定した内容が正しいにおいの名前と意味的に近くても遠くても，自分

の同定内容に対して高い確信度をもつことがあると報告されている（Cain et al., 1998）．また，たとえば酢のにおいを「にんにくのにおい」と間違って同定した場合，再認テストで本物のにんにくのにおいが提示されると，そのにおいを同定段階で提示されたものと誤再認した例もある（Cain & Potts, 1996）．このように，同定で行われた言語的符号化が，においの再認記憶を干渉する場合もある．

b. においの同定能力に影響を及ぼす要因

嗅覚能力の指標のひとつとして，同定能力を測るさまざまな方法が開発されている（コラム1を参照）．日本人のためのスティック型嗅覚同定能力検査法（OSIT-J；Saito et al., 2006）を男女448名に適用した結果，高齢者群において同定率が有意に低く（5.2節参照），20～70代の各世代で女性が男性よりも高い同定率を示した（綾部他，2005）．においの同定能力における性差の原因のひとつとして，女性は男性に比べてにおいに注意を向けやすいことがあげられている（Herz & Cahill, 1997；Havlicek et al., 2008）．中野・綾部（2014）は，日常的に環境内のにおいに気づきやすい個人は，においの同定成績が高いことを示した（図1.3）．女性の成績優位性も認められたが，においへの気づきやすさの自己評価は男女で変わらなかった．Cain（1982）は，女性は石鹸や除光液のにおいで，男性は煙草や機械のオイルのにおいで同定に優れるなど，男女でそれぞれに親近性が高いにおいに対しては，同定成績が高いことを示している．このような接触経験の影響は世代間比較にもあてはまり，高齢者になじみのあるにおい（セージなど）では，高齢者は若年者より高い同定成績を示した（Wood & Harkins, 1987）．また妊娠期の女性は，非妊娠期の女性に比べて自身の嗅覚感度をより高く評価する傾向があるが，実際のにおいの感度（Cameron, 2014）や同定成績（Cameron, 2007）は，非妊娠期の

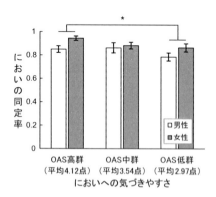

図1.3 においへの気づきやすさ別の同定成績（中野・綾部，2014）
日常のにおいへの気づきやすさを計測するOAS（odor awareness scale；Smeets et al., 2008）を日本語訳した20項目（各5件法）への回答得点別に実験参加者を分類した．性別間の成績差も認められ，女性の同定成績のほうが全体で高かった（$p<0.01$）．エラーバーは標準誤差を示す．$^*p<0.05$．

女性と差はなかったとされている.

c. においの同定能力に影響を及ぼす認知的要因

においの同定は，嗅覚以外の手がかりなしでは困難なために，特徴の曖昧なにおいに対しては，特に視覚的手がかりなど主要な感覚情報が同時に提示されると，その手がかりに合うようににおいが知覚されやすい．非典型色で着色された飲料（たとえば緑色のオレンジフレーバー）は，通常その色と連合されているにおいの特徴（この場合はライムフレーバー）として認識された（DuBose et al., 1980）．また，人工的に赤色で着色された白ワインのにおいの評価には，色の操作をしていない白ワインや，赤色に着色した白ワインを目隠し状態で評価した場合に比べて，赤ワインの評価で使われる語彙がより多く使われた（Morrot et al., 2001）．

コラム1●日本人のためのスティック型嗅覚同定能力検査法

私たちは生活の中のさまざまなにおいによって，身の周りの危険を回避したり，季節の訪れに心を和ませたりする．このようなことができるのは，知覚したにおいが何であるかわかる（同定できる）からで，このような能力を"嗅覚同定能力"という．この能力を測定する方法として，アメリカでは，多様な香料をマイクロカプセル化し紙に印刷したものを擦って，においを発生させる簡便な検査法が開発された（Doty et al., 1894）．日本には，閾値測定によって嗅覚障害を診断するT＆Tオルファクトメーターが開発，使用されていたが，同定検査法はなかった．しかし，アメリカで開発された同定検査法は日本人になじみのないにおいが複数含まれていたため，日本人への適用には難点があった．そこで，斉藤他（1994）は，日本人の生活の中にあるにおい全般を対象とした多様なにおい

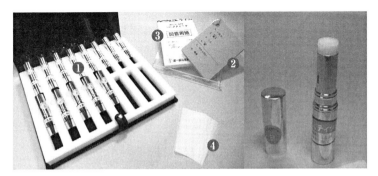

図1.4 OSIT-J（販売名は「においスティック」，第一薬品産業（株）提供）
左図は検査セット一式：①スティック型におい提示具（12種類のにおいと無臭），②においの選択肢カード，③回答用紙，④薬包紙と台紙．右図はキャップを外した状態のスティック型におい提示具．

で構成され，取り扱いが簡単で，周囲に検査臭が拡散しない，そして，一定期間臭質や臭気強度が保たれるというコンセプトを満たす「日本人のためのスティック型嗅覚同定能力検査法（odor stick identification test for Japanese；OSIT-J）」を開発した（Saito et al., 2006）．具体的には，日本の日常生活臭の分類などから日本人に相応しいにおいを選び，そのにおいを提示できるにおい物質や香料を選定し，マイクロカプセル化して練り物に混ぜ込みスティック型にしたにおい提示具（odor stick）を作成した．検査では，5 cm×10 cm の薬包紙の片側半分ににおいを塗り，塗り面を内側に二つ折りにして外側から揉んだあと，紙を拡げて嗅ぐ．被検査者は提示されたにおいの選択肢の中から該当するものを選ぶ．のちに，同じコンセプトのカード型提示具も作成された．どちらも同じ12種類のにおいで製品化され（図1.4），将来，嗅覚障害やパーキンソン病の診断などへの活用が期待されている．

　嗅覚同定能力検査法には，アメリカでチョコレートやニンニクなど実物を提示する方法（Cain et al., 1983）や，ドイツでフェルトペン型の提示具を使った方法（Hummel et al., 1997）なども開発されている．詳細は斉藤（2008）を参考にされたい．　**[斉藤幸子]**

引 用 文 献

Cain, W. S., Gent, J., Catalanotto, F. A., & Goodspeed, R. B. (1983). Clinical evaluation of olfaction. *American Journal of Otolarymgology, 4*, 252-256.

Doty, R. L., Shaman, P., & Dann, M. (1984). Development of the University of Pennsylvania smell identification test：A standardized microencapsulated test of olfactory function. *Physiology and Behavior, 32*, 489-502.

Hummel, T., Sekinger, B., Wolf, S. R., Pauli, E., & Kobal, G. (1997). 'Sniffin' sticks'：Olfactory performance assessed by the combined testing of odor identification, odor discrimination and olfactory threshold. *Chemical Senses, 22*, 39-52.

斉藤 幸子（2008）．嗅覚のテスト方法　綾部 早穂・斉藤 幸子（編）　においの心理学（pp. 223-254）フレグランスジャーナル社

斉藤 幸子・綾部 早穂・高島 靖弘（1994）．日本人のニオイの分類を考慮したマイクロカプセルニオイ刺激票　日本味と匂学会誌，*1*, 460-463.

Saito, S., Ayabe-Kanamura, S., Takashima, Y., Gotow, N., Naito, N., Nozawa, T., ... Kobayakawa, T. (2006). Development of a smell identification test using a novel stick-type odor presentation kit. *Chemical Senses, 31*, 379-391.

1.2.3　においの閾値・感覚強度

a.　においの閾値

閾値[1]には，においを感じる最小濃度（検知閾），何のにおいかがわかる最小濃度（認知閾），2つのにおいの違いがわかる最小の物理量の差（弁別閾）などがある．

　弁別閾は，基準刺激からの違いがわかる最小の刺激差を指すため，丁度可知差異（just

---

1)　通常，心理学分野では単に「閾」を用いるが，ここでは臭気公害分野など他の分野で使われている「閾値」を用いる．ただし，「検知閾」「認知閾」「弁別閾」の場合は心理学分野での方式に従い，ここでは「値」はつけない．

noticeable difference；jnd）とも呼ばれる．19世紀ドイツの生理学者ウェーバー（E. H. Weber）は，重さの感覚強度について，弁別閾の基準刺激の濃度に対する比は，感覚強度が中等度の刺激範囲内で同じ値になることを発見した．比の値は相対弁別閾またはウェーバー比と呼ばれ，明るさ，音の大きさなどの感覚だけでなく，においの感覚強度についてもあてはまることが報告された（Stone & Bosley, 1965）．においの弁別閾に関しては，感覚強度の差に関するものの他に，においの質の差に関するものもある（5.2.4項参照）．

　閾値の中で，検知閾については多くの報告があるが，文献値を参照したり比較したりするときに，特に注意しなければならない点が2つある．1つは閾値の単位で，文献にはppm（100万分の1）やppb（10億分の1）だけの文字が記されていることが多い．しかし，同じppmを用いてもにおい物質の量が体積で表されるか（v/v），重量で表されるか（w/v）で実際の濃度は大きく異なり，重量で表したほうがかなり小さい値になる．この違いは刺激の作製法によって生じるもので，前者（v/v）は臭気対策分野で，後者（w/v）は心理学の分野でよく用いられてきた．また，これとは別に，耳鼻咽喉科で用いられる検知閾測定溶液T & Tオルファクトメーター（高木，1978）の濃度単位は，溶媒が液体であるため，重量/重量（w/w）で表される．T & Tオルファクトメーターを用いる場合は，におい物質を溶かした液体をにおい紙に浸けて嗅ぐ．一方，Amoore（1970）が，特定のにおいに対してのみ検知閾が高い"特異的無嗅覚症"を見いだしたときの濃度調整はw/wであったが，におい紙は使わずに直接瓶の蓋を開けてにおいを嗅いだ．

　他の注意点は，刺激の作製法，提示法，閾値の算出法，実験参加者の違いなどが閾値に反映されるため，測定された検知閾は報告によって大きなばらつきが生じることである．Gemert & Nettenbreiger（1977）は，1976年までの主な英語論文で報告された検

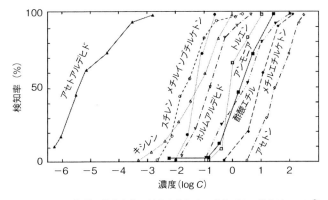

図1.5　におい物質の濃度変化に対する検知率の変化（Cの単位はmg/m^3）
（斉藤他，1985bを一部改変）

知閾と認知閾を，単位を ppb（μg/L）に統一して発表しているが，その中で報告の多い脂肪族アルコール類の検知閾は，同じ物質に対して 2〜7 桁にわたるばらつきがあったと報告している．このことは，閾値は測定条件に影響されやすく，物質間で閾値の比較をするときは，同一測定法で得られた値を使わなければならないことを示している．

斉藤他（1981）は，減圧/加圧式オルファクトメータ（坂口他，1981）を用いた同一測定法で，さまざまなにおい物質の検知閾を測定した．図 1.5 には各におい物質の濃度を変えていったときの検知率の変化を示す．図より実験参加者の 50% が検知できる濃度（PPT50%）や，100% が検知できる濃度（PPT100%）を読み取ることができる．表 1.6 に，この方法で計測されたさまざまな官能基をもつにおい物質の検知閾を，個人の検知閾の平均（MDT），PPT50%，PPT100% で示す．右端には文献で報告された値（Gemert & Nettenbreiger, 1977）を範囲で示す．表中の MDT は，約半数で文献値の範囲より低い

表 1.6 種々のにおい物質の検知閾（Saito & Iida, 1992 を一部改変）

におい物質	MDT	PPT50	PPT100	文献値
メタノール	1.75	1.63	3.53	0.74〜3.89
エタノール	−0.69	−0.75	0.60	−0.01〜3.13
n-プロパノール	−0.26	−0.18	1.51	−1.12〜2.15
n-ブタノール	−2.12	−1.83	0.40	−.080〜1.62
イソプロパノール	1.92	1.87	3.41	0.90〜3.73
イソブタノール	−0.87	−1.78	1.63	0.30
ギ酸	−0.98	−1.13	0.30	1.40〜2.81
プロピオン酸	−1.96	−1.92	−0.50	−2.52〜−0.05
イソ吉草酸	−0.73	−0.84	0.93	
酢酸メチル	0.59	1.07	−0.32	0.30〜2.74
酢酸エチル	0.37	0.43	2.03	0.49〜2.26
n-酢酸プロピル	−2.08	−2.26	−1.26	−0.70〜1.85
n-酢酸ブチル	−2.71	−3.04	−0.49	−1.52〜3.24
アセトン	1.57	1.47	2.51	0.04〜3.19
メチルエチルケトン	1.05	0.98	2.01	0.76〜2.40
メチルイソブチルケトン	−1.30	−1.31	−0.62	−0.15
ベンゼン	0.59	0.57	1.53	0.94〜2.58
トルエン	0.07	−0.10	1.03	−0.22〜2.15
スチレン	−1.64	−1.68	0.39	−1.14〜0.90
キシレン	−1.38	−1.25	8.60	−0.57〜1.93
ホルムアルデヒド	−0.77	−0.80	0.67	
アセトアルデヒド	−5.20	−5.46	−2.73	−2.57〜−0.15

単位は ppb（mg/m^3）の対数．文献値に記載のないものは，報告がないことを，値が 1 つのものは，報告が 1 件のみあったことを示す．

値を示した．その理由のひとつとして，このオルファクトメータは，実験参加者の吸気量を考慮して 500 mL/s の流量で提示されるよう設計されており，それまでの文献での流量よりかなり大きいことがあげられる．日本では，永田・竹内（1990）が，臭気公害に関するより多くのにおい物質の検知閾を 3 点比較式臭袋法によって測定しているが，単位が v/v であるため，斉藤他（1985b）に比べ大きい値になっている．詳細は斉藤他（2014）を参照されたい．

i) 検知閾の個人間変動・個人内変動

同じ実験条件で測定した検知閾の個人間変動は，においの種類によってその程度が異なる．図 1.5 はさまざまなにおい物質の濃度変化に対する検知率の変化を示すが，アンモニアに対する検知閾は対数濃度で −1〜+1 の 2 桁の範囲内にあるが，アセトアルデヒドは −7〜−3 の 4 桁の間にあり，個人間のばらつきがアンモニアより大きいことがわかる．また，個人についてみるとすべてのにおいに対して相対的に閾値の低い人，高い人もいるが，何人かはにおいの種類によって感度が異なった（斉藤他，1985a）．これらの内容は他でも報告されている（高木，1978；岡安他，1979）．

検知閾の個人内変動は，評価者が嗅ぎ方に慣れた状態で同じ実験条件で測定すれば大きくはない．斉藤他（1985a）が，10 人について，9 種類の低級脂肪族アルコールの検知閾を 4 回測定した結果では，6 種類のにおいで同じ評価者の 4 回の測定値はほぼ 1 桁の濃度内に収まった（残りの 3 種類については各々 1 人あるいは 2 人の例外がみられた）．岡安他（1979）も嗅覚測定用基準臭を用いて，繰り返し実験を行った結果，評価者は初期の 1，2 回の測定で嗅ぎ方に慣れ，閾値が低下する傾向がみられたが，7，8 回の繰り返しで徐々に閾値が下がることはなかったと報告している．

また，評価者の体調がかなり悪いときは感度が下がるが，「やや悪い」程度だとむしろ感度が高まることがあると報告されている（岩崎他，1983）．

ii) 検知閾の日間・日内変動

日間変動に関して，岡安他（1979）は嗅覚測定用基準臭を用いて，1 か月に 8 日間繰り返し測定を行い，測定日による違いは検知閾の変動要因としては大きな意味をもたなかったと報告している．筆者らの実験でも 2〜4 か月にわたる測定日間の変動について，平均検知閾はほぼ 1 桁以内に収まった（斉藤他，1981）．

日内変動については，岡安他（1979）は，1 日に 4，5 回の時間帯を決めて，連続して 7 日間測定した実験では，1 日のうちの時間帯の違いは検知閾の変動要因としては大きな意味をもたなかったと報告している．しかし，昼食直後に嗅覚の感度が悪くなることを体験した人もいると思う．Goetzel et al.（1950）はコーヒーのにおいについて，朝から昼にかけて検知閾が少し下がってくるが，昼食後には一時的に上昇したことから，食事の影響が大きいと報告している．

iii) 検知閾と物理化学特性

検知閾値と物理化学特性との関係をみると，9種類の低級脂肪族アルコールの検知閾を，10人の実験参加者について，1日2回の測定を2日，計4回行った結果（斉藤他，1985a）では，直鎖構造の物質では，炭素数が1～4までは検知閾が下がり，5, 6で上がっていった（図1.6）．この傾向は，炭素数が3～5の側鎖構造をもつ骨格異性体（構造異性体の一種）であるイソ体についてもみられた（斉藤他，1985a；Saito & Iida, 1992）．Patte（1979）は，Laffort et al.（1974）が測定したデータから，低級脂肪族アルコールでは炭素数が5, 6で検知閾がもっとも低くなり，7でやや高くなり，8で再び下がると報告している．Laffortらは，視覚でみられる感度曲線（sensitivity curve）からの類推で，脂肪族アルコール（直鎖），脂肪酸の閾値には炭素数に応じた感度の山があるという考えを示した．同様に考えると，Saito & Iida（1992）の結果は炭素数が4のブタノールで感度の山が示されたといえる．また，側鎖構造の感度の山も直鎖構造と同じく炭素数が4であるといえる．さらに，Amoore（1970）は，脂肪酸（直鎖の場合）では，炭素数が4で検知閾が一番低くなり，5, 6, 7で上昇し，8, 9, 10で下降すると報告している．永田・竹内（1990）は，低級脂肪族アルコールの検知閾は炭素数が1～4まで順次下降し，5でいったん上昇するが6でまた下降し，そのまま炭素数10まで下降したと報告し，炭素数5までは，全量気化方式のオルファクトメータを用いて測定した斉藤他（1985a）と同じ結果であった．これらの結果から，低級脂肪族アルコールや脂肪酸では，炭素数が増すにつれて検知閾が下降し再度上昇するという点で一致しており，炭素鎖の長さが受容の感度に関連していることを推測させる．しかし，再度上昇するときの炭素の数やその後の変動については必ずしも一致していない．

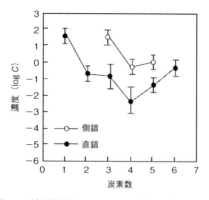

図1.6 低級脂肪族アルコールの検知閾（$\log C$ の C の単位は mg/m^3）（斉藤他，1985bを改変）

iv) 閾値に影響する要因

その他，閾値に影響する要因として，年齢，性別，喫煙，女性ホルモン，学習や体験（含環境），遺伝などが報告されている（斉藤他，2014 参照）が，ここでは紙面の都合で簡単に記す．年齢，喫煙については，20～80 代の測定で，高齢者は若者より，また，喫煙者は非喫煙者より高い閾値を示した（斉藤他，2001）が，20～60 代までの測定では，においの種類によって異なることも報告されている（岩崎他，1983）．性別については女性のほうが男性よりにおいの感度が高いという報告が多いが，斉藤他（2014）ではこれは性差というよりも，評価者のにおいへの関心の差が影響しているのではないかと推測されている．ただし，女性ホルモンの活動が活発な閉経前の女性では，特異的無嗅覚症と関係のないバナナ，レモンなどのにおいの閾値が，反復提示によって低下したことから，女性ホルモンが潜在的に関係する閾値低下があるのではないかと推察されている（Dalton et al., 2002）．また，これまで一般的なにおい物質の検知閾が学習や体験によって変わるという報告はないが，男性の腋分泌物質であるアンドロステノンについては，このにおいを感じない人でも，繰り返し接触することによって感じるようになり，その効果に性差はないと報告されている（Wysocki et al., 1989）．また，山崎（1999）は，アンドロステノンの感受性の違いには遺伝的要因が関与するものの，体験による感受性の変化が受容細胞レベルでもみられたという実験も紹介している．また，ヒトは 396 個の嗅覚受容体遺伝子をもち，その中に 1 ゲノム塩基配列中に変異した 1 塩基を 1% 以上の割合で含む遺伝子多型が報告され，特定のにおいに対して感度が悪く検知閾が高い嗅盲との関係が明らかにされている（佐藤，2015）．詳細は 2.3.8 項を参照されたい．

b. においの感覚強度

i) 感覚強度と濃度の関係

感覚強度と濃度の関係は，ベキ関数と対数関数が報告されている．ベキ関数はマグニチュード推定法（Stevens, 1957）やラベルド・マグニチュード推定法（Green et al., 1996）で測定されたときに成立し，対数関数は，一対比較や jnd を用いた尺度構成，直線上に等間隔にラベルをつけた評定法（以下，ラベルつき評定法）などで測定されたと

表 1.7　ベキ関数として報告されたにおい物質のベキ値の例（斉藤，2014b）

におい物質	文献数	ベキの範囲	におい物質	文献数	ベキの範囲
アセトン	2	0.54～0.71	ベンズアルデヒド	3	0.19～0.67
酢酸アミル	13	0.13～0.49	シクロヘキサン	2	0.44～0.77
酪酸アミル	2	0.47～0.50	シクロオクタン	1	0.63
ベンゼン	1	0.55	酢酸エチル	2	0.21～0.53
1-エタノール	2	0.30～0.36	オイゲノール	3	0.27～0.80
1-ブタノール	9	0.23～0.64	ゲラニオール	3	0.17～0.28
イソブタノール	1	0.56	1-ヘプタン	3	0.30～0.60
2-ブタノール	1	0.57	ブタン酸	1	0.22

表 1.8 報告されたさまざまなにおい物質の対数関数の例（斉藤，2014b を一部改変）

におい物質	対数関数	ピアソンの相関係数
ベンゼン	$y = 1.21x + 0.63$	0.94
トルエン	$y = 1.06x + 0.76$	0.98
スチレン	$y = 1.00x + 2.54$	0.99
キシレン	$y = 0.85x + 2.09$	0.99
アセトン	$y = 1.90x - 2.06$	0.97
メチルエチルケトン	$y = 1.48x - 0.21$	0.98
イソブチルメチルケトン	$y = 0.99x + 2.07$	0.99
エタノール	$y = 0.72x + 1.45$	0.97
プロパノール	$y = 0.60x + 1.35$	0.99
イソプロパノール	$y = 1.24x + 2.43$	0.99
ブタノール	$y = 0.64x + 1.86$	0.99
イソブタノール	$y = 0.68x + 1.61$	0.91
酢酸	$y = 0.47x + 2.33$	0.95
	$[y = 0.64x + 2.89]$	$[0.99]$
イソ吉草酸	$y = 0.97x + 1.62$	0.98
酢酸エチル	$y = 1.04x + 0.86$	0.98
酢酸ブチル	$y = 0.59x + 2.6$	0.96
アンモニア	$y = 1.90x + 0.55$	0.95
トリエチルアミン	$y = 1.27x + 2.26$	0.96
ホルムアルデヒド	$y = 0.97x + 1.6$	0.98
アセトアルデヒド	$y = 0.45x + 3.22$	0.92
	$[y = 0.64x + 4.31]$	$[0.98]$
鶏小屋	$y = 0.45x + 1.45$	0.99

y は臭気強度，x は濃度（$\log C$：C の単位は ppb（mg/m^3））を示す．〔 〕内はフェヒナーの法則があてはまらない刺激範囲を除いて算出された強度関数．

きに，両端を除く一定の濃度範囲であてはまることが報告されている．ラベルつき評定法では，パラメトリック統計処理にあたって，使用されるラベルが等間隔であるか，換言すれば間隔尺度の条件を満たしているかが議論される（斉藤他，2014 参照）．ベキ関数のベキの例を表 1.7 に，対数関数の例を表 1.8 に示す．

ii) 一定濃度の持続臭気に対する感覚強度の変動（順応と慣れ）

友人の家を訪問して，はじめは気になったにおいがしばらくするとほとんど気にならなくなった経験はないだろうか．こうした現象を順応（adaptation）とか慣れ（habituation）という．Engen は"順応とよばれる感覚効果は，慣れ現象と混同されがちである．十分な統制なしには，感覚の減退が順応によるのか，それとも慣れによるのかを決定しにくい．順応とは受容器における変化をさすのに対し，慣れとは新しい刺激に対する反応がもはや生じなくなることをさす"と述べている（Engen, 1982）．これによれば順応は主に末梢での変化を起因とした現象で，慣れはより高次の中枢で起きる現象と考えられている．実際，持続臭気に対して起きる感覚減退は，受容器の順応だけでなく刺激に新規性がなくなったという慣れの現象も加わって起きている．このように，

持続臭気に対する感覚強度の低下は,順応と慣れで説明されるため,斉藤他 (2004) は,持続臭気に対する感覚強度の時間依存性を,「順応/慣れパターン」と呼んだ.ここでもその呼びかたを踏襲する.この「順応/慣れパターン」は,これまでの研究で,時間経過とともに指数関数的に減衰すると報告されてきた (Berglund et al., 1977).しかし,斉藤他 (2004) は等濃度のトリエチルアミンを 10 分間提示したときの感覚強度の時間依存性を記録し,指数関数的に減衰するパターン以外の型を多く見いだした.それらは以下の 5 種類に分類された.

A 型:感覚強度が時間に対して指数関数的に減じ,ほとんどにおいを感じなくなるか,弱い強度で一定となる (指数関数型).

A′型:感覚強度ははじめ高いが,指数関数的に減じ,その後は A 型よりやや高い強度 (はじめの強度の 1/2 程度) でほとんど不変となる (指数関数 & 矩形型).

B 型:感覚強度ははじめ高く,減じたあと,また高くなる.山は 1 つとは限らない (変動型).

C 型:感覚強度が高いまま最後まで持続する (不変型).

D 型:感覚強度は徐々に高くなり全体として 1 つの山になる (上昇型).

5 つの型の代表例を図 1.7 に示す.A 型はこれまでの文献に報告されてきたパターンで,A′型もそれに近い型である.A 型 (19.0%) と A′型 (10.5%) を合わせても約 30% にすぎず,最頻の型は B 型 (50.5%) だった.C 型は 17.9%,D 型は非常に少なく 2.1% であった.これまでに報告されていた A 型や A′型が少なかった理由として,過

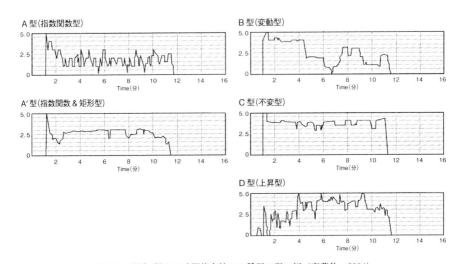

図 1.7 順応/慣れの時間依存性の 5 種類の型の例 (斉藤他, 2004)
各グラフは 10 分間持続して提示されたトリエチルアミンに対して,評価者がスライドバーを使って感覚強度を評定した結果を示す.横軸は時間 (分),縦軸は感覚強度 (0〜5) を示す.

去の研究の多くが閾値に近い濃度で行われ，また不快でないにおいが多く使われていたことがあげられる．他に，実験条件や教示の問題も考えられる．たとえば，においを感じなくなるまで評価するという条件や教示のもとでは，評価者は，最後には強度がゼロになるという暗示をかけられていることになる．単に実験の名前が「順応実験」と告げられただけでも暗示になる．では，今回のように一定時間内に自由に感覚強度を評定させた場合，このような多様な型が生じた理由は何か．Saito et al. (1994) は，変動臭気に対する不快度が，感覚強度の時間依存性パターンで示される「認知閾以上の強度の総和」と正の相関関係があることを報告していた．この「認知閾以上の強度の総和」は，A，A′型で小さく，B，C型で大きくなる．このことから，B，C型を示した群は，A，A′型を示した群よりも不快に感じていたと推察される．そこで，今回得られた型と不快度の関係を調べると，強度の総和がB，C型よりも小さいA，A′型を示した群は，B，C型を示した群よりも，不快度を小さく感じていた．さらに，A，A′型の多くの人がこの持続臭気（トリエチルアミン）に対して感じる「畜産臭・腐敗臭」といったにおいの質を明確には感じていなかった．Dalton (1996) は，持続臭気に対する不安感を事前に与えることで，感覚強度の時間依存性が変わったと報告している．このことから，斉藤他 (2004) は，実験でみられた感覚強度の多様な時間依存性は，評価者が感じた不快度やにおいの質に起因する不安感の違いを反映しているのではないかと推察した．実際に教示によって臭気に不安感を与えたときの実験例を，1.2.4項 c で紹介する．

iii) 変動臭気の感覚強度

環境臭気には，連続的に，かつ濃度が変動して排出される場合も多い．斉藤他 (1993) は「変動臭気提示・評価装置」（口絵 4 参照）を開発し，臭気が変動して提示される場合の感覚強度と快不快度について調べた．多くの人が「畜産臭・腐敗臭」と感じるトリエチルアミンを，連続させて提示した等濃度の持続臭気（実験 1），総曝露量が実験 1 の約 50％ である等濃度の断続臭気（実験 2），総曝露量が実験 1 と同じ断続臭気（実験 3）をそれぞれ 16 分間提示し，その後に総合的感覚強度と快不快度の評定を求めた．その結果，実験 2 の総合的感覚強度と不快度は実験 1 とほとんど変わらなかった．一方，実験 3 は総合的感覚強度も不快度も実験 1 より約 2 倍大きく評定された．つまり，変動臭気は総曝露量が同じであっても，断続的に提示することによって，総合的感覚強度が増大した．これは，生体が定常な刺激よりも変化する刺激を敏感に感じ取るためと考えられた．

iv) においの感覚強度に影響する要因

においの感覚強度に影響する要因として気候条件では湿度，評価者の属性としては年齢，そのにおいへの親近性や快不快感，においが健康に与える影響についての先入観，嗅覚受容体遺伝子多型などがあげられる．詳細は斉藤他 (2014) および 2.3.8 項を参照されたい．

1.2.4 においの快不快
a. 快不快の個人差
においの快不快は個人で大きく異なることがある．たとえば，キシレンの濃度を変えて，快不快度を「非常に不快：-3」から「非常に快：3」の間で26人に評定してもらうと，平均検知閾の100倍濃度で「やや不快：-1」から「快：2」の範囲に，1000倍濃度で「不快：-2」から「快」の範囲に，10000倍濃度で「非常に不快」から「どちらでもない：0」の範囲にばらついた（斉藤，1990, 2014c）．また，個人内変動も含めた検討として，異なる濃度の溶剤臭と酸臭の快不快度を14人に日を変えて3回評価させたところ，3回の評定値のばらつきは，個人内では小さく安定していたが，個人間では大きかった．また個人間のばらつきは，溶剤臭と酸臭で異なり，溶剤臭のほうが多様なばらつきのパターンを示した（斉藤他，1983）．

b. においの濃度と快不快
斉藤他（1983）は，臭気公害に関連したさまざまなにおい物質や環境臭気の濃度変化に対する快不快度の変動を検討した．平均快不快度の変動（図1.8）は，閾値からの濃度増大に対して，①わずかに快方向で不変である不変型，②不快方向へ下降する下降型，③いったん上昇しその後下降する上昇下降型の3パターンに分類された．快不快度の変動はにおい物質によって異なるが，下降型が特に多く，不変型はアルコール類やアルデヒド類の一部でみられ，上昇下降型を示したものはエステル類や芳香族炭化水素類の一部であった．

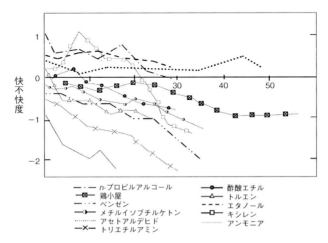

図1.8　さまざまなにおい物質の臭気指数と快不快度の関係（斉藤他，1983を一部改変）横軸は各においの臭気指数（検知閾を基準の強度としたときのデシベル（dB））を示す．

c. においの快不快に影響する要因

i) においの単純接触効果

ある対象物に繰り返し接触することでその快度が上昇する単純接触効果は，さまざまな感覚モダリティで報告されているが，嗅覚に関して一貫した知見は得られていない．55回の繰り返し接触により，比較的不快なにおいでは接触に伴い快度が上昇し，比較的快なにおいでは快度が低下した（Cain & Johnson, 1978）．一方で，単純接触効果はニュートラルか，やや快または不快なにおいで生じ，快不快が極端なにおいでは生じなかった（Delplanque et al., 2015）という例もある．また，接触回数が過多でない場合（10回未満）ににおいの快度が上昇したという報告もある（Birch & Marlin, 1982；Pliner, 1982；杉山，2007）．

ii) 接触時の文脈

同じにおいでも，嗅いだときに感じた知覚内容によって快不快度に差が生じることがある．たとえば，磯のイメージでつくられた香料を「草木」と表現した人は，「糞便」「どぶ」「下水」などと表現した人よりも快に感じた（斉藤，1990）．この場合，糞便と感じたから不快なのか，不快に感じたから糞便と表現したのかはわからないが，以下に示す，においに接触する際の状況，すなわち文脈的な要因がにおいの快不快判断へ影響を及ぼすという研究結果は，少なくとも，知覚内容が快不快に影響するというルートが脳内に存在することを示唆する．イソ吉草酸と酪酸の混合臭が，「嘔吐物」または「パルメザンチーズ」のラベルとともに提示された場合，前者の条件で提示された混合臭は，後者に比べてより不快に評価された（Herz & von Clef, 2001）．また，干し葡萄を入れたボトルに正しい名前「干し葡萄」をつけた場合とネガティブな名前「汗の染みたシャツ」をつけた場合では，同じ発生源のにおいでも，後者でより不快なにおいだと評価された（杉山他，2000）．主観的評価のみならず，ラベルによって快と評価された場合と不快と評価された場合では，においを嗅いだときの脳活動（de Araujo et al., 2005）や，皮膚電位反応やにおいの吸入流量（Djordjevic et al., 2008）が異なることも示されている．また，においは複数を一度に嗅ぐことはできず，時系列的に嗅ぐようになるため，先に接触したにおいの特徴が文脈となってあとのにおいの快不快評価を変えることもある．たとえば，独特のにおいがするドリアンジュースを試飲する際に，先に比較的快いバニラやレモンなどのにおいを嗅いでいた場合には，先に何のにおいも嗅がなかった場合より試飲量が減少した（Stevenson et al., 2007）．この結果は，快刺激の先行によって，フレーバーや味の不快さがより強く知覚された負の対比効果を示している．しかし一方で，不快な刺激の先行によって快いにおいがさらに快に評価される正方向の対比は生じにくい可能性も示されている（Kniep, 1931；Nakano & Ayabe-Kanamura, 2017）．

iii) 先入観

提示されるにおいへの先入観が，においの快不快度の個人差を生むことがある．

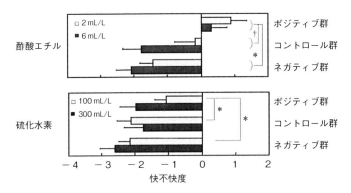

図 1.9 持続臭気に対して,事前にポジティブ教示,ネガティブ教示,ニュートラル教示を与えられた群間の快不快度の比較(戸田他,2007を改変)
横軸の値は-4〜4で表された快不快度評定値.各においは2段階の濃度について実験された.エラーバー:標準偏差,†: $p<.1$, *: $<.05$.

Dalton (1996) は,においの提示前に,そのにおいについて与える情報によって,持続的に提示されるにおいの感覚強度の時間依存性が異なり,快不快度も変化したと報告した.すなわち,体に悪いという教示を受けた群(ネガティブ群)は,体に安全という教示を受けた群(ポジティブ群)よりも不快に感じた.坂井他 (2004) もアニスについて同様な結果を報告した.臭気公害で規制の対象とされている特定悪臭物質についても同様であり,酢酸エチルでは濃度の高さによらず,ポジティブ群はネガティブ群よりも快に,硫化水素では,低濃度の場合にのみ,ポジティブ群がネガティブ群およびコントロール群よりも快に評定した(戸田他,2007;図1.9).一方,アンモニアのように,教示の影響が快不快度に現れないものもあった(斉藤他,2007).

iv) 発達・文化

嗅覚や味覚は受精後 24 週で機能的に発達し,五感の中では触覚(体性感覚)に次ぐ早さで発生する(Vauclair, 2004).胎児は,母親の胎内で羊水を介して「母親のにおい」に接し,生後に選好を示す(Schaal & Orgeur, 1992).胎児期や授乳期に接触したにおいに対して,幼児期(Schaal et al., 2000;Mennella et al., 2001)や成人期(Haller et al., 1999)に嗜好を示す事例もあり,においの快不快は初期の発達段階からの知覚学習を通して形成される.したがって,個人の生育環境(新川他,1988)や文化的背景(Ayabe-Kanamura et al., 1998)がにおいの質や快不快に大きく関与する(1.2.1項参照).また,歯科医院で医薬品として使われているオイゲノールのにおいが,歯の治療に訪れた際のネガティブな経験の記憶と結びついた場合に不快に感じられる(Robin et al., 1998)など,個人的経験に基づいた意味づけによってもにおいの快不快が形成される.

v) その他の要因

高齢や病気・事故による嗅覚機能の低下によって生じる個人差もある.高齢者は閾値

や感覚強度で代表される嗅覚感度や，においの同定や臭気質の弁別能力が低下していることが報告されており（5.2節参照），これに伴いにおいの快不快度も変化すると考えられる．ただし，高齢者の嗅覚能力の低下は個人差が大きいので一律に考えるのは難しい．感度低下による快不快度の相違は，特異的無嗅覚症の場合にも当然起きることが考えられる．また，アルツハイマー型認知症やパーキンソン病の初期において，においの同定能力が低下することも報告されており（斉藤他，2014参照），これらも快不快の個人差として反映される．妊娠期（特に初期）の女性は，非妊娠期の女性に比べて，においを強く，不快に感じやすいという研究結果（Cameron, 2007）や，妊娠期の女性がオイゲノールやメルカプタンなどのにおいはより不快に，アンドロステノンのにおいはより快に評価したという報告（Gilbert & Wysocki, 1991）があり，妊娠による快不快への影響は，においによって異なることも示唆されている．

　一方，遺伝子を要因とする個人差も報告されている（山崎，1998）．これまでは主に後天的な要因について述べてきたが，特定のにおいについて，遺伝的要因が存在することも最近の研究は示している．詳細は他書（山崎，1999，2004）にゆずる．遺伝的要因が働くとされるにおいには，個体を特徴づけるにおい，いわゆる体臭がある．このようなにおいは摂取する食物や健康状態によっても影響される．においの嗜好が遺伝的要因によるのか経験的要因によるのかという2つの仮説は相反するものではなく，ある特定のにおいに対して働く遺伝的機構と，すべてのにおいに影響する後天的な（正確には胎児期からの）連合学習による2つの機構が関与していると考えられる．また，最近の嗅盲と受容体遺伝子の研究から，受容体遺伝子多型が特定のにおいの快不快に影響することも報じられている（2.3.8項参照）．　　　　　　　　　　　[中野詩織・斉藤幸子]

引 用 文 献

Abe, H., Kanaya, S., Komukai, T., Takahashi, Y., & Sasaki, S. I. (1990). Systemization of semantic descriptions of odors. *Analytica Chimica Acta, 239,* 73-85.

Amoore, E. (1970). *Molecular basis of odor.* Illinois：Springfield.
　　（アムーア，E. 原 俊昭（訳）(1972). 匂い――その分子構造―― 恒星社厚生閣）

新川 千歳世・岩崎 俊介・斉藤 幸子・飯田 建夫・山村 光夫（1988）．生育環境によるニオイに対する知覚認知の差異　第18回官能検査シンポジウム発表報文集，153-158.

de Araujo, I.E., Rolls, E. T., Velazco, M. I., Margot, C., & Cayeux, I. (2005). Cognitive modulation of olfactory processing. *Neuron, 46,* 671-679.

綾部 早穂（2011）．においに及ぼす形の影響の一考察　におい・かおり環境学会誌，*42,* 322-326.

綾部 早穂（2014）．香料業界で用いられる専門用語　斉藤 幸子・井濃内 順・綾部 早穂（編著）嗅覚概論――臭気の評価の基礎――(pp.133-135)　におい・かおり環境協会

綾部 早穂・斉藤 幸子・内藤 直美・三瀬 美也子・後藤 なおみ・市川 寛子…小早川 達（2005）．スティック型嗅覚同定能力検査法（OSIT）による嗅覚同定能力――年代と性別要

1.2 においの知覚 31

因—— *Aroma Research, 6*, 368-371.

綾部 早穂・杉山 東子 (2014). 嗅覚 綾部 早穂・熊田 孝恒 (編) スタンダード感覚知覚心
理学 (pp. 91-108) サイエンス社

Ayabe-Kanamura, S., Schicker, I., Laska, M., Hudson, R., Distel, H., Kobayakawa, T., & Saito, S. (1998). Differences in perception of everyday odors : A Japanese-German cross-cultural study. *Chemical Senses, 23*, 31-38.

Berglund, B., Berglund, U., Engen, T., & Ekman, G. (1973). Multidimensional analysis of twenty-one odors. *Scandinavian Journal of Psychology, 14*, 131-137.

Berglund, B., Berglund, U., & Lindvall, T. (1977). Psychophysical scaling of odorous air pollutants. *Proceedings of the Fourth International Clean Air Congress*, 377-380.

Birch, L. L., & Marlin, D. W. (1982). I don't like it ; I never tried it : Effects of exposure on two-year-old children's food preferences. *Appetite, 3*, 353-360.

Cain, W. S. (1979). To know with the nose : Keys to odor identification. *Science, 203*, 467-470.

Cain, W. S. (1982). Odor identification by males and females : Predictions vs performance. *Chemical Senses, 7*, 129-142.

Cain, W. S., & Johnson Jr, F. (1978). Lability of odor pleasantness : Influence of mere exposure. *Perception, 7*, 459-465.

Cain, W. S., & Potts, B. C. (1996). Switch and bait : Probing the discriminative basis of odor identification via recognition memory. *Chemical Senses, 21*, 35-44.

Cain, W. S., Wijk, R., de Lulejian, C., Schiet, F., & See, L. C. (1998). Odor identification : Perceptual and semantic dimensions. *Chemical Senses, 23*, 309-326.

Cameron, E. L. (2007). Measures of human olfactory perception during pregnancy. *Chemical Senses, 32*, 775-782.

Cameron, E. L. (2014). Pregnancy does not affect human olfactory detection thresholds. *Chemical Senses, 39*, 143-150.

Chrea, C., Valentin, D., Sulmont-Rosse, C., Mai, H. L., Nguyen, D. H., & Abdi, H. (2004). Culture and odor categorization : Agreement between cultures depends upon the odors. *Food Quality and Preference, 15*, 669-679.

Dalton, P. (1996). Odor perception and beliefs about risk. *Chemical Senses, 21*, 447-458.

Dalton, P., Doolittle, N., & Breslin, P. A. (2002). Gender-specific induction of enhanced sensitivity to odors. *Nature Neuroscience, 5*, 199-200.

Dalton, P., Maute, C., Oshida, A., Hikichi, S., & Izumi, Y. (2008). The use of semantic differential scaling to define the multidimensional representation of odors. *Journal of Sensory Studies, 23*, 485-497.

Delplanque, S., Coppin, G., Bloesch, L., Cayeux, I., & Sander, D. (2015). The mere exposure effect depends on an odor's initial pleasantness. *Frontiers in Psychology, 6*, 1-7.

Djordjevic, J., Lundstrom, J. N., Clément, F., Boyle, J. A., Pouliot, S., & Jones-Gotman, M. (2008). A rose by any other name : Would it smell as sweet? *Journal of Neurophysiology, 99*, 386-393.

DuBose, C. N., Cardello, A. V., & Maller, O. (1980). Effects of color and flavor on identification, perceived flavor intensity, and hedonic quality of fruit-flavored beverages and cake. *Journal of Food Science, 45*, 1393-1399.

Engen, T. (1982). *The perception of odors*. New York : Academic Press.

（エンゲン，T. 吉田 正昭（訳）（1990）．匂いの心理学　西村書店）

Gemert, L. J., & Nettenbreiger, A. H. (1977). *Compilation of odor threshold values in air and water.* Netherland：National Institute for Water Supply.

Gilbert, A. N., & Wysocki, C. J. (1991). Quantitative assessment of olfactory experience during pregnancy. *Psychosomatic Medicine, 53,* 693-700.

Goetzel, F. R., Abel, M. S., & Ahokas, A. J. (1950). Occurrence in normal individuals of diurnal variations in olfactory acuity. *Journal of Applied Physiology, 2,* 553-562.

Green, B. G., Dalton, P., Cowart, B., Shaffer, G., Rankin, K., & Higgins, J. (1996). Evaluating the 'Labeled Magnitude Scale' for measuring sensations of taste and smell. *Chemical Senses, 21,* 323-334.

Haller, R., Rummel, C., Henneberg, S., Pollmer, U., Analyse, S., Institut, E., & Hochheim, D. (1999). The influence of early experience with vanillin on food preference later in life. *Chemical Senses, 24,* 465-467.

Havlicek, J., Saxton, T. K., Roberts, S. C., Jozifkova, E., Lhota, S., Valentova, J., & Flegr, J. (2008). He sees, she smells? Male and female reports of sensory reliance in mate choice and non-mate choice contexts. *Personality and Individual Differences, 45,* 565-570.

Herz, R. S., & Cahill, E. D. (1997). Differential use of sensory information in sexual behavior as a function of gender. *Human Nature, 8,* 275-286.

Herz, R. S., & von Clef, J. (2001). The influence of verbal labeling on the perception of odors：Evidence for olfactory illusions? *Perception, 30,* 381-392.

樋口 貴広・庄司 健・畑山 俊輝（2002）．香りを記述する感覚形容語の心理学的検討　感情心理学研究，*8*，45-59.

岩崎 好陽・中浦 久男・谷川 昇・石黒 辰吉（1983）．悪臭官能試験に及ぼすパネルの影響　大気汚染学会誌，*18*，156-163.

Kniep, E. H., Morgan, W. L., & Young, P. T. (1931). Studies in affective psychology. *American Journal of Psychology, 43,* 406-421.

Laffort, P., Patte, F., & Echeto, M. (1974). Olfactory coding on the basis of physicochemical properties. *Annals of the New York Academy of Science, 237,* 193-208.

Mennella, J. A., Jagnow, C. P., & Beauchamp, G. K. (2001). Prenatal and postnatal flavor learning by human infants. *Pediatrics, 107,* e88.

森中 洋一・半田 高・竹内 晴彦・綾部 早穂・斉藤 幸子（2001）．花の香りの評価における官能評価尺度の有効性　*Japanese Society for Horticultural Science, 70,* 636-649.

Morrot, G., Brochet, F., & Dubourdieu, D. (2001). The color of odors. *Brain and Language, 79,* 309-320.

Moskowitz, H. R., & Barbe, C. O. (1976). Psychometric analysis of food aromas by profiling and multidimensional scaling. *Journal of Food Science, 41,* 567-571.

Moskowitz, H. R., & Gerbers, C. L. (1974). Dimensional salience of odors. *Annals of the New York Academy of Sciences, 237,* 1-16.

永田 好男・竹内 教文（1990）．3点比較式臭袋法による臭気物質の閾値測定結果　日本環境センター所報，*17*，77-89.

中野 詩織・綾部 早穂（2013）．Odor Awareness Scale の日本人への適用可能性　*Tsukuba Psychological Research, 47,* 1-8.

中野 詩織・綾部 早穂（2014）．においの言語的表現におけるオノマトペの利用性　におい・か

おり環境学会誌, *44*, 380-389.

Nakano, S., & Ayabe-Kanamura, S. (2017). The influence of olfactory contexts on the sequential rating of odor pleasantness. *Perception*, *46*, 393-405.

岡安 信二・竹内 教文・青木 通佳・佐野 雅之・香月 祥太郎・重田 芳廣（1979）．基準臭による嗅覚閾値の分布と変動　悪臭の研究, *7*, 6-16.

Patte, F. (1979). Experimental assessment of human olfactory thresholds in air for some thiols and alkanes. *Chemical Senses and Flavour*, *4*, 351-354.

Pliner, P. (1982). The effects of mere exposure on liking for edible substances. *Appetite*, *3*, 283-290.

Robin, O., Alaoui-Ismaïli, O., Dittmar, A., & Vernet-Maury, E. (1998). Emotional responses evoked by dental odors：An evaluation from autonomic parameters. *Journal of Dental Research*, *77*, 1638-1646.

斉藤 幸子（1990）．嗅覚の官能評価に関する実験的研究　筑波大学博士論文（未公刊）

斉藤 幸子（1994a）．ニオイの分類　大山 正・今井 省吾・和氣 典二（編）　新編 感覚・知覚心理学ハンドブック（pp. 1401-1412）　誠信書房

斉藤 幸子（1994b）．嗅覚の精神物理学　大山 正・今井 省吾・和氣 典二（編）　新編 感覚・知覚心理学ハンドブック（pp. 1413-1424）　誠信書房

斉藤 幸子（2014a）．様々なにおいを表す記述語　斉藤 幸子・井濃内 順・綾部 早穂（編著）嗅覚概論──臭気の評価の基礎──（pp. 129-130）　におい・かおり環境協会

斉藤 幸子（2014b）．においの感覚強度　斉藤 幸子・井濃内 順・綾部 早穂（編著）　嗅覚概論──臭気の評価の基礎──（pp. 102-126）　におい・かおり環境協会

斉藤 幸子（2014c）．においの快不快の個人差　斉藤 幸子・井濃内 順・綾部 早穂（編著）　嗅覚概論──臭気の評価の基礎──（pp. 175-178）　におい・かおり環境協会

斉藤 幸子・綾部 早穂（2002）．環境臭気におけるにおいの質の評価のための記述語の選定──記述語による日本の日常生活臭の類型から──　臭気の研究, *33*, 1-12.

Saito, S., Ayabe-Kanamura, S., Takashima, Y., Gotow, N., Naito, N., Nozawa, T., ... Kobayakawa, T. (2006). Development of a smell identification test using a novel stick-type odor presentation kit. *Chemical Senses*, *31*, 379-391.

斉藤 幸子・古谷 双功・飯田 健夫（1985a）．脂肪族アルコール類の嗅覚閾の個人差　第19回味と匂のシンポジウム論文集, *19*, 69-72.

Saito, S., & Iida, T. (1992). Psychophysics of gustation and olfaction. *Sensors and Materials*, *4*, 121-133.

斉藤 幸子・飯田 健夫・坂口 豁（1981）．減圧/加圧式オルファクトメータによるニオイ物質の閾値測定　第15回味と匂のシンポジウム論文集, *15*, 64-67.

斉藤 幸子・飯田 健夫・坂口 豁（1985b）．嗅気物質に対する嗅感覚特性　製品科学研究所研究報告, *102*, 13-23.

斉藤 幸子・飯田 健夫・坂口 豁・児玉 廣之（1983）．減圧/加圧式オルファクトメータによる快・不快度の測定　第17回味と匂のシンポジウム論文集, *17*, 125-128.

斉藤 幸子・飯尾 心・小早川 達・後藤 なおみ（2004）．持続提示する臭気に対する感覚的強度の多様な時間依存性　におい・かおり環境学会誌, *35*, 17-21.

Saito, S., Iio, K., Yoshida, T., Ayabe-Kanamura, S., & Sadoyama, T. (1994). Effects of fluctuating odor on odor intensity and annoyance. In K. Kurihara, N. Suzuki, & H. Ogawa (Eds.), *Olfaction and taste XI* (pp. 345-346), Tokyo：Springer-Verlag.

斉藤 幸子・飯尾 心・吉田 倫幸・佐渡山 亜兵・綾部 早穂・早野 陽子 (1993). 変動臭気呈示装置による不快度計測 —— 持続的呈示と断続的呈示の比較 —— 第26回味と匂のシンポジウム論文集, *26*, 321-324.

斉藤 幸子・増田 有香・小早川 達・後藤 なおみ・溝口 千恵・高島 靖弘 (2001). Ｔ＆Ｔオルファクトメータによる閾値と日本版スティック型検査法による同定能力の関係 日本味と匂学会誌, *8*, 143-149.

斉藤 幸子・戸田 英樹・杉山 東子・小早川 達 (2007). 認知的要因が悪臭の評価に及ぼす影響 —— 酢酸エチル，硫化水素，アンモニアの臭気質 —— 第20回におい・かおり環境学会講演要旨集, 53-54.

佐藤 成見 (2015). 嗅覚受容体遺伝子多型とにおい感覚 におい・かおり環境学会誌, *46*, 264-266.

坂口 齍・飯田 健夫・斉藤 幸子 (1981). 減圧/加圧式オルファクトメータ 第15回味と匂のシンポジウム論文集, *15*, 60-63.

坂井 信之・小早川 達・斉藤 幸子 (2004). 認知的要因がにおいの知覚と順応過程に及ぼす影響 におい・かおり環境学会誌, *35*, 22-25.

Schaal, B., Marlier, L., & Soussignan, R. (2000). Human foetuses learn odours from their pregnant mother's diet. *Chemical Senses, 25*, 729-737.

Schaal, B., & Orgeur, P. (1992). Olfaction in utero：Can the rodent model be generalized? *Quarterly Journal of Experimental Psychology：Section B, 44*, 245-278.

Smeets, M. A. M., Schifferstein, H. N. J., Boelema, S. R., & Lensvelt-Mulders, G. (2008). The odor awareness scale：A new scale for measuring positive and negative odor awareness. *Chemical Senses, 33*, 725-734.

Stevens, S. S. (1957). On the psychophysical law. *Psychological Review, 64*, 153.

Stevenson, R. J., Tomiczek, C., & Oaten, M. (2007). Olfactory hedonic context affects both self-report and behavioural indices of palatability. *Perception, 36*, 1698.

Stone, H., & Bosley, J. J. (1965). Olfactory discrimination and Weber's law. *Perceptual and Motor Skills, 20*, 657-665.

杉山 東子 (2007). ニオイ認知過程における嗅覚表象の性質 筑波大学博士論文 (未公刊)

杉山 東子・綾部 早穂 (2014). 嗅覚 綾部 早穂・熊田 孝恒 (編) スタンダード感覚知覚心理学 (pp. 91-108) サイエンス社

杉山 東子・綾部 早穂・菊地 正(2000). ラベルがニオイの知覚に及ぼす影響 日本味と匂学会誌, *7*, 489-492.

杉山 東子・綾部 早穂・菊地 正 (2003). ニオイ同定課題における発話を用いた認知過程の分析 筑波大学心理学研究, *25*, 9-15.

鈴木 隆 (2013). においとことば —— 分類と表現をめぐって —— (特集 においを表現する言葉) におい・かおり環境学会誌, *44*, 346-356.

高木 貞敬 (1978). 嗅覚測定のための基準臭とＴ＆Ｔオルファクトメーター 豊田 文一・北村 武・高木貞敬 (編) 嗅覚障害 —— その測定と治療 —— (pp. 1-14) 医学書院

戸田 英樹・斉藤 幸子・杉山 東子・後藤 なおみ・小早川 達 (2007). 認知的要因が特定悪臭物質の快不快に及ぼす影響 —— 臭気順応評価システムによる計測 —— におい・かおり環境学会誌, *38*, 18-23.

上野 吉一 (1992). シェルパの生活と匂い ヒマラヤ学誌, *3*, 40-51.

Vauclair, J. (2004). *Développement du jeune enfant：Motricité, perception, cognition*. Paris：

Belin.

（ヴォークレール, J. 明和 政子（監訳）鈴木 光太郎（訳）(2012). 乳幼児の発達——運動・知覚・認知—— 新曜社）

Wnuk, E., & Majid, A. (2014). Revisiting the limits of language：The odor lexicon of Maniq. *Cognition, 131,* 125-138.

Wood, J. B., & Harkins, S. W. (1987). Effects of age, stimulus selection, and retrieval environment on odor identification. *Journal of Gerontology, 42,* 584-588.

Wysocki, C. J., Dorries, K. M., & Beauchamp, G. K. (1989). Ability to perceive androstenone can be acquired by ostensibly anosmic people. *Proceedings of the National Academy of Sciences of the United States of America, 86,* 7976-7978.

矢口 幸康（2011）．オノマトペをもちいた共感覚的表現の意味理解構造　認知心理学研究, *8,* 119-129.

山崎 邦郎（1998）．においによる個体識別の遺伝学　日本味と匂学会誌, *5,* 133-146.

Yoshida, M. (1964). Studies of psychometric classification of odors (5). *Japanese Psychological Research, 6,* 145-154.

Zarzo, M., & Stanton, D. T. (2009). Understanding the underlying dimensions in perfumers' odor perception space as a basis for developing meaningful odor maps. *Attention, Perception & Psychophysics, 71,* 225-247.

参 考 文 献

綾部 早穂・斉藤 幸子（編著）(2008). においの心理学　フレグランスジャーナル社
斉藤 幸子・井濃内 順・綾部 早穂（編著）(2014). 嗅覚概論——臭気の評価の基礎——　におい・かおり環境協会
山崎 邦郎（1999）．においを操る遺伝子　工業調査会
山崎 邦郎（2004）．においと行動遺伝学　和田 昌士・山崎 邦郎（編）　においと医学・行動遺伝（pp. 233-270）　フレグランスジャーナル社
吉田 正昭（1969）．嗅覚　和田 陽平・大山 正・今井 省吾（編）　感覚・知覚心理学ハンドブック（pp. 855-896）　誠信書房
吉田 正昭（1971）．嗅覚の理論（4）　悪臭の研究, *1,* 1-8.

1.3　においの記憶

　20世紀西欧を代表する作家であるプルースト（M. Proust）はその代表作である自伝的小説 *À la recherche du temps perdu*（『失われた時を求めて』）の中で，自身の経験を五感を通した巧みな表現によって独自の視点からとらえようとした（Proust, 1913）．1つの感覚器官によって複数の感覚を知覚する現象を共感覚というが，プルーストはその繊細な感覚描写から，共感覚者ではないかと考えられるほどであったという（原田, 2006）．中でも，紅茶に浸したマドレーヌの香りを嗅いだ瞬間に，主人公がそれまで思い出すことがなかった過去の情景をありありと思い出す場面は多くの人々の関心を集め

た．このようなにおい・香りとの接触を通じて，それと結びついた過去のできごとがふと思い出される現象は，プルースト現象と呼ばれている．

　プルースト現象にみられるような記憶を呼び覚ます特別な効果が実際ににおいにはあるのだろうか．それは他の感覚知覚を通した想起とどのように異なるのだろうか．また，そもそも嗅覚的な記憶はわれわれの中でどのように覚えられ，そして思い出されるのであろうか．このような問題について，心理学では1970年代から実証的研究が行われてきた．そして現在，嗅覚と記憶についての研究はめざましい発展を遂げている（Herz & Engen, 1996；綾部，2010）．本節では，これまでの嗅覚と記憶に関する心理学的研究を概観する．従来の嗅覚と記憶についての研究はにおいそれ自体の記憶に関する研究と，においの想起手がかりとしての有効性を検討した研究の2つに大別される．まず，においの記憶として短期記憶，ワーキングメモリ，長期記憶について代表的な知見を紹介する．次に，においの想起手がかりの有効性に関する研究として，文脈依存記憶と自伝的記憶に焦点をあてた研究について説明する．

1.3.1　においの短期記憶と長期記憶

a.　短期記憶とワーキングメモリ

　われわれ人間の記憶は，情報を数十秒程度一時的に保持する短期記憶と，ほぼ永続的に情報を保持する長期記憶とに分けられる．においの短期・長期記憶研究では，一般的に再認法による検討が行われてきた．再認法では，学習時とテスト時が設定され，テスト時には学習時に提示されたにおい刺激のほかに新しい刺激が複数提示され，その中から学習時に提示された刺激を選択することによって記憶成績が測定される．たとえばEngen et al.（1973）は，におい刺激を記銘させてから，3秒，6秒，12秒，30秒という保持時間のあとに再認テストを行った．その結果，3秒後の再認率が30秒後でも80%程度を保つことが示された．また，学習時に提示されなかった刺激を誤って学習されたものとみなす虚再認率も低い値であり，遅延に関係なくほぼ一定に保たれていた．さらに，テストまでの保持期間中に3桁の数字逆唱課題を行っても成績の低下はみられなかった．このように，においの短期記憶は忘却が起こりにくく，かつ言語とは異なる処理が行われていると考えられている．

　短期記憶における情報の保持に加えて，同時に処理を行う機能をもったワーキングメモリという概念が提唱されて以降（たとえばBaddeley, 1986），膨大な数の研究が行われている．そして近年，嗅覚とワーキングメモリに関する研究も行われはじめた．たとえば，Jönsson et al.（2011）は，ワーキングメモリ課題のひとつであるNバック課題（n-back task）を用いて検討を行った．Nバック課題とは，一連の刺激が順番に提示され，現在提示されている刺激がN試行前（たとえば2試行前）と同じであるかどうかを参加者に判断させる課題である．Jönsson et al.（2011）はこの課題を用いて，命名の

容易なにおい刺激，あるいは命名の困難なにおい刺激を連続的に提示し，現在提示した
におい刺激が2試行前に提示されたにおい刺激と同じかどうかの判断を参加者に求め
た．すなわち，この課題において参加者は連続で提示されるにおい刺激の情報を保持し
つつ，現在提示されている課題の再認判断を行うという処理が求められる．実験の結果，
命名の容易なにおい刺激では比較的高い再認成績が示され（約80%），またその成績は
命名が困難なにおい刺激（約60%）よりも高かったが，命名の困難なにおい刺激であっ
てもチャンスレベル（50%；ある事象が偶然に生じる確率）以上の成績であった．また，
参加者の命名能力が高いほどワーキングメモリ課題成績が高くなることがわかった．こ
れらの結果は嗅覚的ワーキングメモリが一定以上の保持および処理の機能をもち，さら
にそれらの過程は言語的な情報に依存することを示唆している．

b. 長期記憶

従来のいくつかの研究から，においの長期記憶は短期記憶と同様に忘却が起こりにく
いことが示唆されている．たとえばEngen & Ross（1973）はにおい刺激を学習させて
から，直後，1日後，7日後，30日後にそれぞれ再認テストを行った．その結果，直後
の再認率は約70%であったが，この高い再認率は30日後でもほぼそのままの水準で保
たれていた．加えて，刺激の提示から1年後に再認テストを行うと視覚刺激ではチャン
スレベルにまで再認成績が低下したのに対して，におい刺激では65%程度の再認成績
にとどまることがわかった．また，6か月の長期にわたる遅延条件を設け，再認テスト
を行った実験でもにおい刺激では視覚刺激よりも記憶の持続性が強いことが示されてい
る（Murphy et al., 1991）．さらに最近では，一般的に記憶能力が低下すると考えられ
ている認知症患者でも，なじみのあるにおいであれば長期記憶の再認成績は健常者と同
程度に保持されることが報告されている（Naudin et al., 2014）．においの長期記憶が忘
却されにくい理由については，記憶保持期間中に体験する妨害刺激が視覚に比べて少な
いことなどが考えられている（Murphy et al., 1991）．

では，においの記憶はどのように符号化処理されているのであろうか．一般的に，写
真や絵などの視覚的刺激はそれ自体のイメージと言語的な情報によって二重に符号化さ
れている（Paivio, 1971）．においも例外ではなく，言語的な符号化の影響を強く受ける
ことが示唆されている．たとえば，Lyman & McDaniel（1986, 1990）は30種類のにお
い刺激を提示し，そこでの記銘方略を操作した．具体的には視覚的イメージを生成させ
る条件，においと関連した過去のできごとを想起させる条件，命名させたり，簡単な定
義を行わせる条件，そして提示のみを行う統制条件を設定した．実験の結果，命名条件
で成績がもっとも高くなり，統制条件でもっとも低くなった．この結果は嗅覚的符号化
のみが単一で行われるよりも，言語的符号化によって意味的情報が付加されたほうが記
憶痕跡が強固になるからであると解釈される．

最近では幼児を対象とした発達心理学的な観点からも言語を含めた文脈的情報による

においの長期記憶への影響が検討されている．たとえば Stagnetto et al. (2006) は，5，6歳児を対象ににおい刺激を提示するだけの群とにおい刺激とともに文脈情報として言語ラベルと事物の写真を提示する群（オレンジのにおいの場合，「オレンジ」という文字情報とオレンジの写真を提示する）を設け，3週間の学習期間後，群ごとににおいの再認テストを行った．その結果，文脈情報を提示された群がそうではない群よりも再認成績が高くなった．すなわち，言語発達が未熟な幼児であっても言語的情報に依存してにおいの記憶を保持していることが示された．

1.3.2　においの想起手がかりとしての有効性

冒頭で述べたプルースト現象は過去の経験を想起する手がかりとして，においが有効であることを示している．次では，このようなにおいの想起手がかりとしての有効性を示唆した研究として，文脈依存記憶と自伝的記憶の2つの観点から従来の知見を概観する．

a.　文脈依存記憶

覚えるときと思い出すときの状況が類似していれば類似しているほど記憶成績は良くなる．このような現象は文脈依存記憶（context dependent memory）と呼ばれ，これまで多くの研究が行われている．においによる文脈依存記憶を検討した代表的な研究として，たとえば Schab (1990) は40語の形容詞の反対語を生成させる課題の際に，チョコレートのにおいを提示する場合としない場合を設定した．そして24時間後に各実験参加者に生成した反対語の再生を求めた．このテスト時にもチョコレートのにおいのある場合とない場合を設けた．その結果，テスト時に学習時と同じにおいが提示された場合に，記憶成績がもっとも良くなったのである．厳密には研究ごとに詳細な方法は異なるものの，この他にも単語（たとえば Herz, 1997）や写真（たとえば Herz & Cupchik, 1995）などの記銘材料を用いた場合にも，学習時とテスト時の両方で同じにおいが提示された場合に記憶が促進されることが示されている．

ただし，におい刺激を用いた文脈依存記憶の実験では，提示されるにおいの示差性が重要である点が指摘されている．この点について Herz (1997) は，従来の研究の中にはにおいによる文脈依存記憶の効果が十分に示されない結果があることに注目し，その原因がにおい刺激の示差性にあると考えた．たとえば，病院で薬品のにおいがした場合には十分に予測できる状況であるために，そのにおいは文脈情報として処理されにくい．一方，病院でチョコレートのにおいがした場合には，予測できない新奇なにおいであるため，文脈情報として豊富に処理され，その結果，文脈依存記憶の効果が生じやすくなると考えられる．実験では，実験室における新奇なにおい（たとえばペパーミント）などを含むいくつかのにおいを学習時に提示する条件と提示しない条件を設定した．そこで，単語を読ませたあと，その単語を含めた文章を生成するという課題を課した．2日

後のテスト時にもにおいを提示する条件と提示しない条件を設定し，単語の自由再生を求めた．その結果，新奇なにおいが漂う実験室で単語を学習し，テスト時にそのにおいの漂う実験室で単語を再生した実験参加者が他の条件と比べてもっとも再生成績が良くなった．すなわち，においの想起手がかりとしての効果をさらに高めるためには，学習時にそのにおいに十分に注意が払われているかどうかや，においと記銘材料および他の文脈情報との組合せを考慮する必要がある．

これに関して，Wiemers et al.（2014）はにおいによる文脈依存記憶をさらに促進させる要因のひとつとして情動との組合せに注目した興味深い検討を行った．そこでは実験操作によってストレスが高められた参加者群（ストレス群）とそうした操作を行わない参加者群（統制群）におけるにおいによる文脈依存記憶の効果が比較された．実験の結果，従来の研究と同様に文脈依存記憶が確認されたが，その効果はストレス群のほうが統制群よりも顕著であった．これは情動を喚起させることによってにおいと情動とによる2つの文脈情報が利用可能になるため，文脈依存記憶の効果がさらに増強されたと考えられる．

b. 自伝的記憶

文脈依存記憶に関する研究は，学習時とテスト時の両方を制御できるという意味で，より統制された条件下でにおい手がかりの有効性を検証することができる．しかしながら，プルースト現象で想起された事象は単語などの単純な記銘材料ではなく，あくまでも過去のできごとの記憶である．このような点に注目した認知心理学者は，これまでの生活で自分が経験したできごとに関する記憶（佐藤，2008）である自伝的記憶（autobiographical memory）を対象として，においの想起手がかりとしての有効性を検討してきた（山本，2015）．

自伝的記憶を対象とした研究では，たとえば「レモン」などの日常的なにおい刺激を手がかりとして参加者に提示し，それと関連した過去のできごとの想起を求めるという方法が使用される．想起された自伝的記憶の特徴は，鮮明度や情動性に関する評定値などで測定されたり，内容に関する質的分析が行われることもある．このように，におい刺激によって想起された自伝的記憶を，言語ラベルや視覚的刺激などの他の種類の手がかりによって想起された自伝的記憶と比較した研究からは，におい手がかりによって想起された自伝的記憶が他の手がかりによる記憶よりも，情動的でかつ追体験したような感覚を多く伴うこと（Herz & Schooler, 2002；Herz, 2004）や，詳細な内容が多く（Chu & Downes, 2002），幼少期のできごとが多いこと（Chu & Downes, 2000；Willander & Larsson, 2007）などが報告されている．

さらに，近年ではfMRI（functional magnetic resonance imaging）などを用いてにおい手がかりによる自伝的記憶の想起時における脳活動および活動部位に関する神経心理学的研究が行われている．たとえば，Herz et al.（2004）は嗅覚系が情動に関する処

理を司る扁桃体と直結していることに注目し，こうした脳内の処理機構が自伝的記憶の想起に及ぼす影響を検討した．におい手がかりと視覚的手がかりにおける想起の様相をfMRIを用いて比較した結果，におい手がかりによって自伝的記憶が想起される場合のほうが，視覚的手がかりによって想起が行われる場合よりも情動的な自伝的記憶が想起され，かつ扁桃体と記憶に関する処理を司る海馬がより賦活されることが示された．また，Arshamian et al. (2013) はまず参加者ににおい手がかりによる自伝的記憶の想起を求め，次にfMRIを使用し，におい手がかりあるいは言語手がかりを提示することにより，先ほどにおいで想起した記憶を再度想起させる際の脳の活動部位を測定した．その結果，におい手がかりでは言語手がかりよりも海馬傍回や視覚的な情報処理を行う後頭葉や楔前部，情動的処理を行う辺縁系が賦活されることがわかった．すなわち，行動的指標によって得られた結果が脳画像による結果と対応することが示されたのである．

におい手がかりによる自伝的記憶の想起メカニズムに関する研究では，想起を規定する要因についての検討が行われている．たとえば，山本・野村（2010）は日常的な30種類のにおい刺激について感情喚起度などの評価や命名を求め，その後，それらのにおいを手がかりとして自伝的記憶を想起させ，記憶の鮮明度などを評価させた．その結果，快なにおい手がかりでは快な感情特性をもつ自伝的記憶が想起されやすく，感情喚起度の高いにおい手がかりでは感情喚起度の高い自伝的記憶が想起されやすくなることが示された（表1.9）．また，命名が行われたにおい手がかりによって想起された自伝的記憶のほうが，そうではない場合よりも情動性や鮮明性が高いことがわかった（表1.10）．類似した結果は他の研究からも得られている（山本，2008，2014；山本・豊田，2011）．このことから，言語および感情がにおい手がかりによる自伝的記憶の想起を規定する要

表1.9 におい評定と自伝的記憶評定との相関係数（山本・野村，2010）

	1	2	3	4	5	6
1. におい熟知度	—					
2. におい感情喚起度	0.95**	—				
3. におい快不快度	0.71**	0.58**	—			
4. 記憶鮮明度	0.86**	0.81**	0.60**	—		
5. 記憶感情喚起度	0.77**	0.80**	0.61**	0.90**	—	
6. 記憶快不快度	0.67**	0.55**	0.91**	0.61**	0.59**	—

**$p < 0.01$

表1.10 におい手がかりの命名の有無による自伝的記憶特性の違い（山本・野村，2010）

評定	命名なし	命名あり	t
鮮明度（1：不鮮明-5：鮮明）	2.37 (1.26)	3.45 (1.25)	4.12**
感情喚起度（1：低-5：高）	2.55 (1.18)	3.37 (1.14)	3.72**
快不快度（1：不快-5：快）	2.74 (0.99)	3.42 (1.05)	4.07**

（ ）はSD，**$p < 0.01$

因であると考えられる.

このようなメカニズムに関する検討と並行して，近年では応用的研究も進められている．たとえば，Masaoka et al.（2012）は，自伝的記憶が想起可能なにおいと想起不可能なにおいをそれぞれ提示し，それらの提示中における実験参加者の呼吸の量や頻度などを比較した．その結果，自伝的記憶が想起可能なにおいを提示している間は想起不可能なにおいを提示した場合よりも1回の呼吸の量が増加し，かつその頻度が低下する（呼吸のペースが緩やかになる）ことがわかった．このようなリラクゼーションにもつながるポジティブな側面だけでなく，においによる想起のネガティブな側面に注目した検討も行われている．たとえば，Kline & Rausch（1985）が指摘するように，戦闘体験などの外傷経験は血液や硝煙などのにおいがトリガーとなり，意図しない想起が起こるケースが少なくない．こうした背景から心的外傷後ストレス障害（post-traumatic stress disorder；PTSD）の症状のひとつであるフラッシュバックとにおい手がかりによる想起との関連性を検討することは重要である．森田（2010）の研究ではPTSDによるフラッシュバックとにおいによる想起現象との体験構造の類似性が指摘されている．また，PTSD患者を対象とした研究では，におい手がかりで想起される嫌悪的な記憶は聴覚手がかりによって想起された同様の記憶よりも，さらに詳細で不快な感情を伴うことが報告されている（Toffolo et al., 2012）.

1.3.3 においの記憶研究における今後の課題

本節では，嗅覚と記憶に関する心理学的研究をにおいそれ自体の記憶研究とにおいの想起手がかりとしての有効性に関する研究とに分類し，従来の研究を紹介しつつ近年の動向を探った．視覚や聴覚を対象とした研究と比較して嗅覚を対象とした記憶研究はいまだその数は少ないものの，この数年間で飛躍的に進歩したといえる．これらの研究によってにおいの記憶の独自性が解明されつつあるが，嗅覚と他の感覚との違いについては解明されていない点が多い．たとえば，本節でも自伝的記憶の想起において，におい手がかりが他の感覚知覚的手がかりよりも有効であることを紹介したが，研究によっては視覚的手がかりとにおい手がかりとの間に明確な想起効果における違いがみられないこと（Rubin et al., 1984）や，視覚的手がかりのほうがにおい手がかりよりも想起効果が上回ること（Goddard et al., 2005）など，上記での説明と矛盾するような知見がいくつか報告されている．今後はさらなる検討を行い，においの記憶における独自なメカニズムを解明すべきである．　　　　　　　　　　　　　　　　　　　　　［山本晃輔］

引 用 文 献

Arshamian, A., Iannilli, E., Gerber, J. C., Willander, J., Persson, J., Seo, H., ... Larsson, M. (2013).

The functional neuroanatomy of odor evoked autobiographical memories cued by odors and words. *Neuropsychologia, 51,* 123-131.

Chu, S., & Downes, J. J. (2000). Long live Proust：The odour-cued autobiographical memory bump. *Cognition, 75,* 41-50.

Chu, S., & Downes, J. J. (2002). Proust nose best：Odors are better cues of autobiographical memory. *Memory and Cognition, 30,* 511-518.

Engen, T., Kuisma, J. E., & Eimas, P. D. (1973). Short-term memory of odors. *Journal of Experimental Psychology, 99,* 222-225.

Engen, T., & Ross, B. M. (1973). Long-term memory of odors with and without verbal descriptions. *Journal of Experimental Psychology, 100,* 221-227.

Goddard, L., Pring, L., & Felmingham, N. (2005). The effects of cue modality on the quality of personal memories retrieved. *Memory, 13,* 79-86.

原田 武（2006）．プルースト——感覚の織りなす世界——　青山社

Herz, R. S. (1997). The effects of cue-distinctiveness on odor-based context dependent memory. *Memory and Cognition, 25,* 375-380.

Herz, R. S. (2004). A naturalistic analysis of autobiographical memories triggered by olfactory visual and auditory stimuli. *Chemical Senses, 29,* 217-224.

Herz, R. S., & Cupchik, G. C. (1995). The emotional distinctiveness of odor-evoked memories. *Chemical Senses, 20,* 517-528.

Herz, R. S., Eliassen, J., Beland, S., & Souza, T. (2004). Neuroimaging evidence for the emotional potency of odor-evoked memory. *Neuropsychologia, 42,* 371-378.

Herz, R. S., & Schooler, J. M. (2002). A naturalistic study of autobiographical memories evoked by olfactory and visual cues：Testing the Proustian hypothesis. *American Journal of Psychology, 115,* 21-32.

Jönsson, F. U., Møller, P., & Olsson, M. J. (2011). Olfactory working memory：Effects of verbalization on the 2-back task. *Memory and Cognition, 39,* 1023-1032.

Kline, N. A., & Rausch, J. L. (1985). Olfactory precipitants of flashbacks in posttraumatic stress disorders：Case reports. *Journal of Clinical Psychiatry, 46,* 383-384.

Lyman, B. J., & McDaniel, M. A. (1986). Effect of encoding strategies on long-term memory for odors. *Quarterly Journal of Experimental Psychology, 38A,* 753-765.

Lyman, B. J., & McDaniel, M. A. (1990). Memory for odors and odor names：Modalities of elaboration and imagery. *Journal of Experimental Psychology：Learning, Memory, and Cognition, 16,* 656-664.

Masaoka, Y., Sugiyama, H., Katayama, A., Kashiwagi, M., & Homma, I. (2012). Slow breathing and emotions associated with odor-induced autobiographical memories. *Chemical Senses, 37,* 379-388.

森田 健一（2010）．においによる記憶想起についての心理臨床学的考察——非言語的な無意識の動きに着目して——　心理臨床学研究, 27, 664-674.

Murphy, C., Cain W. S., Gilmore, M. M., & Skinner, R. B. (1991). Sensory and semantic factors in recognition memory for odors and graphic stimuli：Elderly versus young persons. *American Journal of Psychology, 104,* 161-192.

Naudin, M., Mondon, K., El-Hage, W., Desmidt, T., Jaafari, N., Belzung, C., ... Atanasova, B. (2014). Long-term odor recognition memory in unipolar major depression and Alzheimer's disease. *Psychiatry Research, 220,* 861-866.

Paivio, A.（1971）. *Imagery and verbal processes.* Holt：Rinehart & Winston.

Proust, M.（1913）. *À la recherche du temps perdu.* Paris：Bernard Grasset.
　　（プルースト，M. 鈴木 道彦（訳）（1996）. 失われた時を求めて1　第一篇 スワン家の方
　　へ　集英社）

Rubin, D. C., Groth, E., & Goldsmith, D. J.（1984）. Olfactory cuing of autobiographical memory. *American Journal of Psychology, 97,* 493-507.

佐藤 浩一（2008）. 自伝的記憶の構造と機能　風間書房

Schab, F. R.（1990）. Odors and the remembrance of things past. *Journal of Experimental Psychology*：*Learning, Memory, and Cognition, 16,* 648-655.

Stagnetto, J. M., Rouby, C., & Bensafi, M.（2006）. Contextual cues during olfactory learning improve memory for smells in children. *European Review of Applied Psychology, 56,* 253-259.

Toffolo, M. B., Smeets, M. A., & van den Hout, M. A.（2012）. Proust revisited：Odours as triggers of aversive memories. *Cognition and Emotion, 26,* 83-92.

Wiemers, U. S., Sauvage, M. M., & Wolf, O. T.（2014）. Odors as effective retrieval cues for stressful episodes. *Neurobiology of Learning and Memory, 112,* 230-236.

Willander, J., & Larsson, M.（2007）. Olfaction and emotion：The case of autobiographical memory. *Memory and Cogniton, 35,* 1659-1663.

山本 晃輔（2015）. 嗅覚と自伝的記憶に関する研究の展望――想起過程の再考を中心とし
　　て――　心理学評論，*58,* 423-450.

山本 晃輔・野村 幸正（2010）. におい手がかりの命名，感情喚起度，および快-不快度が自伝
　　的記憶の想起に及ぼす影響　認知心理学研究，*7,* 127-135.

参 考 文 献

綾部 早穂（2010）. ニオイの記憶の心理学研究　*Aroma Research, 43,* 202-205.

Baddeley, A. D.（1986）. *Working memory.* Oxford：Clarendon Press.

Herz, R. S., & Engen, T.（1996）. Odor memory：Review and analysis. *Psychonomic Bulletin and Review, 3,* 300-313.

山本 晃輔（2008）. におい手がかりが自伝的記憶検索過程に及ぼす影響　心理学研究，*79,* 159-165.

山本 晃輔（2014）. 匂い手がかりによる自伝的記憶の想起に言語情報が及ぼす影響　大阪産業大学人間環境論集，*13,* 1-12.

山本 晃輔・豊田 弘司（2011）. におい手がかりによって喚起された感情が自伝的記憶の想起に及ぼす影響　奈良教育大学紀要，*60,* 35-39.

1.4　味覚・嗅覚の相互作用

　風邪をひいたり花粉症の症状がひどくなったりして，鼻の調子が悪いときに，食物の味を感じにくいあるいは食物の味が変わったと感じた経験のある人も多いだろう．しか

しながら，そのような体験をしている中であっても，食物の味ににおいが重要であるということに思い至る人は少ない．

このような現象は今から約 200 年前に刊行された，美食家で知られる法律家のブリア＝サヴァラン（J. A. Brillat-Savarin）の著書 *La physiologie du gout, ou meditations de gastronomie*（『美味礼讃』，原タイトルは「味覚の生理学」の意）にすでに "わたくしは，単に嗅覚の参加なくしては完全にものを味わうことはできないのだと確信しているばかりでなく，さらに進んで嗅覚と味覚とは両方相和して一つの感覚を作っている" と記述されている（Brillat-Savarin, 1826 関根・戸部訳 1967）．心理学の分野においても，今から 100 年以上も前から研究対象とされてきた．近代心理学の創始者といわれるヴント（W. M. Wundt）の弟子で，コーネル大学に心理学研究室を創立した Titchener は，鼻をつまんでにおいを感じられなくすると，リンゴとタマネギや生のジャガイモの区別やお酢とワインの区別などができなくなることを心理学の入門書に記載している（Titchener, 1909）．また，彼は食物を口の中に入れたときに感じられる味は，食物ごとにシンプルでそれぞれ独特の味として感じられること，どの部分が味覚でどれが嗅覚かの区別は，特別な注意がなされてはじめて可能であることなども記載している．

また，今から約 50 年前に活躍した心理学者ギブソン（J. J. Gibson）は，人の知覚システムを分類するにあたり，味覚–嗅覚システムという名前をつけ，その機能を「嗅ぐ」と「味わう」とした．さらに，これらを「においと味を経験する能力と混同してはいけない」なぜなら「後者は受動的な能力である」からだとした．ギブソンは感覚を受動的なもの，つまり受容器に適刺激が与えられた際に活性化されるボトムアップ的なシステムと定義した．一方で，知覚を能動的なもの，つまり感覚情報が過去経験や記憶によって変換されたトップダウン的な要素を備えたものと定義した．ギブソンは，本節で述べるような味覚・嗅覚の相互作用によって形成される風味知覚は，単に味覚や嗅覚などの化学感覚ではなく，人の味わうという能動的な能力の表れで，それ自体食物にアフォードされた（あるいは食物をアフォードする）ものであると考えた（Gibson, 1966）．簡単にまとめると，食物の風味のもつ役割は単ににおいや味を人に感じさせることだけではなく，これは食物である（ではない）あるいは今食べるべき（べきではない）ものだと人に感じさせることも含んでいるというわけである．後述するが，最近，食物の風味のもつ役割をこのような方向からとらえていこうとする動きがはじまっている．

本節では主に，味覚と嗅覚の相互作用およびそれによって引き起こされる風味知覚の心理学・行動学的な知見を解説する．その背後にあると考えられる脳科学的基盤については 3.2.1 項を参考にしていただきたい．

1.4.1 嗅覚の味覚に及ぼす影響

本項のタイトルは先に紹介した *La physiologie du gout* の日本語版である『美味礼讃』

の一節のタイトルから拝借した（Brillat-Savarin, 1826 関根・戸部訳 1967）．その節には "まったく，わたしの手にはいった書物の中には，嗅覚の功を十分に認めているようなものはただ一つも見あたらない" という記述があり，嗅覚が味覚に影響を及ぼすことをはじめて記述したのはサヴァランであるといえよう．特に彼が実験3として述べている内容は "物をのみこむときに，舌をその自然の位置に戻さずにそのまま口蓋にくっつけていると，（中略）空気の流通が遮断されて，嗅覚は少しも刺激されず，したがって味は感じられない" というものであり，現在でも実験として成り立つようなものとなっている．

人間科学の分野ではじめて実験的にこの効果について検討したのは，当時イェール大学の大学院生だった Murphy らであるとされている（Prescott & Stevenson, 2015）．彼女らは酪酸エチルとサッカリンナトリウムの混合水溶液に対する味の強さの評定値は，酪酸エチル水溶液に対する評定値とサッカリンナトリウム水溶液に対する評定値の和とほとんど同程度であることを報告した（Murphy et al., 1977；Murphy & Cain, 1980）．つまり，彼女らは嗅覚と味覚の相互作用はなく，それぞれの刺激のもつ「味」が単純に足されただけであると考えたのである．しかしながら，この論文で注目すべきことは酪酸エチル水溶液（バナナのようなにおいはするが，味覚を生じさせる物質はいっさい含まれていない）に対しても，実験参加者はかなりの「味」を感じたということであった．この「味」は実験参加者に鼻をつまんで味わわせると，ほとんど感じられない程度になったという．

いくつかの研究者がこの現象について追試を行ったが，それらは Murphy らの研究を追認するだけであった．それに対して Lawless & Schlegel（1984）は，強度評定では相互作用がみられない一方で，同じ刺激を弁別課題で用いると，味覚と嗅覚の相互作用が明らかになることを見いだした．そこで，彼らはこのような結果の違いは，実験手続きによる違いであり，味覚と嗅覚の相互作用は注意という高次な脳機能を必要とするのではないかと述べている．

さらに Frank & Byram（1988）は，イチゴ香料をショ糖溶液に添加すると甘味評定値が増強するがピーナツ香料では甘味増強効果が生じないこと，イチゴ香料を塩化ナトリウム溶液に添加しても塩味評定値には影響がないことなどを報告した．この研究結果は，味覚嗅覚混合刺激に対する甘味評定値は味覚刺激単独の甘味評定値と嗅覚刺激単独の甘味評定値の和にほぼ等しくなるという Murphy らの仮説を支持するとともに，その現象は嗅覚によって喚起される味質と味覚刺激とに一致（調和）が生じたときにのみみられることを示唆した．

一方で，Stevenson et al.（1999）は，甘いイメージを喚起するカラメルのにおいをクエン酸溶液に添加すると，酸味を抑制することを示した．このような結果は，味覚と嗅覚の相互作用における注意の機能の関与を示唆し，Lawless らの仮説を支持する．もう

少し詳細に解説してみよう．カラメルの甘いにおいの刺激によって，甘いイメージが喚起される．その喚起された甘いイメージは甘味への注意を生じさせる．その結果，味覚刺激の甘味評定値は増強する．一方，味覚に対する注意は，その容量の多くを甘味に専有されているために酸味に割かれる注意容量が低下し，その結果酸味評定値は抑制されるというわけである．

このようなことが生じるためには，嗅覚は味覚に先行して知覚される必要がある．小早川（2010）は同時性判断課題を用いて，この問題にアプローチした．同時性判断課題とは，ある感覚刺激と別のモダリティに属する感覚刺激とをわずかな時間差をつけて提示し，それらの刺激を同時に感じたか，どちらかが先に提示されたことがわかったかということを判断する課題である．視覚と聴覚では，どちらかが200ミリ秒早く提示されると，80%以上の確率で，別々に感じられる（Fujisaki et al., 2004）．しかしながら，嗅覚と味覚においては，同時性判断の確率がもっとも高いのは嗅覚刺激が200ミリ秒先行する条件で，嗅覚刺激が鼻腔に800ミリ秒先行して与えられた場合でさえも30〜40%の確率で同時と判断されることがわかった（小早川，2010）．つまり，嗅覚と味覚は，嗅覚が先行して提示されることがデフォルト状態となっていることが示唆される．この理由は生態学的意義に帰すことができる．通常の生活において，ヒトの味覚は食物を口の中に入れてはじめて生じる．一方で，嗅覚は食物を口にもっていく過程ですでに生じている．そのため，先行する嗅覚情報を用いて食物を識別することができると，毒を摂取する危険を避けたり，好ましい食物を早く多く摂取することが可能になる．つまり，食物の識別に嗅覚情報を用いることにより，生態学的に環境適応性を上げることができるのである．われわれは進化の淘汰圧に耐えて生き延びた生物の子孫であるため，食物の識別において味覚よりも嗅覚を重要とする特性を備えていると考えられる．この特性の表れのひとつが，嗅覚情報の味覚情報に先行する条件下での同時性判断なのであろう．

これらの研究に関連して，さまざまな種類のにおいと味を使った嗅覚と味覚の相互作用に関する報告が多くある．これらを一言でまとめると，においにより喚起される味質と味覚刺激の味質が一致（調和）する組合せでは嗅覚による味覚増強効果がみられ，一致（調和）しない組合せでは味覚抑制効果がみられたり，味覚への影響がみられなかったりするということになる（最新のレビューはPrescott & Stevenson, 2015を参照）．

1.4.2　味覚の嗅覚に及ぼす影響

アメリカ・モネル化学感覚研究所のDaltonらは，チェリーのようなにおいをもつベンズアルデヒドのにおい閾値が，口腔内に提示された閾値下のサッカリン溶液によってどのような影響を受けるかということを調べた（Dalton et al., 2000）．この実験が行われていた最中に，筆者がたまたまモネル化学感覚研究所を訪問したため，筆者も被験者の一人となっている（ということをのちに聞いた）ので，印象深い研究である．この

実験では，最初にベンズアルデヒドの前鼻腔法による閾値検査を強制2択法で行った．それから，サッカリン溶液の閾値検査を強制2択法で行った．15分の休憩時間を挟み，今度は閾値下のサッカリン溶液を口に含んだ状態で，ベンズアルデヒドの前鼻腔法による閾値検査を行った．その結果，サッカリン溶液の存在下での閾値は，嗅覚刺激単独時の閾値に比べて，30％ほど低下することが明らかとなった．口腔内に水やグルタミン酸ナトリウム（MSG）を含んだ場合には閾値の変化はみられなかったため，口の中に溶液の存在することによる呼吸の違いや，味覚刺激の存在による感覚強度の加算効果によるものではないことが示唆された．つまり，閾値下の味覚刺激が，嗅覚刺激に対する敏感さを強める結果が得られたことになる．

　Davidson et al.（1999）は，溶液のかわりにメントールとショ糖で味つけされたチューイングガムを用いた．事前に実験参加者（パネル）がガムを噛んでいる間のさまざまなタイミングで唾液サンプルを採取し，その唾液に含まれるショ糖濃度を液体クロマトグラフィー−質量分析装置により化学的に計測した．次に，パネルにガムを噛みながら，その味の強さを TI（time-intensity）法により継続的に5分間評定させた．同時に，TI法を実施しているパネルの鼻孔から呼気を採取し，その中に含まれるメントンの量を質量分析装置により計測した．その結果，パネルの主観的な味の評定値の時間的変化は，鼻孔付近で検出されたメントンの量ではなく，唾液中のショ糖量によって説明できることが明らかとなった．つまり，ガムを噛んでいるとき，メントールは最初と同じように放出され続けていても，ガムに含まれるショ糖の味がなくなると，ガムの味がなくなったように感じられるということである．

　嗅覚の味覚に及ぼす影響を調べた研究は多くある一方で，味覚の嗅覚に及ぼす影響について調べた研究は多くない．その理由として，先に述べたような嗅覚と味覚の生態学的な意義の違いがあると考えられる．通常の生活において，嗅覚を先に経験し，嗅覚によって味覚を予期することが多いため，嗅覚が味覚に影響を与えることは理解しやすい．反対に，のちに生じる味覚が先に生じる嗅覚に影響を及ぼすということは経験したことがないし，イメージしにくいのであろう．しかしながら風味という観点で考えると，味覚が先で嗅覚が後という事象も経験されうる．風味の嗅覚要素は主に後鼻腔性嗅覚（後述）によって生じるものと考えられ，後鼻腔性嗅覚は食物が口腔内で咀嚼されたときに放出される香気成分などによって生じると考えられている．そうすると，食物を口の中に入れたときに生じる味覚のほうが，後鼻腔性嗅覚よりも早く喚起される可能性も否定できない．このように考えると，後鼻腔性嗅覚が味覚刺激の影響を受けることもあると考えられる．実際，Green et al.（2012）は，口腔内に提示されたシトラール（シトラス系のにおい）やバニリン（バニラのにおい），フラネオール（イチゴのにおい）は，ショ糖やショ糖とクエン酸の混合溶液に混入された場合に，におい単独で提示された場合に比べて，より強く評定されることを報告している．彼らは，これらのにおいを食塩やク

エン酸の溶液に混入して提示しても，そのような増強効果はみられなかったことも報告している．このような味覚と嗅覚の交互作用は一般的なものではなく，交互作用を示す組合せが規定されていることを示す研究は多い．次項でこのような組合せについて考えてみたい．

1.4.3　味覚と嗅覚の連合学習

　味覚が嗅覚に影響を与える場合にも，嗅覚が味覚に影響を与える場合にも，それらの間に一致（調和）が重要であることはすでに述べたとおりである．この一致（調和）は化学的な要因というよりも，日常の食経験によって学習されるものであると考えられている（Frank & Byram, 1988 など）．そこで，Stevenson らは，学習心理学の観点から行った種々の実験から，嗅覚が味覚の特性を獲得するのは古典的条件づけに基づくものであることを明らかにした（レビューとして Stevenson, 2009）．簡単に述べると，味覚と嗅覚間の学習は，意識しない対提示によって獲得されること，要素の事前提示によって学習は遅延することなどの古典的条件づけに典型的な特性を備えながら，比較的少ない対提示数で獲得できる，消去抵抗が強いなどの特徴も備えている．後者の特徴は，食物嫌悪学習や PTSD など，生体の生存に重要な学習においてもみられるため，味覚と嗅覚の間の学習は生物学的に重要な学習であることが示唆される（坂井，2009）．また味覚と嗅覚の連合の結果生じる知覚は，感覚モダリティの違いを超越して統合されるため，「学習された共感覚（learned synesthesia）」と名づけられた（Stevenson & Tomiczek, 2007）．

　最近 Stevenson らはこのような学習を認知心理学の概念を使って，「再統合性の学習（redintegrative learning）」とも呼んでいる（Stevenson, 2009；Prescott & Stevenson, 2015）．嗅覚の一手がかりから，その食物のもつ風味全体の記憶を再統合し，脳内に再生するという考えである．たとえば嗅覚の場合，鼻孔から吸気に伴って届けられた化学物質によって生起する前鼻腔性嗅覚は外界の認知，口腔から呼気に伴って届けられた化学物質によって生起する後鼻腔性嗅覚は食物の認知にそれぞれ関連すると考えられてきた（たとえば Rozin, 1982）が，前鼻腔性嗅覚も味覚と交互作用を示すことを明らかにする研究も多い（たとえば Sakai et al., 2001；最近のレビューは鈴木，2016 を参照）．このような矛盾についても，再統合性の学習という概念から解釈できる．つまり，前鼻腔性に喚起されたにおい表象が，そのにおい表象を含む風味の記憶を再統合させることによって，風味表象を活性化し，その結果味覚が増強されて感じられるのである．

　さらに，この概念には単に感覚モダリティ間の統合という意味だけでなく，先に述べた注意や食物イメージの喚起という機能も含まれるため，これまでは他の研究とされてきた，風味と栄養間の学習，風味と薬効間の学習，食物嫌悪学習，食物安全学習など広い現象も含有できる．つまり，風味知覚は食物のもつ感覚特徴というよりも，食物その

ものを表すものであるともいえるだろう．再統合性の学習という観点からの味覚と嗅覚の連合に関する研究は，この節のはじめの部分に述べたギブソンのアフォーダンスにもつながる分野へと発展している．

1.4.4 研究上の問題点

先に述べたように，味覚と嗅覚の相互作用にはまだ解決されていない課題がある．たとえば嗅覚が味覚に及ぼす影響にみられるように，嗅覚刺激と味覚刺激の混合が味覚刺激の強度評定値を増強するのは，単なる加算効果かそれとも注意の機能の活性化によるものかということである．Clark & Lawless (1994) はハロー–ダンピング効果と名づけたハロー効果とダンピング効果を融合したモデルによりこの現象を説明しようとした．ハロー効果とは，何か1つのポジティブな特性がその対象（物であったり人であったりする）に全般的なポジティブイメージを形成させるというものである．たとえばあるジュースの評定を実験参加者に求めたときに，そのジュースが参加者に好ましいものであれば，甘さやフレッシュ感などの評定値においても，より高めに評定される（Meilgaard et al., 2007）．一方，ダンピング効果は，官能評価学のテキストやアメリカ心理学会の心理学辞典などには記載のないマイナーな用語であるが，ハロー効果と類似の概念である．たとえば実験参加者があるアイスクリームを試食し，ざらつきを感じたので口あたりがイマイチだと思ったとする．しかし評価項目には，甘さ，苦さ，ミルク感などの項目しかない．このようなときに，参加者はざらつきを苦さの項目を高く評定することによって，表現しようとするかもしれない．このようにある特性を別の特性の評価に出力する（dump）ことをダンピング効果と呼ぶ．

Clark & Lawless (1994) は，ある目立った特性を適切に測る評価項目がなければ，別の評価項目にその特性が影響を与えるという現象がハロー–ダンピング効果に相当すると考えた．つまり，味覚と嗅覚の相互作用の文脈では，甘いにおいを甘味溶液に添加したときに，においの甘さと味覚の甘さをそれぞれ別々に評定させると嗅覚による味覚の増強効果は生じないが，においの甘さという適切な評価項目が設けられていない場合，においの甘さが味覚の甘さの項目に誤って出力されてしまうというわけである．このモデルに基づいた研究がいくつか行われているが，必ずしもハロー–ダンピング効果が検証されるわけではないし，そもそも適切な評価用語というものが存在するか否かもよくわからない．今後のさらなる研究が必要とされる．

1.4.5 味覚・嗅覚の相互作用研究の今後の課題

味覚と嗅覚の相互作用に関する研究は，どのようなにおいがどのような味と相互作用をみせるかという逸話的な研究結果の蓄積は進んでいるが，体系立てられたメカニズムに迫ろうとする研究はまだ少ない．また，ギブソンの提唱したような能動的な風味知覚

という観点からの研究も少なく，現時点では実験参加者が提示された刺激を受動的に感じている様子を記録しているにすぎないものも多い．味覚と嗅覚の相互作用に関する知見は，制限食・病院食の質向上や食欲増進効果，子どもの偏食への応用などさまざまな応用性が考えられるため，他の感覚も含めた風味知覚という観点から，能動的に味わっているときの味覚と嗅覚の相互作用に関する研究への転換とその証拠の蓄積が待たれる状態にある．

[坂井信之]

引 用 文 献

Brillat-Savarin, J. A. (1826). *La physiologie du gout, ou meditations de gastronomie.*
（ブリア=サヴァラン，J. A. 関根 秀雄・戸部 松実（訳）(1967)．美味礼讃　岩波書店）

Clark, C. C., & Lawless, H. T. (1994). Limiting response alternatives in time-intensity scaling : An examination of the halo-damping effect. *Chemical Senses, 19,* 583-594.

Dalton, P., Doolittle, N., Nagata, H., & Breslin, P. A. S. (2000). The merging of the senses : Integration of subthreshold taste and smell. *Nature Neuroscience, 3,* 431-432.

Davidson, J. M., Linforth, R. S. T., Hollowood, T. A., & Taylor, A. J. (1999). Effect of sucrose on the perceived flavor intensity of chewing gum. *Journal of Agricultural and Food Chemistry, 47,* 4336-4340.

Frank, R. A., & Byram, J. (1988). Taste-smell interactions are tastant and odorant dependent. *Chemical Senses, 13,* 445-455.

Fujisaki, W., Shimojo, S., Kashino, M., & Nishida, S. (2004). Recalibration of audiovisual simultaneity. *Nature Neuroscience, 7,* 773-778.

Gibson, J. J. (1966). *The senses considered as perceptual systems.* Houghton Mifflin.
（ギブソン，J. J. 佐々木 正人・古山 宣洋・三嶋 博之（監訳）(2011)．生態学的知覚システム ── 感性をとらえなおす ──　東京大学出版会）

Green, B. G., Nachtigal, D., Hammond, S., & Lim, J. (2012). Enhancement of retronasal odors by taste. *Chemical Senses, 37,* 77-86.

小早川 達 (2010)．味覚・嗅覚と他の感覚との統合　*Clinical Neuroscience, 28*(11), 1258-1262.

Lawless, H. T., & Schlegel, M. (1984). Direct and indirect scaling of sensory differences in simple taste and odor mixtures. *Journal of Food Sciences, 49,* 44-51.

Meilgaard, M. C., Civille, G. V., & Carr, B. T. (2007). *Sensory evaluation techniques.* Florida : CRC Press.

Murphy, C., & Cain, W. S. (1980). Taste and olfaction : Independence vs interaction. *Physiology and Behavior, 24,* 601-605.

Murphy, C., Cain, W. S., & Bartoshuk, L. M. (1977). Mutual action of taste and olfaction. *Sensory Processing, 1,* 204-211.

Prescott, J., & Stevenson, R. (2015). Chemosensory integration and the perception of flavor. In R. L. Doty (Ed.), *Handbook of olfaction and gustation* (3rd ed., pp. 1007-1026). New Jersey : Wiley Blackwell.

Rozin, P. (1982). "Taste-smell confusions" and the duality of the olfactory sense. *Perception and Psychophysics, 31,* 397-401.

坂井 信之 (2009)．食における学習性の共感覚　日本味と匂学会誌, *16,* 171-178.

Sakai, N., Kobayakawa, T., Gotow, N., Saito, S., & Imada, S. (2001). Enhancement of sweetness ratings of aspartame by a vanilla odor presented either by orthonasal or retronasal routes. *Perceptual and Motor Skills, 92*, 1002-1008.

Stevenson, R. J. (2009). *The psychology of flavour*. Oxford：Oxford University Press.

Stevenson, R. J., Prescott, J., & Boakes, R. A. (1999). Confusing tastes and smells：How odours can influence the perception of sweet and sour tastes. *Chemical Senses, 24*, 627-635.

Stevenson, R. J., & Tomiczek, C. (2007). Olfactory-induced synesthesias：A review and model. *Psychological Bulletin, 133*, 294-309.

鈴木 隆（2016）．嗜好品と香り/嗜好品の香り　嗜好品文化研究，*1*, 2-10.

Titchener, E. B. (1909). *A text-book of psychology*. New York：The Macmillan Company.

参 考 文 献

Prescott, J., & Stevenson, R. (2015). Chemosensory integration and the perception of flavor. In R. L. Doty (Ed.), *Handbook of olfaction and gustation* (3rd ed., pp. 1007-1026). New Jersey：Wiley Blackwell.

Stevenson, R. J. (2009). *The psychology of flavour*. Oxford：Oxford University Press.

02 味・におい物質とその受容機構

2.1 味物質とにおい物質

味覚と嗅覚は化学感覚である．すなわち，味やにおいを感じさせるものの実体は化学物質である．私たちがさまざまな食品から感じる味，花や化粧品から感じる芳香，不快に感じる環境臭気は，ほとんどが化学物質の混合物である．

本節では，味やにおいを構成している個々の成分，純粋な化学物質に焦点をあてて紹介する．また，味やにおいはすべての生物にとって生命維持にかかわる非常に重要なものであるが，ヒトが感じる感覚を対象として，味やにおいの質を記述する．取り上げる味物質とにおい物質は，通常慣用名が使用されているものはそれを用いて表記するが，物質を特定しやすいよう，できるだけ化学式や CAS 登録番号（CAS No.）を併記する．

2.1.1 味 物 質

複数の呈味成分が混じりあい食物や飲料の複雑な味をつくりだす．味はおいしさに直結する非常に重要な因子である．経口薬や洗口剤ではその薬効に重きがおかれるが，やはり味は良いほうが利用しやすい．

味はにおいとは異なり，5種類の基本的な味，いわゆる5基本味，に分類して考えることが多い．味物質の種類を便宜上基本味に分け表2.1に示す．味物質の分類は，『味とにおいの化学』（日本化学会，1976），『味とにおいの分子認識』（日本化学会，1999），江崎（2012）を参考とした．非常に多種多様な物質が味を示すため，表2.1には味物質の種類の主なものとその具体例を各1種ずつ示した．

ただし，同一の味質に分類した味物質であってもまったく同じ味というわけではないし，1種類の純粋な味物質であっても必ずしも1種類の味質を示すわけではない．たとえば，アミノ酸の中でもっとも分子量が小さなグリシン（H_2NCH_2COOH, 56-40-6）の場合，全体の味を100とすると，甘味83，酸味6，うま味5，苦味5，その他1と評価されている（福家，2013）．

研究や実験に利用される味物質は，もちろんその目的により異なるが，基本味という観点から，ヒトを対象に行う官能評価などでよく利用される代表的な物質を表2.2に示

2.1 味物質とにおい物質

表 2.1 5基本味を示す物質の例

基本味	味物質の種類とその具体例
甘味	a. 単糖類（ブドウ糖），二糖類（ショ糖），オリゴ糖（トレハロース） b. 配糖体系甘味物質（ステビオシド） c. アミノ酸（グリシン），ペプチド（アスパルテーム），タンパク質（ソーマチン） d. 金属塩（酢酸鉛）
酸味	a. 酸（塩酸）
塩味	a. 無機塩（塩化ナトリウム） b. 有機塩（リンゴ酸ナトリウム）
苦味	a. アミノ酸（L-バリン），ペプチド（シクロ(Trp-Leu)） b. 植物性アルカロイド（カフェイン） c. 苦味テルペン（リモニン） d. 糖（β-D-マンノース） e. 配糖体系苦味物質（ゲンチオピクリン） f. 無機塩（硫酸マグネシウム）
うま味	a. アミノ酸（L-グルタミン酸），ペプチド（Glu-Asp ジペプチド） b. 核酸関連物質（イノシン酸） c. その他（コハク酸ナトリウム）

す．酸味と苦味については，実験者によって使用する物質がやや異なる．苦味は，キニーネ塩酸塩二水和物（6119-47-7）やキニーネ硫酸塩二水和物（6119-70-6）が用いられるがキニーネのみを示した．L-グルタミン酸ナトリウム，クエン酸，カフェインなどは無水物だけでなく一水和物も存在し利用される．

表 2.2 中の構造式では，塗りつぶした楔形は紙面より手前に，破線は後方に伸びていることを表している．分子中の不斉炭素（4種類の異なる原子または原子団が結合する炭素原子）には＊印を付した．不斉炭素原子の存在などにより立体的な構造に違いが生じることがある．また，互いに重ね合わせることができない鏡像体の関係であるエナンチオマー（鏡像異性体）が生じることもある（後出，図 2.1 参照）．エナンチオマーは，光に対する性質（旋光性）が異なるため実験で識別できる．物質名の前に示す d と l，（＋）と（－）は旋光性が異なるものを区別し，D と L，（R）と（S）は各々実験からではなく決められた規則に従い物質の立体的な違いを区別する記号である．立体異性体の表示法については畑・村上（2009）の解説を参照されたい．

表 2.2 の水を溶媒としたヒトの検知閾値のオーダー（桁数）は有吉（1974），山口他（1995），Keast & Roper（2007），Yamamoto & Kobayashi（2008）のデータをもとにした．ただし，L-酒石酸の検知閾値の桁数は，ラセミ体（D 体と L 体の 1：1 混合物）および立体配置が判別できない文献データから，（－)-キニーネの検知閾値の桁数は，キニーネ硫酸塩のデータから判定した値である．特に苦味物質のキニーネは，他の味物質に比べ 100〜1000 倍薄い濃度にしても検知できることがわかる．

5基本味以外の特徴的な味として，辛味，渋味，えぐ味などがある．これらの味を示

第2章 味・におい物質とその受容機構

表2.2 官能評価でよく利用される味物質

	甘味	塩味	うま味
物質名	スクロース（ショ糖）	塩化ナトリウム	L-グルタミン酸ナトリウム
構造式		Na⁺ と Cl⁻ が 1:1で静電気的に引き合い構造を形成	
分子式または組成式	$C_{12}H_{22}O_{11}$	NaCl	$C_5H_8NNaO_4$
CAS No.	57-50-1	7647-14-5	142-47-2
モル質量 [g/mol]	342.30	58.44	169.11
融点または沸点	融点 186℃	融点 800℃	融点 232℃
検知閾値 [mol/L] の桁数	$10^{-3} \sim 10^{-2}$	$10^{-3} \sim 10^{-2}$	10^{-3} 程度

	酸味		
物質名	クエン酸	酢酸	L-酒石酸
構造式			
分子式	$C_6H_8O_7$	$C_2H_4O_2$	$C_4H_6O_6$
CAS No.	77-92-9	64-19-7	87-69-4
モル質量 [g/mol]	192.12	60.05	150.09
融点または沸点	融点 153℃	沸点 118℃	融点 168〜170℃
検知閾値 [mol/L] の桁数	10^{-3} 程度	10^{-3} 程度	$10^{-5} \sim 10^{-3}$

	苦味	
物質名	カフェイン	(−)-キニーネ
構造式		
分子式	$C_8H_{10}N_4O_2$	$C_{20}H_{24}N_2O_2$
CAS No.	58-08-2	130-95-0
モル質量 [g/mol]	194.19	324.42
融点または沸点	融点 238℃	融点 177℃
検知閾値 [mol/L] の桁数	10^{-3} 程度	10^{-6} 程度

2.1 味物質とにおい物質

表 2.3 辛味, 渋味, えぐ味を示す物質の例

	辛味	渋味	えぐ味
物質名	カプサイシン	(-)-没食子酸エピガロカテキン	ホモゲンチジン酸
構造式			
分子式	$C_{18}H_{27}NO_3$	$C_{22}H_{18}O_{11}$	$C_8H_8O_4$
CAS No.	404-86-4	989-51-5	451-13-8
モル質量 [g/mol]	305. 41	458. 37	168. 15
融点または沸点	融点 62℃	融点 222～224℃	融点 150～152℃

す化学物質の例を表 2.3 に示す. 食品ではトウガラシに含まれるカプサイシンの辛さと
は異なるが, ワサビに含まれるアリルイソチオシアネート (CH₂=CHCH₂N=C=S, 57-06-
7) も代表的な辛味物質である. 柿などに含まれ強い渋味を感じさせるタンニンは, 植物
に広く分布するポリフェノール系の物質の総称で分子量に幅がある. 表 2.3 には緑茶に
含まれる没食子酸エピガロカテキンを示した. 塩化アルミニウム (AlCl₃, 7446-70-0) の
ような多価の金属イオンを含む物質も渋味を示すが, タンニンやタンニン酸 ($C_{76}H_{52}O_{46}$,
1401-55-4) 以外の渋味を示す物質には, 他の味質 (苦味, 酸味, 甘味) を伴うものが多
い (中川, 1972). えぐ味の成分として, タケノコに含まれるホモゲンチジン酸が知ら
れている (江崎, 2012).

その他, 食品から感じる金属味や飲料水の金気も特徴的である. Lawless et al. (2004)
は硫酸鉄(II) (FeSO₄, 8063-79-4) が味覚を直接刺激するのではなく, 口中での反応
から生じた口中香 (retronasal smell) が金属風味を感じさせる原因ではないかと報告
している. ただし, 脱イオン水に硫酸鉄(II) を溶かしたものが典型的な金属的な感覚
(metallic sensation) を生じさせる (Hoehl et al., 2010) ことから, 金属味や金気を生
じさせるおおもとの原因物質は鉄イオン (Fe²⁺) と考えられる.

また, マグロのトロなど油脂を多く含む食品の味は特徴的で, おいしいと感じられ好
まれることが多い. 油脂の味も基本味のように特徴的な味ではないかと考えられはじめ
ている (Running, 2015). その呈味物質は, 不飽和脂肪酸のオレイン酸 ($C_{17}H_{33}COOH$,
112-80-1) やリノール酸 ($C_{17}H_{31}COOH$, 60-33-3) などである.

2.1.2 におい物質

色が 3 原色からなり, 味も 5 基本味からなると考えたように, においにもいくつかの

基本的なにおいの質があると考え探求されてきた．歴史的にAmmoreが提出した7原香（アムーア，1980）が有名であるが，現在は，ヒトのにおい受容体遺伝子の数が約400と多く受容体とにおい物質が1:1対応でないことなどから，におい全体をいくつかの基本となるような原香に分類することはできないとされている．

そこで，においを利用する場面や着目したいにおいの質などによって，どのにおい物質を用いるか，あるいはどのにおい物質を基準物質として使用するかはさまざまである．

表2.4　悪臭防止法で定められる特定悪臭物質（22種）

物質名	分子式または示性式	CAS No.	官能基などによる分類
アンモニア	NH_3	7664-41-7	含窒素化合物（N原子を含む）
トリメチルアミン	$(CH_3)_3N$	75-50-3	
メチルメルカプタン（メタンチオール）	CH_3SH	74-93-1	含硫化合物（S原子を含む）
硫化水素	H_2S	7783-06-4	
ジメチルスルフィド（硫化メチル）	$(CH_3)_2S$	75-18-3	
ジメチルジスルフィド（二硫化メチル）	CH_3SSCH_3	624-92-0	
アセトアルデヒド	CH_3CHO	75-07-0	アルデヒド
プロピオンアルデヒド	CH_3CH_2CHO	123-38-6	
ノルマルブチルアルデヒド	$CH_3CH_2CH_2CHO$	123-72-8	
イソブチルアルデヒド	$(CH_3)_2CHCHO$	78-84-2	
ノルマルバレルアルデヒド	$CH_3CH_2CH_2CH_2CHO$	110-62-3	
イソバレルアルデヒド	$(CH_3)_2CHCH_2CHO$	590-86-3	
イソブタノール	$(CH_3)_2CHCH_2OH$	78-83-1	アルコール
酢酸エチル	$CH_3COOCH_2CH_3$	141-78-6	エステル
メチルイソブチルケトン	$(CH_3)_2CHCH_2COCH_3$	108-10-1	ケトン
トルエン	$C_6H_5CH_3$	108-88-3	ベンゼン系炭化水素
スチレン	$C_6H_5CH=CH_2$	100-42-5	
キシレン（異性体が3種ある）	$o\text{-}C_6H_4(CH_3)_2$ $m\text{-}C_6H_4(CH_3)_2$ $p\text{-}C_6H_4(CH_3)_2$	95-47-6 108-38-3 106-42-3	
プロピオン酸	CH_3CH_2COOH	79-09-40	カルボン酸
ノルマル酪酸	$CH_3(CH_2)_2COOH$	107-92-6	
ノルマル吉草酸	$CH_3(CH_2)_3COOH$	109-52-4	
イソ吉草酸	$(CH_3)_2CHCH_2COOH$	503-74-2	

2.1 味物質とにおい物質　　57

種々の分野で着目されるにおい物質や基準物質の例を以下に紹介し，最後に香料についての参考図書を示す.

a. 環境臭気，水質基準にかかわるにおい物質

悪臭防止法で定められる特定悪臭物質を官能基などがわかるように表2.4に示す.

日本の水道水質基準（平成15年5月30日厚生労働省令第101号）では，水のカビ臭の原因となる2-メチルイソボルネオール（後出，表2.6参照）とジェオスミン（ジオスミン，$C_{12}H_{22}O$，19700-21-1［(−)体]）について，低濃度の基準値（0.00001 mg/L以下）が設定されている.

b. 嗅覚判定や嗅覚訓練に用いる基準臭

官能評価やヒトを用いた嗅覚研究のため，正常な嗅覚をもつ被験者を選定する際に，日本で利用されているパネル選定用基準臭を表2.5に示す.対照液として無臭液（流動パラフィン）を用いる.基準物質自体も流動パラフィンで希釈され濃度が調整され販売（第一薬品産業（株））されている.より詳細な嗅覚検査では，嗅覚感度を測定するために，これらの基準物質の濃度を変えたものが利用される.

においの質を言葉で表現することは難しい上，数値化する方法も一般化されていない.そこで，においの質を確認したり覚えたりする嗅覚訓練用のにおい物質も利用されている.混合物である精油と単品の合成香料化合物など特徴的な計80種類のにおい物質をエタノールで希釈したセット（第一薬品産業（株））や，劣化や異物混入などで食品に生じる異臭（オフフレーバー）の嗅覚訓練を行うための物質（表2.6）をプロピレングリコールで希釈したキット（林純薬工業（株））も販売されている.

表2.5　パネル選定用基準臭（5種）

物質名	分子式 CAS No.	構造式	希釈倍率	においの特徴
β-フェニルエチルアルコール	$C_8H_{10}O$ 60-12-8		$10^{-4.0}$	花のにおい
メチルシクロペンテノロン	$C_6H_8O_2$ 80-71-7		$10^{-4.5}$	カラメル臭，甘い焦げ臭
イソ吉草酸	$C_5H_{10}O_2$ 503-74-2		$10^{-5.0}$	腐敗臭，蒸れた靴下のにおい
γ-ウンデカラクトン	$C_{11}H_{20}O_2$ 104-67-6		$10^{-4.5}$	果実のにおい，熟した果実臭
スカトール	C_9H_9N 83-34-1		$10^{-5.0}$	糞臭，カビ臭いにおい

表2.6 オフフレーバー訓練用化合物（10種）

物質名	分子式 CAS No.	構造式	においの特徴
グアイアコール	$C_7H_8O_2$ 90-05-1		胃腸用丸薬のにおい，歯科用薬のにおい
ジメチルジスルフィド （二硫化メチル）	CH_3SSCH_3 624-92-0		キャベツの腐ったにおい，ニンニク様のにおい
ナフタレン	$C_{10}H_8$ 91-20-3		防虫剤臭
2-メチルイソボルネオール	$C_{11}H_{20}O$ 2371-42-8		カビ臭，墨汁臭
トリメチルアミン	C_3H_9N 75-50-3		魚の腐敗臭，スルメのにおい
2,4-デカジエナール	$C_{10}H_{16}O$ 25152-84-5		使い古した天ぷら油臭
トルエン	$C_6H_5CH_3$ 108-88-3		シンナー臭，溶剤臭
2,4,6-トリクロロアニソール	$C_7H_5Cl_3O$ 87-40-1		カビ臭
ノルマル吉草酸	$CH_3(CH_2)_3COOH$ 109-52-4		汗くさいにおい，靴下の蒸れたにおい
2,6-ジクロロフェノール	$C_6H_4Cl_2O$ 87-65-0		消毒臭，塩素臭

c. においの鍵化合物

　私たちの生命を支える食物もアロマテラピーで利用される精油も，多数のにおい物質を含んでいるが，含有される1種類の成分だけでもそのにおいの特徴を非常によく表現できる場合がある．このような物質を鍵化合物（key compound）と呼ぶ．主要成分の場合もあるが，含量が少なくてもにおいに大きく寄与する場合もある．マツタケの香りのマツタケオール（(R)-1-オクテン-3-オール，$CH_2=CHC(OH)(CH_2)_4CH_3$, 3687-48-7），焦がした砂糖の香りのソトロン（$C_6H_8O_3$, 28664-35-9），シナモンの香りのシンナムアルデヒド（$C_6H_5CH=CHCHO$, 104-55-2），ジャスミンの香りのジャ

スモン酸メチル（$C_{13}H_{20}O_3$, 39924-52-2），動物から得られるじゃ香の（*R*）-ムスコン（$C_{16}H_{30}O$, 10403-00-6）などが知られている．また，青葉アルコール（*cis*-3-ヘキセン-1-オール，$CH_3CH_2CH=CH(CH_2)_2OH$, 928-96-1）や青葉アルデヒド（*cis*-3-ヘキセナール，$CH_3CH_2CH=CHCH_2CHO$, 6728-26-3）は，植物のみどりの香り，と称されるにおいを示す代表物質である．一方，成分中ににおいの鍵化合物が見つからないものも多い．植物のスズランの香りからは鍵化合物が見いだされず，香粧品などではその香りに類似した合成香料化合物が利用されている．

d. 人体から発生するにおい物質

不快な口臭の原因となるにおい物質は，食べかすなどを細菌が分解することで生成するメチルメルカプタン，硫化水素，ジメチルスルフィド（表2.4）などの含硫化合物である．また，40代以降で脂っぽい草のような不快臭（加齢臭とも呼ばれる）が認められるようになるのは *trans*-2-ノネナール（$CH_3(CH_2)_5CH=CHCHO$, 18829-56-6）が体臭中に増加するためである（Haze et al., 2001）．疾病によって人体から発生するにおい物質もある．糖尿病性ケトアシドーシスではアセトン（CH_3COCH_3, 67-64-1）などのケトン類が呼気に検出されるが，疾病により体外へ排出される汗，呼気，尿などに生じる揮発性物質の中でにおいが強いものは，主にトリメチルアミン（表2.4）などの含窒素化合物，ジメチルスルフィドなどの含硫化合物，揮発性のカルボン酸である（Shirasu & Touhara, 2011）．

e. 危険を知らせるにおい物質

警告や注意喚起をするために用いられるにおい物質がある．たとえば都市ガスの付臭剤として，ターシャリーブチルメルカプタン（$(CH_3)_3CSH$, 75-66-1）やシクロヘキセン（C_6H_{10}, 110-83-8）などがある（川﨑・飯野，1998）．詳しくは第8章を参照されたい．

f. 香料化合物

香料の素材（flavor and fragrance materials）として利用される香料化合物は，その目的から香粧品に加え香りをつける香粧品用の香料化合物と，食品に加えておいしさを増すための食品用の香料化合物に分けられる．利用される香料化合物の数は膨大であるため，参考となる資料をあげる．出版年は古いが，*Perfume and flavor chemicals*（Arctander, 1969）には香料化合物の味やにおいについての詳細な記述が多く，今も参考にされる．食品香料化合物は，現在日本で使用される物質に加えアメリカ食品医薬品局（FDA）が告示する物質を含めると4500件以上あり，「食品香料化合物データベース（2015年版）」（日本香料工業会）が作成されている．*Fenaroli's handbook of flavor ingredients*（Burdock, 2010）には，多くの食品用香料化合物について具体的な食品への添加量や閾値などのデータが収載されている．

また，香料は天然香料と合成香料に分けられる．天然香料は天然物に由来し多くのにおい物質の混合物であり，合成香料は有機化学的手法により得られほとんどが単一のに

おい物質である．実際に香料会社で利用される重要な合成香料が『増補新版 合成香料
── 化学と商品知識 ──』（合成香料編集委員会，2016）に記載されている．

2.1.3 味物質・におい物質の化学的特徴

　味物質・におい物質の化学的特徴は多様でその数も膨大であるため，両者の差異を明
確にすることは難しいが，それぞれの化学的特徴を表2.7におおまかにまとめた．表2.2
〜2.6の味物質やにおい物質の構造とも比較しながらご覧いただきたい．
　におい物質の物理化学的特徴（密度，蒸気圧，水への溶解性，沸点，融点，引火点な
ど）およびにおいの質にかかわる構造の特徴（官能基，炭素数の影響，分子の大きさな
ど）の詳細は，吉井（2017）を参照されたい．

a. 味物質とにおい物質との関係

　味やにおいを決定づけるような物質の構造の特徴をすべてあげることは困難だが，
表2.7から，味物質とにおい物質の特徴の異同がある程度明らかになる．モル質量が
約400 g/mol以下の有機化合物に味とにおいを示すような特徴があれば，その分子は味
とにおいの両方を示すと考えられる．実際に，合成香料のエチルバニリン（$C_6H_3(OH)$
$(OC_2H_5)CHO$, 121-32-4）はモル質量166.18 g/molの白色結晶であり，濃度2 ppmで
バニラの香りを示し，濃度50 ppmで特徴的な甘い味（sweet, creamy, vanilla, smooth
and caramellic）を示す（Burdock, 2010, p. 674）．におい物質でありながら味として塩
味を示すものはないことが推測できるであろう．

b. エナンチオマー間での差異

　味物質とにおい物質の両方で，エナンチオマー間で差異が認められるものがある．味
覚，嗅覚の受容体レベルでエナンチオマーを区別できる場合があるからである．
　アミノ酸のエナンチオマー間では味に大きな差異が認められている．必須アミノ酸で
は，スレオニンを除き，D体が甘味，L体は苦味を呈する．ロイシンの場合を図2.1に示す．
　におい物質はカルボンとヌートカトンの例を図2.2に示す．カルボンの検知閾値は（R）
体（l体，6485-40-1）では2.7〜600 ppb，（S）体（d体，2244-16-8）では6.7〜820 ppbと，
においの強度にも違いがある（Burdock, 2010, p. 262）．エナンチオマー間のにおいの
質の差は物質により異なり，分子の柔軟性の違いがエナンチオマー間のにおいの差の程
度に関係するという説がある（Brookes et al., 2009）．

c. 物質の構造と味，においの関係

　味物質，におい物質の受容機構の詳細が不明であった頃から，味質やにおいの質を物
質の特徴から説明し新規物質を設計しようと試みられてきた．特に，官能基の種類やそ
の有無，疎水性，立体構造などに着目し，味やにおいとの関連性を見いだそうとする
ものに，構造活性相関と呼ばれる手法がある．これまでの知見については，『味とにお
いの化学』（日本化学会，1976）とそれに続く『味とにおいの分子認識』（日本化学会，

2.1 味物質とにおい物質　　61

表 2.7 味物質とにおい物質の化学的特徴

	味物質	におい物質
物質の状態	通常，常温常圧で液体または固体	常温常圧で気体，液体，固体，どの状態の物質も存在（気体の例：アンモニア，硫化水素）
構成元素	水素（H），炭素（C），窒素（N），酸素（O），硫黄（S），塩素（Cl），リン（P）を含むものがある．塩を形成している物質では，ナトリウム（Na），カリウム（K）などの金属元素を含むものがある	一般的に，水素（H），炭素（C），窒素（N），酸素（O），硫黄（S）が主要構成元素である．その他として塩素（Cl），臭素（Br），ヨウ素（I）などのハロゲン元素やリン（P）を含むものもある．通常は金属元素を含まない
化学結合の様式	化学結合を，金属結合，イオン結合，共有結合，の3種類に大別すると，主要な結合は①イオン結合，②共有結合，③イオン結合と共有結合からなるもの，の3通りである．塩類の場合は，水中でイオン結合が容易に解離するものがほとんどである	化学結合を，金属結合，イオン結合，共有結合，の3種類に大別すると，一般的なにおい物質を形成する主要な結合は，共有結合である
モル質量	軽い塩酸（HCl）で 36.46 g/mol，重い甘味タンパク質のソーマチンで 22000 g/mol	軽いアンモニア（NH_3）で 17.03 g/mol，重い合成香料のインドール-ヒドロキシシトロネラールシッフ塩基では 388.56 g/mol
大きさ	Na^+ や Cl^- の水和イオン半径は 10^{-10} m 程度，大きな甘味タンパク質では 10^{-8} m 程度	小さな分子の例で硫化水素（H_2S）はもっとも離れた原子の中心間の距離が 10^{-10} m 程度，大きな分子の例でムスク化合物では 10^{-9} m 程度
物質の構造	• 酸味を示す物質は，水に溶けてプロトン（H^+）を生じる酸である • 塩味を示す物質は，NaCl で代表されるようにアルカリ金属元素とハロゲン元素がイオン結合で結びついたものが主である．一部に有機酸とアルカリ金属元素からなる塩がある • うま味を示す物質には，主にアミノ酸系（アミノ酸とペプチド）と核酸系がある • 甘味や苦味を示す物質の構造は非常に多様である • 構造から同じグループに分類できても，それぞれ異なる味質を主体とする味を示すものがある（例：アミノ酸）	• 炭素（C）と水素（H）のみからなる炭化水素であってもにおいを示すものがある．特に，二重結合などの不飽和結合やベンゼン環などを含む場合は特徴的な強いにおいを示すものがある • 官能基をもつ場合は，特徴的なにおいや強いにおいを示すことが多くなる • 一見しては構造に類似性がなくても，においの質に類似性が見いだせる場合がある（例：ムスコンとベンゼン系ムスク）
	エナンチオマー間で，差異が認められるものがある	

1999）に詳しい.

　歴史的に有名な Shallenberger や Kier らによる甘味モデルは，構造中の疎水性部位を X，プロトン（H^+）供与基を A，プロトン受容基を B とすると，A-B 間が 2.6×10^{-10} m，B-X 間が 5.5×10^{-10} m，X-A 間が 3.5×10^{-10} m の距離となる位置関係に近い

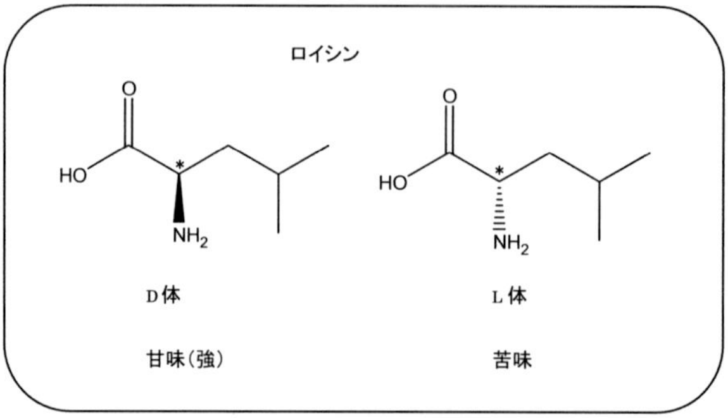

ロイシン

D体 甘味(強)　　L体 苦味

図2.1 ロイシンのエナンチオマー（L体：61-90-5，D体：328-38-1）間での味の違い（佐藤, 2002参考）

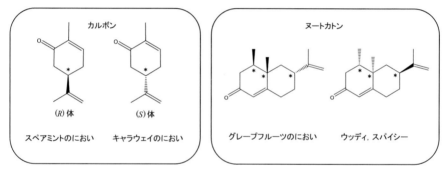

図2.2 カルボンとヌートカトンのエナンチオマー間でのにおいの違い（Bentley, 2006参考）

物質は甘味を呈するというものである（山田，2002；臼井他，2012）.

においの構造相関研究の動向については，他の文献や総説（Rossiter, 1996；割田，2003；Ohloff et al., 2012）も参照されたい．香料として価値が高いムスクとサンダルウッドでは特に研究例が多く，においの質は，分子の立体的な特徴（分子の形や大きさなど），電子的な特徴（官能基のように分極した原子団の位置や分子中の電荷の偏り）および疎水性などが関係すると考えられた．

現在，味覚および嗅覚受容体の構造，遺伝子と受容体の関係，受容機構などに関する研究の進展がめざましい．コンピュータを用いた分子モデリングによる受容体と物質とのドッキングスタディが行われるようになってきた．甘味受容体が受容ポケットに位置する10個のアミノ酸残基を使い分けて，アスパルテーム（$C_{14}H_{18}N_2O_5$, 22839-47-0）などの多種類の甘味料を化学的性質に対応して受容することが分子動力学計算などを用いて示された（三坂，2012）．一方，におい物質のドッキングスタディでは，甘味物質と異なり，におい受容体はゆるい疎水的相互作用により分子を認識していることが示唆さ

2.1 味物質とにおい物質　　　63

れた（堅田・東原, 2004）．今後，実験結果とコンピュータを利用したモデリングやシミュレーションを突き合わせれば，より明確な分子と味，においとの相関性の解明や物質設計が行えると期待される．

2.1.4　味物質とにおい物質についての今後の展望

　ここまで，単独の味物質とにおい物質に関して紹介してきた．今後も有用な味物質やにおい物質の発見，新規物質の設計，効率的な合成が必要である．これに加え，複数の物質が関与して創り出される味やにおいでは，物質間の相互作用の検討も忘れてはならない．味物質の場合は，2種類以上混合すると味の強度や味質が変化することが日常でもよく知られている．たとえば，昆布と鰹節からつくる一番だしでは，L-グルタミン酸ナトリウムにイノシン酸ナトリウム（イノシン 5′-一リン酸二ナトリウム，$C_{10}H_{11}N_4Na_2O_8P$, 4691-65-0［水和物］）が添加されることにより，うま味の増強効果が得られる．におい物質の場合にも，2種類以上の混合による強度の増強作用や低減作用について研究されている．また，ミラクルフルーツに含まれるミラクリンのように，それを食べたあとに酸味物質を口に入れると甘く感じる，味覚修飾物質，あるいは，味覚変調物質と呼ばれるものもある．におい物質が味に与える影響も興味深い（1.4節参照）．唾液に含まれる各種のタンパク質が味質に大きな影響を与える（Fábián et al., 2015）ことも知られている．物質が受ける化学変化も考慮して，味物質やにおい物質を理論的に混ぜ合わせて有効に活用する方法の検討も必要である．　　　　　　　　　［吉井文子］

引 用 文 献

有吉 安男（1974）．味と化学構造(3)　化学と生物, *12*(5), 340-347.

Brookes, J., Horsfield, A., & Stoneham, A. (2009). Odour character differences for enantiomers correlate with molecular flexibility. *Journal of the Royal Society Interface*, 6, 75-86.

Burdock, G. A. (2010). *Fenaroli's handbook of flavor ingredients* (6th ed.), CRC Press.

江崎 秀男（2012）．味の成分　加藤 保子・中山 勉（編）　食品学 I ── 食品の化学・物性と機能性──　改訂第2版（pp. 102-108）　南江堂

Fábián, T. K., Beck, A., Fejérdy, P., Hermann, P., & Fábián, G. (2015). Review molecular mechanisms of taste recognition：Considerations about the role of saliva. *International Journal of Molecular Sciences*, 16, 5945-5974.

福家 眞也（2013）．呈味成分と評価法　山野 善正（編）　おいしさの科学事典　普及版（pp. 79-84）　朝倉書店

Haze, S., Gozu, Y., Nakamura, S., Kohno, Y., Sawano, K., Ohta, H., & Yamazaki, K. (2001). 2-Nonenal newly found in human body odor tends to increase with aging. *Journal of Investigative Dermatology*, *116*(4), 520-524.

Hoehl, K., Schoenberger, G. U., & Busch-Stockfisch, M. (2010). Water quality and taste sensitivity for basic tastes and metallic sensation. *Food Quality and Preference*, *21*(2),

243-249.

堅田 明子・東原 和成（2004）．匂い認識の分子基盤 ── 嗅覚受容体の薬理学的研究 ── 日薬理誌，*124*，201-209.

川崎 清光・飯野 伸一（1998）．暮らしの中のニオイ ── ガスオドラント ── *FFI Journal*, *177*, 60.

Keast, R. S. J., & Roper, J. (2007). A complex relationship among chemical concentration, detection threshold, and suprathreshold intensity of bitter compounds. *Chemical Senses*, *32*, 245-253.

Lawless, H. T., Schlake, S., Smythe, J., Lim, J., Yang, H., Chapman, K., & Bolton, B. (2004). Metallic taste and retronasal smell. *Chemical Senses*, *29*, 25-33.

三坂 巧（2012）．人工甘味料-甘味受容体間における相互作用メカニズムの解明 ── 低分子甘味料の受容様式は非常に多様である ── 化学と生物，*50*(12)，859-861.

中川 致之（1972）．渋味物質のいき値とたんぱく質に対する反応性 日本食品工業学会誌，*19*(11)，521-537.

Ohloff, G., Pickenhagen, W., & Kraft, P. (2012). Structure-odor relationships. In *Scent and chemistry : The molecular world of odors* (pp. 61-63). Zürich : Verlag Helvetica Chimica Acta.

Running, A. C., Craig, A. B., & Mattes, D. R. (2015). *Oleogustus : The unique taste of fat*. *Chemical Senses*, *40*(7), 507-516.

Shirasu, M., & Touhara, K. (2011). The scent of disease : Volatile organic compounds of the human body related to disease and disorder. *The Journal of Biochemistry*, *150*(3), 257-266.

臼井 照幸・金子 成延・竹中 麻子・長澤 孝志・渡辺 寛人・渡邊 浩幸（2012）．食品の成分 早瀬 文孝・佐藤 隆一郎（編著） わかりやすい食品化学（p. 53） 三共出版

山田 恭正（2002）．苦味物質の化学 ニューフードインダストリー，*44*(2)，49-55.

山口 静子・菅野 幸子・芳賀 敏郎（1995）．うま味および4基本味の閾値に関する検討 味と匂学会第29回シンポジウム論文集，*2*(3)，467-470.

Yamamoto, Y., & Kobayashi, M. (2008). Effects of amiloride on the gustatory sensitivity of five basic tastes : Comparison electrical gustatory threshold with whole mouth gustatory test 国際学院埼玉短期大学研究紀要，*29*，33-39.

参 考 文 献

アムーア，E. 原 俊昭（訳）（1980）．匂い ── その分子構造 ──（pp. 29-80） 恒星社厚生閣

Arctander, S. (1969). *Perfume and flavor chemicals (Aroma chemicals)* (Vols. 1-2). Published by the Author.

Bentley, R. (2006). The nose as a stereochemist. Enantiomers and odor. *Chemical Reviews*, *106*, 4099-4112.

Burdock, G. A. (2010). *Fenaroli's handbook of flavor ingredients* (6th ed.), CRC Press.

江崎 秀男（2012）．味の成分 加藤 保子・中山 勉（編） 食品学 I ── 食品の化学・物性と機能性 ── 改訂第2版（pp. 102-108） 南江堂

畑 宗平・村上 忠幸（2009）．立体配座からはじめる炭素化合物の識別 ── 立体配座から立体配置へ ── 化学と教育，*57*(2)，102-105.

合成香料編集委員会（編）(2016). 増補新版 合成香料 —— 化学と商品知識 —— 化学工業日報社

日本化学会（編）(1976). 味とにおいの化学（化学総説 No.14） 学会出版センター

日本化学会（編）(1999). 味とにおいの分子認識（化学総説 No.40） 学会出版センター

Rossiter, K. J. (1996). Structure-odor relationships. *Chemical Review, 96* (8), 3201-3240.

佐藤 光史（2000）. 味覚と化学 —— 鏡の国の味をしらべる ——（色・味・においの化学 3） 化学と教育，*48*(1)，41-42.

芝 哲夫（1976）. 苦味と辛味の化学 日本化学会（編） 味とにおいの化学（化学総説 No.14）(pp. 129-156) 学会出版センター

割田 泰裕（2003）. においと化学構造 川崎 通昭・中島 基貴・外池 光雄（編著） 6. におい物質の特性と分析・評価 アロマサイエンスシリーズ 21 (pp. 72-79) フレグランスジャーナル社

吉井 文子（2017）. におい物質 斉藤 幸子・井濃内 順・綾部 早穂（編著） 嗅覚概論（第 2 版）—— においの評価の基礎 ——(pp. 1-33) におい・かおり環境協会

2.2 味物質の受容

　味物質受容の研究は，今世紀に入って大きく進展した．2000 年に苦味受容体が同定されたのを緒として 2010 年に塩味受容体が明らかにされたことで 5 基本味すべてについて受容体が同定された．それまでは味覚受容体は，その存在を予想するだけのものであったが，味覚受容体が同定され，その局在が解明されて以来，これまで予想することしかできなかった味物質受容のしくみを実証できるようになってきた．そこで本節では，これまで明らかになった味覚受容体や味覚受容体を介する情報伝達に関与する分子について紹介したい．また，口腔内以外の消化器官における味覚受容体の局在についても紹介したい．

2.2.1 味蕾の構造

　味物質の受容は味蕾という器官で行われる．味蕾は口腔内の舌や軟口蓋に存在している．ヒトの場合，舌の奥に 8～10 個程度の有郭乳頭，舌の側部に襞状の葉状乳頭が存在し，味蕾が集中して存在している．一方，舌の前方部には先端を中心に，味蕾を 0～3 個程度含む茸状乳頭が点在している．電子顕微鏡による観察より，味蕾は I, II, III 型と呼ばれる数十個の細長い味細胞と，それを支える球形の基底細胞から構成されることがわかっている．味細胞は上皮細胞の性質と神経細胞の性質の両方をもつユニークな細胞である．皮膚のように 10 日に一度の周期で味細胞は入れ替わるが，これは上皮細胞様の性質である．III 型の味細胞には神経細胞特有の分子が局在し，味神経とシナプスを形成する．これは神経細胞様の性質である．I, II, III 型それぞれ均一の細胞ではなく，甘味を受け取る細胞，苦味を受け取る細胞といったような役割分担がなされている．さらに複雑なのは，口腔内の部位によって味蕾の性質が多少異なることである．軟口蓋の

味蕾には大錐体神経が，有郭乳頭と葉状乳頭の奥側 2/3 に舌咽神経が，先端側 1/3 に鼓索神経が投射している．味蕾は，口腔内のどこにあっても，基本味（甘味，苦味，酸味，塩味，うま味）を受容するが，味覚の阻害剤の効果や味覚受容体の局在のパターンは，口腔内の位置により異なっている．辛味，渋味，えぐ味などの基本味以外の味は味蕾の近傍にある自由神経終末で受容されており，味蕾で受容されないことなどから，味覚にはあたらないとする向きもある（本シリーズ 1 冊目のコラム 1，本巻の 1.1 節参照）．ここでは，基本味を狭義の味とし，辛味，渋味，えぐ味などは広義の味として扱いたい．

2.2.2　味覚受容体同定の経緯

味質の種類分けは紀元前にアリストテレスが甘味の反対は苦味であると定義したのをはじめ，長い間考察され続けてきた．一方で，味の受容のしくみについての研究は，遺伝子が関係していることがわかりはじめたのが 1930 年代，味を受け取るタンパク質分子が存在すると予想されはじめたのは 1970 年代と，比較的歴史が浅い．

遺伝子が味の受容に関係していることがはじめて示されたのは 1931 年のことである（Fox, 1932）．誤って実験室にフェニルチオカルバミド（PTC）を飛散させてしまったことがきっかけで，PTC の苦味受容には個人差があることが判明した．また，プロピルチオウラシル（PROP）でも同様の個人差が見つかり，その後の研究で原因となる遺伝子座（PROP 遺伝子座）が明らかになった．同様にマウスでも，第 4 染色体に位置する Sac 遺伝子座が，甘味物質のサッカリンに対する系統差による感受性の差の原因となることが明らかにされた（Fuller, 1974）．味を受け取るタンパク質分子の存在が実証されはじめたのは 1970 年代である．この時期には心理学的手法を用いて，味刺激に対して心理的に感じる強さと物理的な濃度の関係を解析して，甘味や苦味を受容する部位の数を推測する研究が盛んに行われていた（1.2 節参照）．その中で，舌の片側にタンパク質分解酵素を塗布することで，タンパク質が味の受容とかかわるかどうかを調べる研究が行われた．その結果，糖の甘味の感受性が有意に低下することが明らかになり，糖の甘味の受容体がタンパク質であるということが示された（Hiji, 1975）．その後，味覚受容体が同定されるまでには時間を要した．味覚受容体同定のきっかけになったのはヒトゲノム計画の進展である．ヒトゲノム配列の解析により苦味の感じ方の個人差をもたらす PROP 遺伝子座近傍の遺伝子配列が明らかになり，その中から苦味受容体タンパク質群 T2r ファミリーをコードする遺伝子が見いだされた（Adler et al., 2000）．今では，5 基本味すべてについて受容体が同定されている．

2.2.3　明らかになった味覚受容体

基本味の受容体は受け取る味物質それぞれに応じた構造特性をもっていることが興味深い．甘味と苦味とうま味の受容体は G タンパク質共役型受容体（G-protein coupled receptor；GPCR）に属している．GPCRに味物質が結合するとGタンパク質が活性化され，活性化されたGタンパク質がエフェクタータンパク質を活性化し，と次々に下流のタンパク質を活性化していくことで伝達される．一方，酸味と塩味は，酸に含まれる水素イオンや食塩に含まれるナトリウムイオンが通過できるイオンチャネルが受容を担い，酸味や塩味を担う物質がイオンの形で直接細胞内に流入する．GPCRの伝言ゲームのような伝達と，イオンチャネルの直接的な伝達ではスピードに差が生じる．酸味や塩味の伝達が甘味・苦味・うま味と比較して早い原因であると考えられる．以下にそれぞれの味に対する受容体を紹介する．

a. 甘味，うま味受容体

甘味とうま味の受容体はT1rファミリーというGPCRから構成されている．T1rファミリーはT1r1, T1r2, T1r3からなり，T1r1とT1r3でうま味受容体，T1r2とT1r3で甘味受容体を構成する（Nelson et al., 2001, 2002）．T1rファミリーはいずれも細胞外にハエトリ草のような大きな構造（VFT（Venus Flytrap）ドメイン）をもち，甘味やうま味のような親水性の物質が結合しやすくなっている．GPCRはその構造から大きくクラスA, B, Cに分けられ，VFTドメインをもつGPCRはクラスCに属している．クラスCには比較的研究の進んでいる受容体である代謝型グルタミン酸受容体mGluRが属しており，その構造を参考にすることで甘味やうま味物質がどのようにT1rと結合するかについての研究が進んでいる．

甘味を呈する物質は，糖だけでなくアミノ酸，タンパク質，合成甘味料と多様な化学構造からなっている．その一方で，甘味受容体はこれまでにT1r2/T1r3しか同定されておらず，しかも大部分の甘味物質がT1r2のVFTドメインに結合していることが示唆されている．多くの異なる化学構造を受容するためにVFTドメインは甘味物質と結合する部位を複数保有しており，そのどれかに結合すれば甘味を呈するしくみになっているため，さまざまな化学構造が甘味を呈するのである（Masuda et al., 2012）．

うま味物質はT1r1のVFTドメインに結合することが明らかにされている．うま味物質とはグルタミン酸と核酸（イノシン酸，グアニル酸）を指し，グルタミン酸とこれら核酸の混合はうま味の相乗効果を生み出すが，この相乗効果はVFTドメインの中で起きる．グルタミン酸はVFTの蝶番の奥の部分に結合し，核酸は入り口側に結合することが示されており，両者が同時に結合することでうま味の相乗効果が起きる．なお，うま味受容体はT1r1/T1r3以外にもmGluR1やmGluR4がその候補としてあげられている．

甘味およびうま味に共通する分子であるT1r3の膜貫通領域も味物質と結合する領域である．今までに甘味物質のシクラメートとネオヘスペリジンジヒドロカルコン，甘味阻害物質のラクチゾールおよびギムネマ酸が結合することが明らかにされている（Jiang et al., 2005a, 2005b；Sanematsu et al., 2014）．T1rファミリーと類似の構造をもつ

mGluR は構造機能解析が先行しており，膜貫通領域は VFT ドメインにリガンドが結合した情報の強さを調節する作用があることがわかっている（Conn et al., 2009）．このような作用をもつ物質はアロステリックモジュレーターと呼ばれ，受容体研究では関心が高まっている．T1r3 の膜貫通領域に結合するシクラメートやネオヘスペリジンジヒドロカルコンもアロステリックモジュレーターである可能性が高い．しかし，mGluR の膜貫通領域に結合する物質は単独ではシグナルを発生しないが，T1r3 の膜貫通領域に結合するシクラメートやネオヘスペリジンジヒドロカルコンはそのものが甘味のシグナルを発生するという違いがある．また，T1r3 の膜貫通領域に結合する物質は，いずれも霊長類以上の甘味受容体に作用するもののみが同定されている点も興味深い．T1r3 の膜貫通領域の機能の理解は，受容体が味物質と結合したシグナルが G タンパク質に伝達される機序を理解するのに重要な鍵を握っているものと考えられる．

b. 苦味受容体

苦味受容体は T2r ファミリーという GPCR から構成されている．T2r ファミリーは T1r とは異なり，膜外領域が小さいのが特徴である．苦味物質は疎水性の高いものが多く，リン脂質をもつ細胞膜と相互作用しやすいため，大きな細胞膜外領域を必要としないと考えられる．T2r ファミリーは，生物種によって異なるが，数十からなる遺伝子ファミリーを形成している．ヒトでは 25 種類の T2r が苦味受容体として機能していることが明らかになっている（Go et al., 2005）．数千種類ともいわれる苦味物質を 25 種類の苦味受容体が受容することを考えても，苦味受容体と苦味物質は一対一の関係ではないことは明らかである．また，苦味受容体と苦味物質との結合特異性は受容体ごとに異なっており，結合する物質がごく限られている受容体がある一方で特異性が低くさまざまな化学構造の苦味物質を受容できるジェネラリストのような受容体も存在している．苦味物質の数の多さも伴って，苦味受容体との相互作用についてはまだ不明な点が多く残されている．

苦味受容体の同定のきっかけは遺伝的背景による苦味物質 PTC と PROP の感受性の違いによるものであった．現在では，PTC と PROP は苦味受容体 T2r38 によって受容されることが明らかになっている（Bufe et al., 2005）．PTC はアブラナ科のもつ苦味成分であるイソチオシアネートと化学構造が類似であることからアブラナ科の野菜の好き嫌いと T2r38 遺伝子の関係を示唆する報告もある（Sandell & Breslin, 2006）．苦味に敏感なことが，目新しい食品に対する恐怖感の現れであるといった報告は，偏食に対して寛容な対応を促すものとして着目される．

c. 酸味受容体

酸味受容体の候補としてはプロトン感受性イオンチャネル，過分極活性化環状ヌクレオチド活性化チャネル（HCN）があげられてきたが，現在，もっとも有力な受容体とされているのが PKD1L3, PKD2L1 の複合体である．PKD1L3, PKD2L1 は非選択的陽イ

オンチャネル TRP（transient receptor potential）スーパーファミリーに属する受容体で，舌の奥部の有郭乳頭の味蕾において甘味や苦味の受容体とは異なる細胞に発現している．また，PKD2L1 発現細胞を消失させたマウスで酸味感受性がなくなることや，PKD1L3, PKD2L1 を培養細胞に強制発現した系で酸味応答を再現できることが報告されている（Huang, 2006；Ishimaru et al., 2006）．酸味応答は必ずしも pH と相関していないことが特徴である．たとえば，同じ pH でも塩酸と酢酸では酢酸のほうが酸味度が高い．PKD1L3, PKD2L1 の複合体はこの点を再現していることから酸味受容体の有力な候補であるが，酸味刺激を行った時点よりも，その後バッファーで洗い流した時点のほうが大きな応答を示すことが明らかにされており，単独で酸味受容体として機能するには不完全であるとの指摘もある．炭酸の味は酸味の中で少し特徴的な受容形態をもつ．炭酸水の pH は 4〜5 程度の酸性を示すことから，炭酸の味は酸味であることは容易に想像できる．ところが，炭酸の味はそれだけではなく，酸味としてより強く感じる作用が味蕾の中に存在することが近年明らかにされた．酸味受容体が存在している味細胞には，二酸化炭素を炭酸イオンと水素イオンに変換する炭酸脱水素酵素のひとつである Car4 が発現しており，炭酸中の二酸化炭素を積極的に酸味として受容する働きがある（Chandrashekar et al., 2009）．その他，酸味については不明な点が多い．たとえば，酸味と塩味は塩梅といわれるように相互に関係性の高い味であるとされているが，この作用機序についても未解明である．今後の研究の進捗が待たれる．

d. 塩味受容体

塩味の受容体は 2 種類以上存在していることが，以前から予想されていた．実験動物を用いた実験により，腎上皮ナトリウムイオンチャネルの阻害剤であるアミロライドで阻害される塩味と阻害されない塩味が存在することが観察されていたからである．腎臓に局在し，アミロライド感受性のある上皮性ナトリウムチャネル ENaC が味蕾に発現していることが明らかにされてから，ENaC は塩味受容体の有力な候補とされていた．その後，味蕾の ENaC のみの遺伝子発現を阻害した実験により，ENaC が塩味受容を担うことが証明された（Chandrashekar et al., 2010）．この研究により，2 種類の塩味受容の役割も解明された．ENaC の発現を阻害することにより消滅した塩味は低濃度の塩化ナトリウムに対する塩味であった．動物行動学的研究より塩味は低濃度であれば好まれるが高濃度になると忌避されることが以前より知られている．よって，ENaC は好まれる塩味の受容を担っていると考えられる．高濃度の塩味を受容する分子については辛み受容を担う TRPV1 の仲間というのがもっとも有力な候補である．一方で，濃い塩味が酸味や苦味と同じ受容のしくみを介して忌避行動に至るという考え方も提示されている．基本味は甘，苦，酸，塩，うま味と分類されているが，そんなに単純に分けられるものではないのかもしれない．

e. 辛味受容体

辛味の受容体も2種類存在する．辛味は口腔で感じる痛覚の一種とも定義でき，痛覚の研究より受容体が明らかになった．これらはいずれも TRP スーパーファミリーに属するチャネルである．唐辛子に含まれる成分カプサイシンの受容体は TRPV1 というチャネルであり（Caterina et al., 1997），カプサイシン以外に高温でも活性化することが知られている．一方，ワサビやカラシに含まれるアリルイソチオシアネートの受容体は TRPA1 というチャネルである（Jordt et al., 2004）．このチャネルは TRPV1 とは逆に低温で活性化する．2種類の受容体が明らかになる前から，私たちは温度と辛味物質の関係を実感してきている．唐辛子を食べると体が熱くなり，hot taste と呼ばれるのに対して，ワサビやカラシでは体は熱くならないのは自明であろう．TRPV1 と TRPA1 が同定されたことにより，食べ物に含まれる辛味成分が TRPV1 と TRPA1 のどちらを活性化するかが調べられてきた．今までに TRPV1 はショウガの辛味成分ジンゲロールや山椒の辛味成分サンショオールにより活性化されること，TRPA1 はシナモンの成分であるシンナムアルデヒドにより活性化されることなどが明らかにされている．

f. その他の味について

渋味，えぐ味については基本味でないことが明らかになっているのみで，受容体は同定されていない．これらの味は味覚神経を収斂させた結果起こるといわれており，収斂味ともいわれる．渋味，えぐ味を示す成分は苦味を呈することも多く，渋味，えぐ味と苦味が混同されて知覚されることも多い．渋味はワインなどの嗜好飲料の重要なフレーバーのひとつでもあり，言葉だけではない評価方法が求められていることから，受容体の同定が期待されている．

新たに定義づけされようとしている味もある．コク味と油脂の味である．コク味は，複雑さをもつおいしい味を評する「こく」から生まれた言葉である．学術的にも "kokumi" として扱われることもあり，この場合は「そのものには目立った味はないが，他の味に加えることで，その味を増強させ，厚みや口腔内での広がり，持続性を増すもの」（Ueda et al., 1990）として定義される．現在までにチーズや醤油などの発酵食品に含まれる γ-グルタミル化されたペプチドや，褐変した食品に含まれるメイラードペプチドなどがコク味物質として同定されている．γ-グルタミル化ペプチドはカルシウムイオン受容体に結合することが明らかにされており（Ohsu et al., 2010），カルシウムイオン受容体が味蕾中に発現していることから味覚への関与が強く示唆されている．ただし，基本味の受容体とどのように相互作用するかについては明らかではない．基本味の受容体とカルシウムイオン受容体が同じ味細胞中で作用するのか，違う味細胞間で作用するかについても未解明である．同様の状態にあるのが油脂の受容体である．油は単独で食べても特徴的な味質はなく，あまりおいしいとは感じないが，甘味や塩味と同時に摂取するとやみ

つきになるほどの嗜好性を生み出す. 脂肪酸トランスポーター CD36 や GPCR の脂肪酸受容体 GPR40 と GPR120 が味蕾に発現していることが観察されており，脂肪酸の受容体として有力と考えられている. また，GPR40 と GPR120 を欠失したマウスの脂肪酸への嗜好性が減少していることも報告されている (Cartoni et al., 2010). これらの受容体についてもコク味の受容体候補であるカルシウムイオン受容体と同様，基本味の受容体との相互作用のメカニズムについては明らかではない. また，このような味の種類をどのように定義づけていくかも今後の課題である.

2.2.4 味細胞内での情報伝達

T1R ファミリーによって受容される甘味とうま味，T2R ファミリーによって受容される苦味には共通した情報伝達機構が存在している. GPCR によって受容された情報は主に4種類に分けられる情報伝達経路をとるが，T1R, T2R ファミリーはイノシトール三リン酸–カルシウムイオン経路を通ると考えられている. イノシトール三リン酸–カルシウムイオン経路に関係する一連の分子が T1R, T2R ファミリーと共存しているためである. また，辛味や酸味受容体と同じ TRP スーパーファミリーに属しているイオンチャネル TRPM5 が T1R, T2R ファミリーと共存しており，甘味・うま味・苦味によって細胞内カルシウム濃度が上昇すると開口して味シグナルの発生の緒となると考えられている (Zhang et al., 2003). TRPM5 は TRPV1 と同様，温度上昇によっても開口が促されるチャネルで，甘味が温かいほど強く，冷たいとあまり感じない原因を担うともされている. このように情報伝達が明らかになる一方で，T1R や T2R と結合して受容の情報を細胞内に転換させる G タンパク質についてはいまだに同定されていない. 甘味やうま味といった嗜好性の高い味と，苦味のような忌避すべき味がまったく同じ情報伝達経路をとるとは考えがたいといった意見もあり，情報伝達の全容解明にはもう少し時間がかかりそうである.

2.2.5 体調に左右される味覚受容

味覚受容体で受容された情報は，そのまま脳まで伝達されるのではない. 味覚の役割は，体に必要なものを取り入れるためのセンサーであるため，体調と味覚の感度は連動する. 甘味受容と食欲の関係に関しては明快である. 食欲を調節するしくみが味蕾にも存在しているのである. マウスでは，食欲を抑制する因子であるレプチンの受容体は甘味受容体と同じ第4染色体に位置しており味蕾における発現も確認された. そこで，レプチンと甘味受容の関係を解析したところ，レプチンの存在下では甘味の感受性が下がることが明らかになった (Kawai et al., 2000). つまり，レプチンは食欲を抑制すると同時に甘味の感受性を下げることで食べ物の嗜好性を下げる働きをもつといえる. 一方，空腹時の食欲増進を司るのは脳内麻薬ともいわれる内在カンナビノイドである. カ

ンナビノイドの受容体は甘味受容体と共存していることが明らかになった（Yoshida et al., 2010）．また，カンナビノイドは甘味の感受性を上げることも同時に明らかになった．内在カンナビノイドは食欲を増進させると同時に甘味の感受性を上げて食べ物の嗜好性を上げている．これはレプチンとは逆の作用である．「空腹は最高のスパイスである」という慣用句があるが，その裏づけとなるものである．

　塩味も体内のナトリウムイオン濃度の調節と同時に調節される．血圧調節や体内のナトリウムイオン濃度バランスを維持するためのキーホルモンであるアンジオテンシンⅡが味覚に関与することが明らかになってきた．アンジオテンシンⅡの受容体であるAT1は味蕾に発現している．また，アンジオテンシンⅡを投与すると塩味に対する神経応答が抑制されることが明らかになった．つまり，アンジオテンシンⅡの投与により塩味の感受性が下がり，より濃度が高い塩味を摂取するようになると考えられる．実際，AT1の阻害剤を投与したマウスはアンジオテンシンⅡが作用しないため塩味の溶液を摂取する量が減少することが明らかにされている（Shigemura et al., 2013）．また，アンジオテンシンⅡは甘味を増強する作用も有していることが観察されている．生活習慣病に関与する甘味と塩味の連関は今後解明すべき研究対象といえよう．

2.2.6　消化器官と味覚受容体

　食欲を司るのは脳の視床下部であるが，味蕾は脳神経系とやりとりするばかりではない．口腔は消化器官のひとつでもある．たとえば，味蕾が密集している舌の奥の有郭乳頭の乳頭溝の奥にはエブネル腺という漿液腺が存在し，脂肪を分解するリパーゼなどの消化液を分泌している．また，味覚は唾液の分泌を誘発する．このことからもわかるように，味覚は消化と密接に関与している．

　近年，味覚受容体が消化器官に発現していることが明らかになった．甘味受容体T1r2, T1r3と甘味や苦味の情報伝達に関与するGタンパク質のガストデューシンが，炭水化物の代謝にかかわる小腸のK細胞やL細胞に局在していることが発見されたのがきっかけである（Jang et al., 2007）．また，通常のマウスでは，高炭水化物食にするとブドウ糖を取り込む役割をもつトランスポーターであるナトリウム-グルコース共役輸送体の発現量が増え，体内へのブドウ糖取り込み量が増えるのに対して，T1r3やガストデューシンをもたないマウスは高炭水化物食にしてもこれらの変化は起こらないことも観察された．また，糖代謝に重要な役割を果たす膵臓のβ細胞にも甘味受容体T1r2, T1r3が発現することが明らかになった（Nakagawa et al., 2009）．一方，消化管ホルモンのグルカゴン様ペプチド-1（GLP-1）が甘味刺激により味蕾から放出されて味神経に受容されることも明らかになっている（Takai et al., 2015）．これらの知見は，糖代謝と甘味受容のしくみが消化器にも口腔にも存在していることを示している．甘味以外では，うま味受容体の候補でもあるmGluR1が胃にも存在していることが知られ

ている．このことは，グルタミン酸の摂取によりスムースな消化が促される理由のひと
つだと考えられる．このように，味覚受容体は，味覚という口腔内のセンサーとしてだ
けでなく，消化器官においても体内に取り入れるべきものの判断にかかわる重要なセン
サー分子である．生活習慣病の予防には食事のコントロールが必須であるが，その際に
はどのような味の食事をとるかを考慮することが今後の重要なポイントであると考えら
れる．

2.2.7 味物質受容研究の今後の課題

本節では，今までに同定された味覚受容体を網羅的に紹介した．紹介した受容体のみ
では説明しがたい味の現象も多々残されており，本節に記した受容機構がすべてではな
いことをご了解いただきたい．また，本節を記述するにつれ，味とは何か，という根本
的な問題を直視しなければならない場面にしばしば遭遇した．特に基本味以外の味につ
いては，定義が定まっていないものや，受容機構がまったく不明なものもある中で記載
した．私たちが食べるという行為をする場合には，基本味もそれ以外の味も同時に起こ
るため，多くの人にとって，これらを切り離して理解するのは困難であろうと考えたた
めである．味覚受容の研究は，まさに日進月歩で毎年のように重要な発見が発表されて
いる分野である．興味をもって今後の研究成果にも着目していただければ幸いである．

[日下部裕子]

引 用 文 献

Adler, E., Hoon, M. A., Mueller, K. L., Chandrashekar, J., Ryba, N. J., & Zuker, C. S. (2000). A
 novel family of mammalian taste receptors. *Cell, 100*(6), 693-702.

Bufe, B., Breslin, P. A., Kuhn, C., Reed, D. R., Tharp, C. D., Slack, J. P., ... Meyerhof, W. (2005).
 The molecular basis of individual differences in phenylthiocarbamide and propylthiouracil
 bitterness perception. *Current Biology, 15*, 322-327.

Cartoni, C., Yasumatsu, K., Ohkuri, T., Shigemura, N., Yoshida, R., Godinot, N., ... Damak, S.
 (2010). Taste preference for fatty acids is mediated by GPR40 and GPR120. *The Journal
 of Neuroscience, 30*, 8376-8382.

Caterina, M. J., Schumacher, M. A., Tominaga, M., Rosen, T. A., Levine, J. D., & Julius, D. (1997).
 The capsaicin receptor：A heat-activated ion channel in the pain pathway. *Nature, 389*,
 816-824.

Chandrashekar, J., Kuhn, C., Oka, Y., Yarmolinsky, D. A., Hummler, E., Ryba, N. J., & Zuker, C. S.
 (2010). The cells and peripheral representation of sodium taste in mice. *Nature, 464*, 297-
 301.

Chandrashekar, J., Yarmolinsky, D., von Buchholtz, L., Oka, Y., Sly, W., Ryba, N. J., & Zuker, C. S.
 (2009). The taste of carbonation. *Science, 326*, 443-445.

Conn, P. J., Christopoulos, A., & Lindsley, C. W. (2009). Allosteric modulators of GPCRs：A
 novel approach for the treatment of CNS disorders. *Nature Reviews Drug Discovery, 8*,

41-54.

Fox, A. L. (1932). The relationship between chemical constitution and taste. *Proceedings of the National Academy of Sciences of the United States of America, 18*, 115-120.

Fuller, J. L. (1974). Single-locus control of saccharin preference in mice. *Journal of Heredity, 65*(1), 33-36.

Go, Y., Satta, Y., Takenaka, O., & Takahata, N. (2005). Lineage-specific loss of function of bitter taste receptor genes in humans and nonhuman primates. *Genetics, 170*, 313-326.

Hiji, T. (1975). Selective elimination of taste responses to sugars by proteolytic enzymes. *Nature, 256*, 427-429.

Huang, A. L., Chen, X., Hoon, M. A., Chandrashekar, J., Guo, W., Trankner, D., ... Zuker, C. S. (2006). The cells and logic for mammalian sour taste detection. *Nature, 442*, 934-938.

Ishimaru, Y., Inada, H., Kubota, M., Zhuang, H., Tominaga, M., & Matsunami, H. (2006). Transient receptor potential family members PKD1L3 and PKD2L1 form a candidate sour taste receptor. *Proceedings of the National Academy of Sciences of the United States of America, 103*, 12569-12574.

Jang, H. J., Kokrashvili, Z., Theodorakis, M. J., Carlson, O. D., Kim, B. J., Zhou, J., ... Egan, J. M. (2007). Gut-expressed gustducin and taste receptors regulate secretion of glucagon-like peptide-1. *Proceedings of the National Academy of Sciences of the United States of America, 104*, 15069-15074.

Jiang, P., Cui, M., Zhao, B., Liu, Z., Snyder, L. A., Benard, L. M., ... Max, M. (2005a). Lactisole interacts with the transmembrane domains of human T1R3 to inhibit sweet taste. *Journal of Biological Chemistry, 280*, 15238-15246.

Jiang, P., Cui, M., Zhao, B., Snyder, L. A., Benard, L. M., Osman, R., ... Margolskee, R. F. (2005b). Identification of the cyclamate interaction site within the transmembrane domain of the human sweet taste receptor subunit T1R3. *Journal of Biological Chemistry, 280*, 34296-34305.

Kawai, K., Sugimoto, K., Nakashima, K., Miura, H., & Ninomiya, Y. (2000). Leptin as a modulator of sweet taste sensitivities in mice. *Proceedings of the National Academy of Sciences of the United States of America, 97*, 11044-11049.

Masuda, K., Koizumi, A., Nakajima, K., Tanaka, T., Abe, K., Misaka, T., & Ishiguro, M. (2012). Characterization of the modes of binding between human sweet taste receptor and low-molecular-weight sweet compounds. *PLoS One, 7*, e35380.

Nakagawa, Y., Nagasawa, M., Yamada, S., Mogami, H., Nikolaev, V. O., Lohse, M. J., ... Kojima, I. (2009). Sweet taste receptor expressed in pancreatic beta-cells activates the calcium and cyclic AMP signaling systems and stimulates insulin secretion. *PLoS One, 4*, e5106.

Nelson, G., Chandrashekar, J., Hoon, M. A., Feng, L., Zhao, G., Ryba, N. J., & Zuker, C. S. (2002). An amino-acid taste receptor. *Nature, 416*, 199-202.

Nelson, G., Hoon, M. A., Chandrashekar, J., Zhang, Y., Ryba, N. J., & Zuker, C. S. (2001). Mammalian sweet taste receptors. *Cell, 106*, 381-390.

Ohsu, T., Amino, Y., Nagasaki, H., Yamanaka, T., Takeshita, S., Hatanaka, T., ... Eto, Y. (2010). Involvement of the calcium-sensing receptor in human taste perception. *Journal of Biological Chemistry, 285*, 1016-1022.

Sandell, M. A., & Breslin, P. A. (2006). Variability in a taste-receptor gene determines whether we taste toxins in food. *Current Biology, 16,* R792-794.

Sanematsu, K., Kusakabe, Y., Shigemura, N., Hirokawa, T., Nakamura, S., Imoto, T., & Ninomiya, Y. (2014). Molecular mechanisms for sweet-suppressing effect of gymnemic acids. *Journal of Biological Chemistry, 289,* 25711-25720.

Shigemura, N., Iwata, S., Yasumatsu, K., Ohkuri, T., Horio, N., Sanematsu, K., ... Ninomiya, Y. (2013). Angiotensin II modulates salty and sweet taste sensitivities. *Journal of Neuroscience, 33,* 6267-6277.

Takai, S., Yasumatsu, K., Inoue, M., Iwata, S., Yoshida, R., Shigemura, N., ... Ninomiya, Y. (2015). Glucagon-like peptide-1 is specifically involved in sweet taste transmission. *The FASEB Journal, 29,* 2268-2280.

Ueda, Y., Sakaguchi, M., Hirayama, K., Miyajima, R., & Kimizuka, A. (1990). Characteristic flavor constituents in water extract of garlic. *Agricultural and Biological Chemistry, 54,* 163-169.

Yoshida, R., Ohkuri, T., Jyotaki, M., Yasuo, T., Horio, N., Yasumatsu, K., ... Ninomiya, Y. (2010). Endocannabinoids selectively enhance sweet taste. *Proceedings of the National Academy of Sciences of the United States of America, 107,* 935-939.

Zhang, Y., Hoon, M. A., Chandrashekar, J., Mueller, K. L., Cook, B., Wu, D., ... Ryba, N. J. (2003). Coding of sweet, bitter, and umami tastes : Different receptor cells sharing similar signaling pathways. *Cell, 112,* 293-301.

参 考 文 献

Ishimaru, Y., Inada, H., Kubota, M., Zhuang, H., Tominaga, M., & Matsunami, H. (2007). Gut-expressed gustducin and taste receptors regulate secretion of glucagon-like peptide-1. *Proceedings of the National Academy of Sciences of the United States of America, 104,* 15069-15074.

Jordt, S. E., Bautista, D. M., Chuang, H. H., McKemy, D. D., Zygmunt, P. M., Hogestatt, E. D., ... Julius, D. (2004). Mustard oils and cannabinoids excite sensory nerve fibres through the TRP channel ANKTM1. *Nature, 427,* 260-265.

Takai, S., Yasumatsu, K., Inoue, M., Iwata, S., Yoshida, R., Shigemura, N., ... Ninomiya, Y. (2010). Endocannabinoids selectively enhance sweet taste. *Proceedings of the National Academy of Sciences of the United States of America, 107,* 935-939.

2.3 におい物質の受容

2.3.1 鼻腔空間へのにおいの取り込み

自然界には，約40～50万種類のにおい物質があると推定されている．もちろん実際に数えた人はいないが，分子量300程度以下の低分子化合物は200万種類くらいあると考えられており，そのうち4つか5つに1つはにおうという経験則から推定されたものである．におい物質は空間に1分子ずつ拡散して存在するわけではなく，玉のように分子が凝集して固まって，それも同じにおい物質の集合ではなく，さまざまなにおい物質

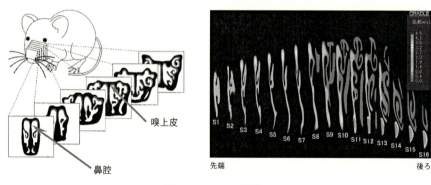

図2.3 マウスの鼻腔構造
(左) 鼻腔の冠状切片. におい分子は白く表した鼻腔空間に入ってきて, 黒く表した鼻甲介・鼻中隔の表面にある嗅上皮によって認識される. (右) 3次元再構築した鼻腔空間ににおい分子を流したときのにおい濃度変化のシミュレーション. [口絵1参照]

の複合体になって, 水蒸気やチリに吸着しながら飛んでいると推測されている.
　その「におい玉」は呼気にのって, 鼻腔空間に入ってくる. 哺乳類の鼻腔は, 鼻甲介や鼻中隔という骨によって非常に入り組んだ3次元構造をしており, それらの表面は, においを感知する嗅神経細胞が存在する嗅上皮で覆われている (図2.3). 鼻腔空間は, においを敏感に感知するために嗅上皮の表面積を広くするのと同時に, 呼気を効率よく嗅上皮にあててにおいを感じるために進化の過程でできあがった流体力学的空間構造であると考えられる. 実際, 水中の魚が陸へと進出したときに, 肺呼吸化に伴い鼻腔構造の複雑化の進行がみられる.
　ヒトは, 鼻先から入ってくるにおいと喉越しから鼻に抜けるにおいの2つの鼻腔へのルートでにおいを感じることができる. 前者を orthonasal olfaction (前鼻腔性嗅覚) といい, 後者を retronasal olfaction (後鼻腔性嗅覚) という. マウスやイヌなどは気道と食道が別ルートで独立しており, においを嗅ぎながら食べられるので retronasal olfaction はほとんどない. しかし, ヒトでは, 気道と食道が喉で交差しており, 食べ物を呑み込むときに鼻腔への弁を閉めるので, そのあとに retronasal からのルートでにおいが鼻腔に入る. あまり意識はされていないが, 食べ物を食べて, 「おいしい」とか「風味が良い」と表現するときに, かなりの部分が喉越しからの retronasal のにおいに由来する.

2.3.2　嗅上皮と嗅神経細胞

　嗅上皮は, においを感知する神経である嗅神経細胞, 嗅神経細胞を保持する支持細胞, 嗅神経細胞や支持細胞に分化する基底細胞, 嗅上皮を覆う嗅粘液をつくりだすボーマン腺などから成り立っている (図2.4). 嗅神経細胞は, 樹状突起を嗅上皮表面に伸ばし

2.3 におい物質の受容

ており,その先端には嗅繊毛が生えている.嗅上皮の面積は,ヒトで数平方センチメートルであるのに対し,イヌはその40〜50倍もある.イヌの鼻の感度が良いのは,ひとつひとつの神経細胞の感受性が高いからではない.嗅上皮の表面積が広くて嗅神経細胞の数が多いのと,嗅繊毛も太く,さらには効率よくにおいを鼻腔空間内に取り込む呼吸をしているからである.

鼻腔に入ってきたにおい分子は,嗅上皮の表面を覆っている嗅粘液に吸着する.嗅粘液は,ボーマン腺などの鼻腺から出てくる分泌液であり,その中にはさまざまなタンパク質が含まれている.粘液は,嗅上皮の粘膜層をつくり,細胞が乾いたりダメージを受

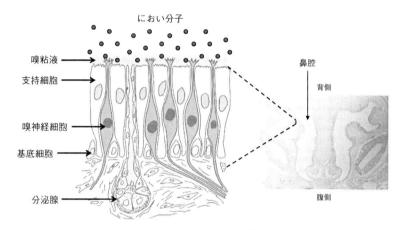

図2.4 マウスの嗅上皮の構造

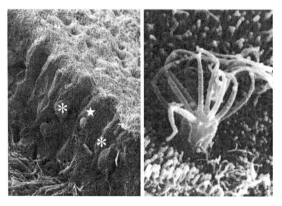

図2.5 嗅上皮と嗅神経細胞の嗅繊毛の電子顕微鏡写真(Richard Costanzo博士提供)
(左)嗅上皮の切片.☆は支持細胞,＊は嗅神経細胞を示す.(右)嗅神経細胞の繊毛の拡大写真.

けるのを保護するとともに，外界から入ってくるさまざまな化学物質を分解して除去する防御機構ももっている．粘液層にはにおい分子を酸化や還元させる酵素があり，におい分子がすばやく酵素変換されて，別のにおいになったりする．嗅粘液の役割については，今なお未知の部分が多いが，将来的には，嗅覚障害などの臨床面でも，フレーバーの開発といった実用面でも，応用されうると思われる．ちなみに，イヌやネコや曲鼻猿類にみられるように鼻先が湿っていると鼻腔内の湿度も保たれるので，粘液も乾かずににおい分子を嗅粘膜でトラップしやすい．

嗅神経細胞から伸びている嗅繊毛は，嗅粘液内でゆらゆらと泳いで揺れている（図2.5）．嗅繊毛の細胞膜には，においを感知する嗅覚受容体が存在する．鼻腔内に入ってきたにおい物質は嗅粘膜に吸着し，その後，嗅繊毛にある嗅覚受容体に結合する．一般的には，「嗅粘液ににおい分子が溶け込み嗅覚受容体サイトまで運ばれる」と考えられているが，においの濃度と信号伝達時間を考慮すると，筆者の考えでは，ゆらゆらと揺れている嗅繊毛が粘液の表面に吸着したにおい分子と直接相互作用をもつのではと思っている．におい物質が嗅覚受容体に結合すると，その信号は電気信号に変換されて，嗅神経細胞の軸索を介して脳へと伝達される．

2.3.3　嗅覚受容体遺伝子

におい物質の構造はさまざまで，アルデヒド，エステル，アルコール，カルボン酸，そして窒素や硫黄などを含むものなどがある．どれひとつとしてまったく同じにおいを呈するものはないが，これらのにおいを分類しようとする試みは古くからなされてきた．たとえばAmooreは，1950～60年代に，視覚における赤・緑・青の3原色と同様に，すべてのにおいはその分子構造の特徴から，エーテル様，樟脳様，麝香様，花香様，ハッカ様，刺激臭様，腐敗臭様の7種の原臭に分類され，それぞれがはまる穴をもつ受容体が存在すると予想した．また，Amooreは，特定のにおいを感じることができない，あるいは嗅げても弱くしか感じられない「嗅盲(odor blindness, あるいは特異的無嗅覚症；specific anosmia)」が起きるにおいとして42種類報告している．すなわち，においの受容体は少なくとも数十から百のオーダーではないかと予想されていた．

1991年，BuckとAxelによって，ラットから嗅覚受容体をコードする遺伝子が発見され，受容体の実体が明らかになった．そして，嗅覚受容体遺伝子の数は，Amooreの予測した数をはるかに上回る，数百から千個にも及ぶことが推定された．その後，2000年代になると，ゲノムプロジェクトの進展によって，多くの生物から嗅覚受容体遺伝子がみつかり，どの生物でも多重遺伝子ファミリーを形成していることがわかった．マウスは1130個，ラットは1207個，イヌは811個，ヒトは396個の嗅覚受容体遺伝子をもっている（図2.6）．哺乳類で嗅覚受容体遺伝子が一番多い動物はゾウで，1948個もあることがわかっている．

2.3 におい物質の受容

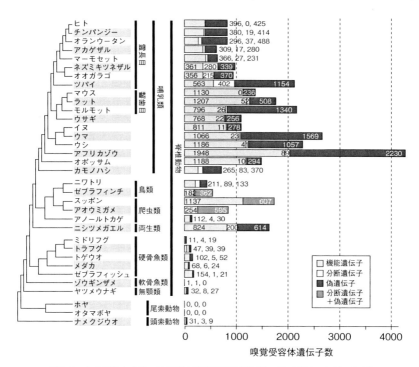

図 2.6 さまざまな生物の系統樹と嗅覚受容体遺伝子の数（新村・東原，私信）

これらの機能する嗅覚受容体に加えて，それぞれの生物には，機能しなくなった嗅覚受容体の偽遺伝子がかなり存在する．たとえば，ヒトは 425 個の偽遺伝子をもつので，機能遺伝子 396 個と合わせると 821 個となる．偽遺伝子が多いということは，嗅覚受容体遺伝子ファミリーの分子進化速度が早いということである．さらに，哺乳類でも海に戻ったクジラやイルカでは，ほとんどの嗅覚受容体遺伝子がなくなっている．陸棲なのか水棲なのか，五感のうちどの感覚を優位に使って生活しているか，そしてコミュニケーションにどの感覚を使うか，このような習性の違いが嗅覚受容体遺伝子の進化に選択圧をかけている．

2.3.4 受容体タンパク質の構造とにおい結合

嗅覚受容体タンパク質は，300～350 個のアミノ酸からなり，G タンパク質共役型受容体（GPCR）ファミリーに属する．すなわち，N 末端が細胞外に位置し，7 回へびのように膜を貫通し，C 末端は細胞質内側にある構造をもつ（図 2.7）．N 末端領域には，保存された糖鎖修飾部位があり，糖鎖修飾は受容体の細胞膜局在に重要である．さらに，第 2 と第 3 細胞外ループを架橋するジスルフィド結合，そして，DRY や NPxxY といっ

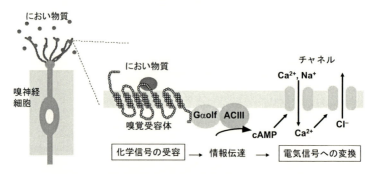

図2.7 嗅神経細胞におけるシグナルトランスダクション機構

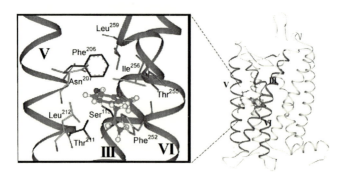

図2.8 嗅覚受容体の立体構造モデル（右）とにおい分子結合モデル（左）
(Katada et al., 2005)
マウス嗅覚受容体 mOR-EG の第3,5,6膜貫通部位（リボン構造）でつくられる空間にリガンドであるオイゲノールが結合している様子．[口絵2参照]

たGPCRファミリー共通のアミノ酸配列をもっている．それに加えて，第2膜貫通部位のPMYFFL，第3膜貫通部位のMAYDRYVAIC，第6膜貫通部位のKAFSTC，そして，第7膜貫通部位のPMLNPなどといった嗅覚受容体特有のアミノ酸配列がみられる．これらの配列は，嗅覚受容体ファミリーに属するかという判断基準となっている．哺乳類や魚類など脊椎動物の嗅覚受容体ファミリーはこれらの配列モチーフをもちGタンパク質と共役することが知られている．

嗅覚受容体の3次元立体構造はまだ解明されていないが，すでに構造がわかっているGPCRをもとに，コンピューターモデル構造が構築され，においへの結合シミュレーションの研究などもなされている．また，部位特異的変異体の実験を通して，においの結合部位も推定されている．具体的には，第3,5,6膜貫通部位が形成する空間ににおいが結合する（図2.8）．すなわち，におい分子は受容体の膜外側に結合するのではなく，脂質二重層の中心のほうまで入り込んで，受容体を活性化すると考えられている．にお

いと受容体の結合は，嗅神経細胞においても，受容体を発現させた培養細胞でも，μM から数百 μM オーダーの 50% 効果濃度（half maximal effective concentration；EC_{50}）値を示す．この値は，ppt レベルの閾値でにおいを感知できるわれわれの嗅覚の感度を説明できないものである．嗅粘膜にその答えはあるのではと思われているが，受容体レベルと個体レベルでのにおい感度のギャップをどう説明するか，今後の課題である．

2.3.5 嗅覚シグナルトランスダクション

嗅覚受容体ににおい分子が結合すると，受容体に結合しているGタンパク質（Gαolf）が活性化される（図 2.7）．活性化された Gαolf は，タイプ III のアデニル酸シクラーゼ（ACIII）を活性化する．その結果，嗅神経細胞内で cAMP という細胞内情報伝達物質の量が増加する．cAMP 量が増加すると，その変化を敏感に感じ取るチャネル（環状ヌクレオチド作動性チャネル）が開き，細胞外からナトリウムイオンやカルシウムイオンといった陽イオンが細胞内に流入する．さらに，流入したカルシウムイオンによって塩化物イオンチャネルが開き，塩化物イオンが細胞外に流出する．その結果，細胞の外と内との間に電位差が生まれ，嗅神経細胞は，電気的に興奮する．この興奮が神経を伝わって，においの電気信号として脳へ運ばれる．すなわち，においの化学信号が脳へ伝わるためには，嗅神経細胞の繊毛に局在するにおいセンサーである嗅覚受容体がにおい分子を認識するステップと，その信号を電気信号に変換するしくみの 2 つが重要なのである．

以上のシグナルトランスダクションは哺乳類など脊椎動物の嗅覚受容体に適用されるメカニズムである．一方，昆虫や甲殻類などの無脊椎動物の嗅覚受容体は，脊椎動物とは異なり，N 末端が細胞質側で C 末端が細胞外にある逆のトポロジー構造をもち，GPCR ではなく，リガンド作動性のチャネルを構成している．

2.3.6 においと嗅覚受容体の組合せ

におい分子は，ほんのわずかに構造が違うだけでもまったく異なったにおいになるし，まったく異なる構造でも似たにおいの場合もある．たとえば，同じ官能基をもっていてほとんど同じ構造をしている分子でもまったく違うにおいであったり，同じ分子式でも二重結合の位置がずれているだけで違うにおいになったり，同じ分子式で同じ分子構造でも鏡像体の関係にあるとにおいが違ったりする．では，数十万種類もあるにおいを区別したり識別したりできるのはなぜだろう．嗅覚受容体ひとつひとつは，ある特定のにおい分子だけでなく，構造的に類似した複数のにおい分子を認識できる．低濃度で認識できるにおいから高濃度にならないと認識できないにおいまで，それぞれの嗅覚受容体のにおい認識スペクトルは，分子構造的にも閾値的にも幅広い．一方，ひとつひとつのにおい分子も，複数の嗅覚受容体によって認識される．におい分子の構造の一部を「鍵」，

受容体を「鍵穴」にたとえると，どの鍵がどの鍵穴にはまるかというのが多対多の関係で存在するということである．すなわち，におい分子が数百種類の嗅覚受容体のどれと結合するかというその組合せは，におい分子によって異なることになる（図2.9）．その組合せ，あるいはその特有のコードが，におい分子ごとに特有のにおいの質を決定し，生物は，そのパターンで各々のにおい分子を識別している．つまり，ゾウのように嗅覚受容体の数が多い生物は，より微妙なにおいの識別が可能となる．

しかし，もしすべての嗅神経細胞に数百種類の嗅覚受容体が発現していたら，せっか

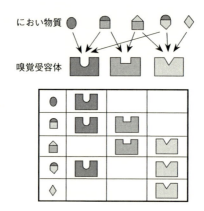

図2.9 におい物質と嗅覚受容体の多対多の関係

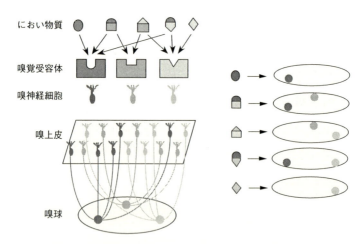

図2.10 嗅神経細胞がつくりだす神経回路によるにおいの識別
(左) 嗅上皮に発現する嗅神経細胞ひとつひとつには1種類の受容体が発現しており，同じ受容体を発現する神経は，嗅球のある特定の部位に軸索を投射する．
(右) 嗅上皮における活性化された受容体の組合せがそのまま嗅球に伝わる．

くの組合せの信号も混ざってしまう．そこで，生物は賢い神経回路をもっている．まず，1つの嗅神経細胞には，数百種類の嗅覚受容体の中からたった1つだけが選択されて発現している．そして，同じ受容体を発現する嗅神経細胞の軸索はすべて収束して，嗅覚の一次中枢である嗅球のある特定の2つの糸球体に投射している（図2.10）．つまり，同じ受容体を発現する嗅神経細胞は同じにおい選択性をもち，それらはすべてある特定の部位に軸索を収束させるので，嗅上皮でにおい分子によって活性化された嗅覚受容体の組合せがそのままの形で嗅球へ伝えられる．多様性を正確に認識・識別するための生物の賢い戦略である．

2.3.7　嗅球におけるにおい地図

嗅上皮で活性化された嗅覚受容体の組合せパターンがそのまま嗅球に伝わる様子を可視化する方法として，光学イメージング法とカルシウムイメージング法がある．どちらも，麻酔をかけたマウスの頭部を開き，上方背側から画像を取り込み，においを嗅がせたときの嗅球の発火パターンを見るものである．このような方法で嗅球におけるにおい応答を観察すると，嗅上皮で活性化された嗅覚受容体の組合せがそのまま嗅球に伝わるので，においが異なれば違ったパターンが現れる．図2.11下でそれぞれ明るくなった部分が，各々違う嗅覚受容体からの応答信号として測定されたものである．

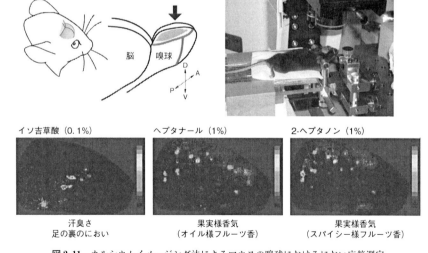

図 2.11　カルシウムイメージング法によるマウスの嗅球におけるにおい応答測定（上）麻酔下でマウスの嗅球の背側を露出させ，においを嗅がせて顕微鏡下で応答を測定する様子．（下）発火する糸球体の空間パターンはそれぞれのにおいで異なる．活性化パターンの類似度はにおいの質の類似度を反映する．［口絵3参照］

実際，イソ吉草酸とヘプタナールは構造も違うしにおいもまったく異なるので，異なった発火パターンがつくられる．一方，ヘプタナールと2-ヘプタノンは構造的に類似しているので，大部分が共通の嗅覚受容体群によって認識されると予想され，実際に，発火パターンもとてもよく似ている．ただ，よく見るとパターンが異なるので，においも若干異なる．また，同じにおいでも，濃度が異なると活性化する嗅覚受容体の組合せが変化していくが，やはり嗅球でも，濃度が高くなるにつれて，発火する糸球体の数が増えていくのが観測される（図2.12）．このように，種類・濃度を含めた意味での個々のにおいに対して固有の発火パターンができあがる．この嗅球での糸球体の3次元におい応答パターンは「においの地図」とも呼ばれている．

図2.13は，メントール（ミントのにおい）に対する嗅球における活性化パターンを示している．メントールは複数の受容体を活性化する．そして，鏡像体関係にあるl-メントールとd-メントールは，化学的性質は同じであるが，両者を認識する受容体もあ

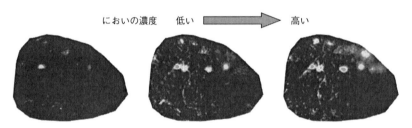

図2.12 におい物質（オイゲノール）の濃度と嗅球における活性化パターンの変化

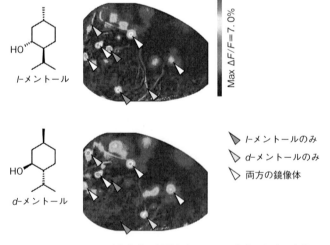

図2.13 メントールの両鏡像体で刺激したマウスの嗅球における応答パターンの違い（Takai & Touhara, 2015）

れば，片方の異性体のみを認識する受容体もあることがわかる．受容体の組合せは似ているものの微妙に異なるので，d体とl体で若干違うにおいを呈する．それに対して，ムスクのにおいとして知られているムスコンに応答する場所は，せいぜい数か所しかない．ということは，ムスコンは1つか2つの受容体によって認識されるということである．このように，嗅球でにおい応答を測定すると，そのにおいがいくつの嗅覚受容体によって認識されているかを知ることができる．

2.3.8 嗅盲と受容体遺伝子

あるにおいに対して，においを検出できる最低濃度（検知閾値）を測ると，普通は正規分布を示すが，においによっては二峰性の分布を示す．つまり，感度が低い人（嗅盲）が存在する．近年，嗅覚受容体が発見され，ゲノム解析が進み，個人のゲノム解析も可能となり，嗅盲の原因は，個体間の嗅覚受容体遺伝子の差異にあることがわかってきた．ヒト1000人のゲノムのデータベースを解析した研究によると，396個の嗅覚受容体遺伝子のうち，244個にアミノ酸変異をもたらす一塩基多型（single nucleotide polymorphism；SNP）が入っており，人によっては63個もの遺伝子が欠損するような多型がある．ヒトはそれぞれ異なる嗅覚受容体レパートリーを有するということである．

ところが，嗅覚受容体はたくさんあり，多対多の関係でにおいを認識しているので，1つの嗅覚受容体遺伝子に多型があっても，においに対する感じ方にはそれほど影響しない．しかし，1種類のみの嗅覚受容体によって認識されるにおいに関しては，もし遺伝子多型によってそのにおい分子が受容体の「鍵穴」にはまりにくくなり，感度が落ちたり機能を失うと，そのにおいに対して嗅盲になる．また，数種類の嗅覚受容体によって認識されるにおいであっても，そのにおいに一番感度が高い嗅覚受容体に変異が入って機能が失われてしまうと，そのにおいに対する感度は落ちる（嗅盲になる）と予想される（表2.8）．

実際，尿臭を呈するアンドロステノンに関しては，1つの受容体が報告されており，

表 2.8 　嗅覚受容体遺伝子多型と知覚への影響

リガンド	嗅覚受容体遺伝子	遺伝子多型	知覚に関する表現型
アンドロステノン アンドロスタジエノン	OR7D4	R88W, T133M	閾値の上昇
イソ吉草酸	OR11H7P	偽遺伝子→機能遺伝子	閾値の低下
cis-3-ヘキセン-1-オール	OR2J3	T113A, R226Q	閾値の上昇
β-イオノン	OR5A1	N183D	閾値の低下
グアイアコール	OR10G4	A9V, M134V, V195E, R235G, K295Q T62I, Y101C, M134V, G146S, P181S, V195E, R235G, K295Q	知覚強度の低下・快感度上昇

その受容体遺伝子の多型によってアンドロステノンに対する感度が異なり，感度が低い遺伝子タイプの人は，感度が高いタイプに比べてアンドロステノンを不快に感じない．また，スミレのにおいである β-イオノンにも嗅盲が存在することが知られているが，β-イオノンにもっとも感度の高い嗅覚受容体の活性は，一塩基変異によってほぼ失われ，感度に約 100 倍もの差が出る．それだけでなく，感度の高い人は，β-イオノンがリンゴジュースに添加されるとそのジュースを好まないが，感度の低い人は，逆に β-イオノンが添加されたジュースを好む．多型が嗅盲の原因となるだけでなく，食べ物や飲み物の嗜好（好き嫌い）にも影響を与えるということは興味深い．他にも，野菜や葉っぱのにおいである cis-3-ヘキセン-1-オールや，蒸れた靴下のにおいであるイソ吉草酸，薬品のにおいのするグアイアコールに関しても，嗅覚受容体遺伝子の多型による嗅盲が報告されている．ちなみに，なぜか嗅盲は女性より男性に多いことが知られている．

［東原和成］

引 用 文 献

Katada, K., Hirokawa, T., Oka, Y., Suwa, M., & Touhara, K. (2005). Structural basis for a broad but selective ligand spectrum of a mouse olfactory receptor : Mapping the odorant-binding site. *Journal of Neuroscience, 25*(7), 1806-1815.

Takai, Y., & Touhara, K. (2015). Enantioselective recognition of menthol by mouse odorant receptors. *Bioscience, Biotechnology, and Biochemistry, 79*(12), 1980-1986.

参 考 文 献

東原 和成（編）(2012). 化学受容の科学　化学同人

特集：化学感覚と脳 —— 見えてきた匂い・味・フェロモンの神経回路 —— (2014). 実験医学, 32, 2894-2934.

特集：嗅覚のシグナル・受容体・脳に関する最新知見 (2015). におい・かおり環境学会誌, 242, 259-287.

特集：嗅覚の脳神経科学の最前線 (2015). 医学のあゆみ, 253, 471-521.

特集：匂い・フェロモン・味の不思議 —— 分子レベルから行動まで —— (2014). 現代化学, 522, 23-51.

03　味・におい情報の神経伝達と脳機能

3.1　味覚の神経伝達・脳機能レベル

3.1.1　末梢味覚神経
a.　支配領域

　舌・口腔および咽頭に存在する味蕾を支配するいわゆる味覚神経には，顔面神経（facial nerve；第7脳神経）の感覚枝である鼓索神経（chorda tympani）と浅在性大錐体神経（superficial greater petrosal nerve），舌咽神経舌枝（glossopharyngeal nerve；第9脳神経），および迷走神経咽喉頭枝（上喉頭神経，superior laryngeal nerve；第10脳神経）がある．鼓索神経は舌前方2/3に存在する茸状乳頭と葉状乳頭の一部の味蕾を支配し，浅在性大錐体神経は上顎の味蕾を支配し，舌咽神経舌枝は舌後部1/3の葉状乳頭と有郭

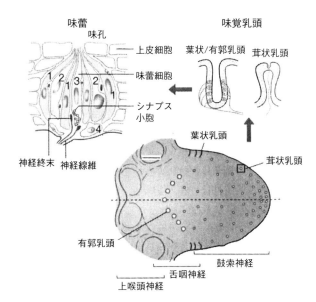

図3.1　味蕾を有する舌乳頭の分布と味覚神経支配領域（小川，2009，p.296を一部改変）

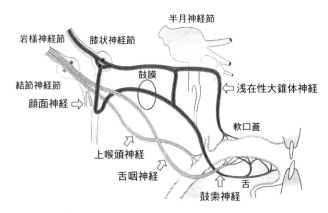

図 3.2 末梢味覚神経の走行（Kobayakawa & Ogawa, 2014, Fig.13.4 を一部改変）

乳頭の味蕾を支配する．上喉頭神経は咽喉などに散在する味蕾を支配する（図 3.1）．

鼓索神経は三叉神経舌枝とともに舌に侵入し，一方，浅在性大錐体神経は三叉神経口蓋枝とともに上顎を支配する．両神経とも複雑な経路をとって延髄の弧束核に終止する（図 3.2）．鼓索神経は鼓室腔に入り鼓膜や耳小骨付近を通り，翼口蓋神経節（sphenopalatine ganglion）を横切って鼓室腔に入ってきた浅在性大錐体神経と融合して中間神経（intermediate nerve, Wrisberg）を形成して顔面神経管内で膝状神経節（geniculate ganglion）を形成し顔面神経と融合する．両神経の細胞体はこの膝状神経節内にある．頭蓋腔内に入ると顔面神経から分かれ，弧束核の前部に終止する．耳介を支配する体性神経枝は顔面神経管内で顔面神経に融合する．舌咽神経は咽頭上皮直下を走行して葉状乳頭または有郭乳頭を支配する．舌咽神経は岩様神経節（petrosal ganglion）を形成し，上喉頭神経は結節状神経節（nodose ganglion）を形成し，それぞれ細胞体は神経節内にある．舌咽神経ならびに上喉頭神経は頭蓋腔に入り，弧束核に入り中間神経の後方に終止する．ヒトではすべての味覚神経はいったん弧束を形成したのち核内に終止し，舌咽神経と上喉頭神経が弧束を形成するサルとは異なる（Pritchard & Norgren, 2004）．

中間神経，舌咽神経ならびに上喉頭神経は大径および小径の体性神経線維を含有し，中間神経と舌咽神経はまた自律神経を含み，唾液腺を支配する．味覚神経の伝導速度は $A\delta$ または C 線維の速度に相当する（Iggo & Leek, 1967）．

b. 味覚神経線維の応答プロファイル：味覚神経情報

1 本の味覚線維は 1 個または 2〜3 個の基本味に応答し，動物種によって異なる．サルやマウスでは単一の味線維は一般に 1 個の基本味に応答する（図 3.3(a)〜(c)）が，ラットやネコでは複数の基本味に応答する．前者では単一の線維が特定の基本味の情報を伝達すると考えられ（標識回線説；labeled line theory），後者では多くの線維にまたがる

応答の空間的なパターンで味の情報が伝達されると考えられた（総神経線維パターン説；across pattern theory）．後者では任意の2つの味の類似度は相関係数で表されることがある．両者に共通するような味覚神経情報の表現方法として，ベスト刺激カテゴリー（best stimulus category）法がある（Frank, 1973）．すなわち，単一線維のさまざまな味刺激に対する応答性（応答プロファイル）を，4または5基本味の中で最大応答を生じる味刺激を用いて分類し，図3.3(d)のように表示する．味刺激を横軸に左から右へ甘味，塩味，酸味および苦味の順に並べ，縦軸に味刺激に対する応答量をプロットする．サルやラットなど多くの動物種の鼓索神経および舌咽神経においては各ベスト刺激カテゴリー単一の線維は単峰性の応答プロファイルを示す．

サルでは，単一の鼓索神経線維は甘味，塩味または酸味に対して最大応答を示すが，苦味やうま味に対して最大応答を示すことはまれである（図3.3(b)）．しかし，単一舌

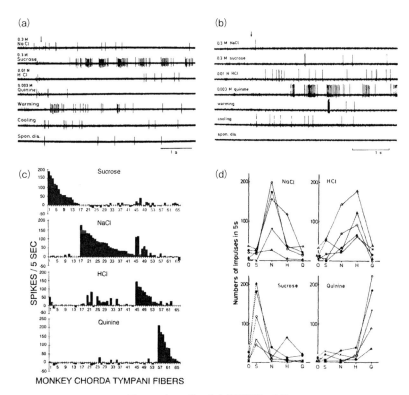

図3.3 サルの単一鼓索神経線維の応答
(a) ショ糖ベスト線維，(b) キニーネベスト線維，(c) 全50線維の応答プロファイル，(d) 各ベスト線維カテゴリーにおける代表的な5本の線維の応答プロファイル（S：ショ糖，N：食塩，H：塩酸，Q：キニーネ）((a), (b), (d)：Sato et al., 1975, Fig. 4, 5, 7；(c)：Sato et al., 1994, Fig. 1)．

咽神経線維は甘味，苦味またはうま味に最大応答を示す（Hellekant et al., 1997）．ラットでは，うま味混合物（たとえば，グルタミン酸ナトリウムと核酸関連物質の混合物）は鼓索神経（特に，甘味応答線維）においては相乗効果を生じるが（Sato et al., 1970），舌咽神経ではみられない．げっ歯類では浅在性大錐体神経束は鼓索神経束よりも甘味物質によく応答することが知られているが（Harada et al., 1997），単一の線維についての分析では確かめられていない．ラットやウサギでは，上喉頭神経の多くの線維は水に応答し，その応答はイオンを添加することで抑制される（Shingai, 1980）．霊長類の鼓索神経もまた水応答を示す（Ogawa et al., 1972）．

3.1.2　中枢味覚経路：味覚中継核および関連構造

a.　弧束核

i)　解剖（構造）

弧束核（solitary tract nucleus）は延髄の背側部に位置する．前部は背側前庭核（dorsal vestibular nucleus）の腹側にあり，後部は対側の同名核と融合して，閂（obex；菱形窩の最後部）付近で連合（または交連）核（communicans nucleus）を形成する．サルでは，弧束核は組織学的に外側亜核（lateral subnucleus）と内側亜核（medial subnucleus）に分けられる（Prichard & Norgren, 2004）．外側亜核で形成される前方部が中枢味覚経路の第一次中継核である．

ii)　求心性結合

中間神経は顔面神経が延髄へ侵入する部分の後方で弧束核に入り，次いで舌咽神経が，最後に上喉頭神経が弧束核に入る（Pritchard & Norgren, 2004）．中間神経と舌咽神経は外側亜核に終止するが，上喉頭神経は2つの亜核に終わる．外側亜核はおそらくは味覚ニューロンを含んでいると考えられる．ヒトの弧束核は10個の亜核に分けられ，その中の間質亜核（interstitial subnucleus）がサルの外側亜核に相当する（Pritchard & Norgren, 2004）．味覚神経の体性感覚成分（耳介を支配する顔面神経を含む）は三叉神経脊髄路核に終止する．

iii)　遠心性投射

サルにおいては弧束核前部のニューロンは中心被蓋路を通って同側性に軸索を送り，直接視床味覚中継核である視床後内側腹側核小細胞部（parvicellular part of the ventral posteromedial nucleus）に終止する（Pritchard & Norgren, 2004；図3.4）．

外側亜核から橋結合腕周囲核（pontine parabrachial nucleus）への軸索投射はまったくみられないが，内臓神経から投射を受ける内側亜核からは投射がある（Pritchard & Norgren, 2004）．ラットでは弧束核吻側部から延髄網様体へ投射し，後者は消化反射や咀嚼に関与する（Nasse et al., 2008）．延髄網様体から視床への経路に関しては研究報告がない．

3.1 味覚の神経伝達・脳機能レベル

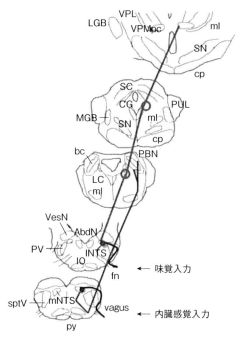

図3.4 延髄孤束核から視床後内側腹側核小細胞部に至るサルの脳内味覚経路
(Kobayakawa & Ogawa, 2014, Fig. 13.6 を一部改変)
脳内味覚経路は孤束核外側亜核からはじまり，中心被蓋路を通って同側の視床後内側腹側核小細胞部に至る．この経路は孤束核内側亜核を起点として結合腕周囲核に至る内臓感覚経路と対比している．AbdN：内転神経核，CG：中心灰白質，lNTS：孤束核外側亜核，IO：下オリーブ，LC：青斑核，LGB：外側膝状体，MGB：内側膝状体，mNTS：孤束核内側亜核，PBN：結合腕周囲核，PUL：視床枕核，PV：三叉神経主感覚核，PY：錐体路，SC：上丘，SN：黒質，sptV：三叉神経脊髄路核，VesN：前庭核，VPL：視床後腹側外側核，VPMpc：視床後内側腹側核小細胞部，bc：結合腕，cp：大脳脚，fn：顔面神経，ml：内側毛帯，vagus：迷走神経.

iv) 生理学的特性

マカク属サルでは味覚ニューロンが記録されているが (Rolls & Scott, 2003)，詳しい解析はラットからの記録に限定されている．ラットでは味覚ニューロンは触刺激または高閾値機械刺激に応答するニューロンに混じって見いだされる．味覚ニューロンは，鼓索神経と同じように，甘味，塩味あるいは酸味刺激に最大応答を生じ，苦味刺激にはほとんど応答しない (Ogawa et al., 1984)．舌前半部刺激に応答する味覚ニューロンは塩味刺激にもっともよく応答し，舌と口蓋の鼻切歯管の刺激に応答するニューロンは甘味に最大応答を生じる (Hayama et al., 1985 ; Pritchard & Norgren, 2004)．口腔の吻側部に受容野をもつ味覚ニューロンは核のより吻側部に位置する．塩味または酸味に応答す

る味覚ニューロンはしばしば前方舌に受容野をもち，甘味に応答するものは前方舌と鼻切歯管の両方に受容野をもつ（Hayama et al., 1985）．ラットの鼻切歯管には多くの味蕾が見いだされている．少数の味覚ニューロンは後部舌や軟口蓋に受容野をもっている（Hayama et al., 1985）．

ある味覚ニューロンはにおい刺激にも応答するが（Van Buskirk & Erickson, 1977），おそらく鼻腔を支配する三叉神経を介するものであろう．

b. 視床後内側腹側核小細胞部

i) 解剖

視床後内側腹側核小細胞部は視床後内側腹側核本体と内側毛帯（medial lemniscus）との間にあって，小径の細胞で満たされている．味覚部はその内側半分にあって（Pritchard & Norgren, 2004），霊長類では第二次中継核をなしている．

ii) 求心性結合

サルでは視床後内側腹側核小細胞部は弧束核外側亜核から同側性に求心性線維を受けるが，結合腕周囲核からも同側性に求心性入力を受ける（Pritchard & Norgren, 2004）．ラットでは本核は視床網様体と相互に結合する（Hayama et al., 1994）．他の動物では，同様の相互結合が他の特殊核との間に見いだされる．視床網様体の味覚部分は体性感覚部分の腹側で，視覚および聴覚部分の吻側にある（Hayama et al., 1994）．

ラットでは，大脳皮質味覚野と視床後内側腹側核小細胞部は，視床網様体を巻き込み，抑制性介在ニューロンを含んだ視床-皮質間反響回路を形成していると考えられる（Ogawa & Nomura, 1987）．

iii) 遠心性結合

視床後内側腹側核小細胞部の味覚を中継すると思われるニューロン群は，サルでは，2つの大脳皮質味覚野に投射する（Pritchard & Norgren, 2004）．前頭弁蓋部（frontal operculum）外側面と，シルヴィウス溝（Sylvian sulcus）内で前頭弁蓋部内側面吻側部である．

iv) 生理学的特性

ヒトとサルの視床後内側腹側核小細胞部から味覚ニューロンが記録されているが（Pritchard & Norgren, 2004），詳しい解析はラットでなされている．視床ニューロンは自発的活動をしており，味刺激に対する応答は小さい．受容野は弧束核ニューロンのそれに比し大きく，口腔全体あるいは舌前方を占める（Nomura & Ogawa, 1971）．

c. サルにおける大脳皮質味覚野

i) 第一次味覚野

1) 解剖と求心性結合

サルの第一次味覚野は誘発電位法とトレーサー法で前頭葉の2か所に見いだされた（Burton & Benjamin, 1971；Ogawa, 1994；Pritchard & Norgren, 2004）．ひとつは，前

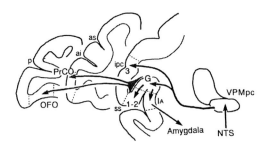

図3.5 視床後内側腹側核小細胞部から第一次ならびに高次味覚野への味覚経路(小川他, 2007, 図1)
1-2：1-2野, 3：3野, Amygdala：扁桃核, G：G野, IA：無顆粒性島皮質, NTS：弧束核, OFO：前頭眼窩野, PrCO：中心前弁蓋部, VPMpc：視床後内側腹側核小細胞部, ai：弓状溝下行枝, as：弓状溝上行枝, ipc：下中心前溝, p：主溝, ss：シルヴィウス溝.

頭弁蓋部外側面にある中心後回（postcentral gyrus）の3野（area 3）からの延長部（中心前3野）であり，もうひとつはシルヴィウス溝内で前頭弁蓋部内側面吻側部のG野（area G）である（Sanides, 1968）．G野は前頭弁蓋部内側面で1-2野と顆粒性島皮質（granular insula）の移行部にあり（図3.5），顆粒皮質であり，よく発達した外側および内側顆粒層（II層とIV層）とIV層のジェンナリ線条（Gennari stria）で特徴づけられる（Sanides, 1968；Ogawa, 1994）．チトクロームオキシダーゼ活性はG野と周囲の皮質を分別できる（Ogawa, 1994）．トレーサーを用いた研究で，視床後内側腹側核小細胞部がG野と中心前部の3野両方に投射することが明らかになった（Pritchard & Norgren, 2004）．視床後内側腹側核小細胞部ニューロンの軸索はおそらく2つに分かれて両皮質に投射すると思われる（Burton & Benjamin, 1971）．1-2野もおそらく第一次味覚野に含めてよいかもしれない（Ogawa, 1994），なぜなら視床後内側腹側核小細胞部に高濃度のトレーサーを注入すると1-2野にも投射線維終末部を見いだすことができるからである（Pritchard 私信）．

2）遠心性結合

中心前3野は中心前弁蓋部（precentral operculum），12野（area 12）および前頭眼窩野外側部に投射するが，G野は12野と前頭眼窩野弁蓋部に投射する（Bayliss et al., 1995；Ciprolloni & Pandya, 1999；図3.5）．ラットでは味覚野は脳梁を介して対側の皮質と相互に結合している（Hayama & Ogawa, 2001）．

3）生理学的特性

G野や3野には多くの機械受容性ニューロンが存在し，咀嚼運動に関連して活動するニューロンや口腔内に受容野をもつ触ニューロンなどがある（Ito & Ogawa, 1994）．これらの機械受容性ニューロンに混じって，味覚ニューロンが見いだされる（Ito &

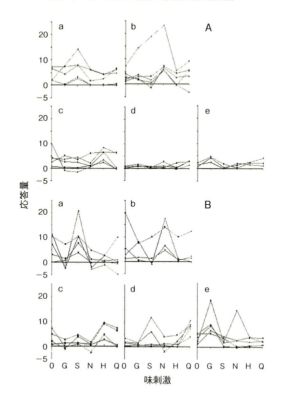

図 3.6　3 野および G 野の味覚ニューロンの応答プロファイル
(Kobayakawa & Ogawa, 2014, Fig. 13.8)
応答量を味刺激に対してプロットしてある．A：3 野，B：G 野．a：ショ糖ベスト，b：食塩ベスト，c：塩酸ベスト，d：キニーネベスト，e：グルタミン酸ベスト，0：自発放電，G：グルタミン酸，S：ショ糖，N：食塩，H：塩酸，Q：キニーネ．

Ogawa, 1994；Ogawa, 1994；Rolls & Scott, 2003)．G 野と 3 野は互いに異なった生理学的特性をもった味覚ニューロンを含んでいる．G 野は快的な味刺激（甘味，塩味）と不快な味刺激（酸味，苦味）に弁別的に応答するが，3 野にはこのような性質の応答はない（Hirata et al., 2005)．各ベスト刺激カテゴリーの味覚ニューロンは，ベスト刺激ともう 1 つの刺激にピークをもつ 2 峰性プロファイルを示し，2 つのピーク間の刺激に対しては小さい応答を生じる（図 3.6)．これらの所見から，ラット（Ogawa et al., 1998)と同様に，大脳皮質味覚野は味のコントラストに関与していると考えられる．G 野や 3 野ではうま味刺激に応答するニューロンも存在し，うま味を再現していると考えられる（Rolls & Scott, 2003)．

食塩水弁別 GO/NOGO タスクをサルに実行させた研究（Ifuku et al., 2003）ではタス

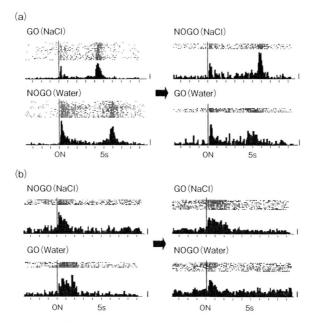

図 3.7 遅延型食塩・水弁別 GO/NOGO タスク中の手がかり刺激に対するサル大脳皮質ニューロンの応答 (Ifuku et al., 2003, Fig. 2C および Fig. 4C) サルは食塩水 (GO 手がかり) が与えられたらレバーを押すと一定の潜時で報酬を得ることができるが,水 (NOGO 手がかり) が与えられたらレバーを押さないでいると報酬がもらえる.矢印のところで手がかり刺激とレバー押しの関係を逆転してある.(a) タスク逆転にもかかわらず一貫した応答を示すニューロン.手がかりの化学的性質を再現している.(b) タスクに従って応答を変えるニューロンで,行動の文脈を再現している.

ク中にサルに無断で報酬を得る手がかり味刺激とレバー押しの関係を変更し,そのタスク逆転前後のサルの味覚野を調べている.G 野と 3 野の味覚ニューロンは,手がかり味刺激と報酬を得るためのレバー押しの関係を逆転するに伴い行動変化が起こっても,同一の味刺激に一定の応答パターンを示す (図 3.7(a)).このことは第一次味覚野ニューロンが真の味覚ニューロンであることを示している.

ii) 高次味覚皮質および他の皮質

1) 解剖

第一次味覚野から求心性入力を受ける中心前弁蓋部と 12 野,そしておそらくは前頭眼窩野も (Bayliss et al., 1995; Ciprolloni & Pandya, 1999),高次の味覚野である.これらは不全顆粒性皮質である.味覚ニューロンは辺縁皮質である前頭眼窩野内側面でも記録される (Pritchard & Norgren, 2004).12 野と不全顆粒性島皮質は扁桃核 (amygdala) に投射する (Ogawa, 1994; Rolls & Scott, 2003; Small, 2006).

2) 生理学的特性

12野のニューロンは味刺激や他の感覚種の刺激，たとえば体性感覚刺激，視覚刺激やにおい刺激に応答する（Ogawa, 1994；Rolls & Scott, 2003）．快的な刺激が有効である．12野のニューロンは感覚特異性飽満を示し，ある味刺激に飢えて（欲して）いるときはその応答が増強され，満腹しているときは抑制される．視床下部は12野への味覚入力を制御しているのかもしれない（Rolls & Scott, 2003）．

前述の食塩・水弁別GO/NOGOタスク中のサルでは，12野のニューロンすべてと中心前弁蓋部のニューロンの半数は同じ味覚手がかり刺激に応答するが，タスク応答を変更すると応答パターンが逆転する（Ifuku et al., 2003；図3.7(b)）．これらの領域は味を再現しているのではなく，行動の文脈を再現している，言い換えれば，味の手がかりに反応してサルが欲しているものを再現している．

扁桃核ニューロンは嫌悪刺激に応答する．扁桃核や側頭極のニューロンは食物と非食物に対して弁別的に反応する（Ono et al., 1993）．扁桃核はラットでは学習性味覚行動に関与する（Bermudez-Rattoni & Yamamoto, 1997）．サルの頭頂葉下部や側頭極を剝離すると口唇傾向，すなわちクリュウバー–ビューシー症候群（Kluver-Bucy syndrome）を生じる（Small, 2006）．

3.1.3 ヒトにおける味覚野

a. 第一次味覚野

i) 臨床データからの示唆

ヒトにおける第一次味覚野の脳内の部位についてはここ数十年，議論の対象になってきた．Börnsteinは第一次大戦中に頭頂葉に銃弾による損傷を負ったあと味覚脱失になった患者を調べ，味覚皮質野はブロードマンの43野つまりローランド弁蓋部にあると結論づけた（Börnstein, 1940）．また一方で，Penfieldは味覚野は輪状溝上部の島皮質の周辺に位置し，中心溝の下端から島皮質にかけた領域で味覚が表現されている，しかしながら触覚の第二次野との位置関係は不明である，と述べている（Penfield & Jasper, 1954）．

両報告とも皮質味覚野は中心溝の下端に位置していることを示唆する．しかしながらそれが脳の外側に近い場所なのか，あるいは島皮質近傍の奥まった場所にあるかについては意見が異なっている．前節で述べられている類人猿の研究においては2か所の第一次味覚野がマカク属サル（3.1.2項a）において認められている．

ii) 非侵襲的脳機能計測

近年の技術の進展によって脳活動を非侵襲的に計測できる機能的核磁気共鳴画像法（functional magnetic resonance imaging；fMRI），陽電子画像法（positron emission tomography；PET），脳磁場計測（magnetoencephalography；MEG）などの手法が開

発された．これらの計測手法のおかげで外科的な処置を行うことなく，健常者の脳活動の計測が可能になった．MEG を使った味覚実験の様子は口絵6を参照されたい．

fMRI は血液中の酸化ヘモグロビンと還元ヘモグロビンの透磁率の差を画像化することで，脳活動の計測を行う．脳活動時には活動部位に過剰な還元ヘモグロビンが供給される．この現象（ボールド効果）を画像化することによって，脳内のどこで活動が起こっているかを計測する手法である．また PET は血中に酸素の放射性同位元素である ^{15}O からなる水を注入し，この ^{15}O（半減期 122 秒）が放出する陽電子が体内の陰電子と対消滅することによって発生するガンマ線を計測することで，脳内の血液分布を知ることが可能となる．

いずれにしても，fMRI や PET は脳内の血流の分布を可視化することで，脳内活動の計測を行っている．一方脳波計測もしくは MEG は神経細胞群が同期して活動することに伴う脳表面の電位変化，また電気的変化に伴う磁場の変化を計測する．

前述の fMRI や PET は神経細胞群の電気的活動のあとに変化する脳血流の計測を行い，その血流変化は電気的活動と比較してゆっくりしているため，高い時間分解能は望めない．一方脳波計測や MEG は直接的な電気的活動の計測であるため，高い時間分解能で脳内計測を行うことが可能である．

しかしながら，脳波計測や MEG では頭部表面に現れた電位，もしくは磁場の計測を行い，その2次元の分布から3次元の活動部位を推定する．そのため活動部位が深部に位置する，もしくは近い脳内部位が同時刻に活動を行っている場合，その区別に困難さを伴う．特に脳波計測は活動部位の電位信号が脳髄液や頭蓋を通過する際に歪曲を受けるために信号精度の低下が起こる．しかし MEG の場合，頭蓋や脳髄液の透磁率にはほとんど差がないため，組織を通過することによる信号の歪曲はほぼなく，脳波計測と比較して高い位置推定が可能である．

その点，fMRI や PET においては高い精度で位置情報の計測が可能である．よってこれらの手法はどれも万能ではなく，むしろ相補的，もしくは脳計測の目的によって使い分けられるべき手法と考えられる．

iii) MEG による第一次味覚野の位置と活動潜時の同定

第一次味覚野は視床からの神経投射を受ける最初の大脳皮質であるため，MEG が第一次味覚野の同定のためにはもっとも有効な計測手段である．その計測結果，食塩水を提示した際には中心溝の下部（これはおそらくサルにおけるブロードマン3野に対応していると考えられる）と，ローランド弁蓋部と後部島皮質の移行部（頭頂弁蓋部と島の移行部，サルの G 野に相当，図 3.8）に活動が観測された．前者（中心溝の下部）はおそらくブロードマン 43 野を含んでおり，これは Börnstein のいう味覚野に対応し，後者は Penfield のいう第一次味覚野（後の G 野）に対応していると考えられる．

後者のいわゆる G 野は食塩水を提示した場合の潜時は 150 ミリ秒であり，人工甘味

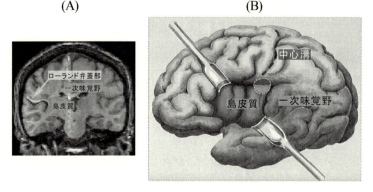

図3.8 ヒトの第一次味覚野の脳内部位
(A) は冠状断面に示したもの. (B) は模式図であり, 外側溝の奥に位置していることを示している.

料であるサッカリンを提示した場合の潜時は250ミリ秒であった. また食塩を提示した場合, 中心溝の底部における活動潜時は90ミリ秒であった. サルの第一次味覚野と比較してヒトの第一次味覚野は中心溝をまたいで後方へ移動している (口絵10). このような感覚野のサルとヒトの種の違いによる移動は, 視覚野においても観察される. つまりサルの第一次視覚野は外側に露出しているが, ヒトの場合は連合野が発達しているために, サルと比較して第一次視覚野は大脳縦裂の内部に入り込んでいる.

iv) 第一次味覚野の機能

第一次味覚野は味覚刺激の濃度に関する処理にかかわっている. 第一次味覚野の活動量は図3.9(a) に示されるように, 濃度のlogに対してよい線形性を示す. しかしながら味溶液の濃度によって第一次味覚野の潜時に変化はみられない. また, 実験参加者が示す味刺激に対する強度 (内省強度と呼ばれる) は必ずしも濃度と対応しなかった. 図3.9(b) に示すように, 30 mM, 100 mM, 300 mMと濃度が増すにつれ, 内省強度も (濃度の対数に比例して) 増大したが, 1000 mMでは強度が上がらなかった. 本実験では, 舌の先端のみを刺激する方法を用いたため, 刺激がそれ以上増加しても感覚が増加しなくなる刺激量, 所謂「刺激頂」に達したためと考えられる. 一方で第一次味覚野においてはそのような状況でも差がみられたことは興味深い. つまりわれわれの意識上の強度は, 濃度をより反映した第一次味覚野からの情報をもとにした, より高次野における何らかの処理の結果であることを示している. 実際に味覚の内省強度と相関のある脳内部位の計算を行ったところ (Kobayakawa et al., 2012), 図3.10のように約160ミリ秒の潜時において第一次味覚野, 約360ミリ秒において海馬と前部帯状回, また約800ミリ秒において中前頭溝と再び第一次味覚野の活動がかかわっていることがわかった. これ

3.1 味覚の神経伝達・脳機能レベル

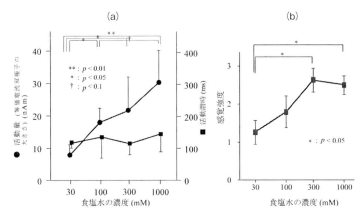

図3.9 食塩水の濃度（log scale）と脳活動，内省強度の関係
第一次味覚野の活動量は濃度の log によい線形性を示す（a）．また活動潜時は濃度によって変化しない（a）．一方，内省強度（感覚強度）は必ずしも濃度と対応しない（b）．

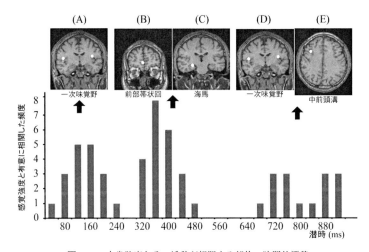

図3.10 内省強度とその活動が相関する部位の時間的遷移

は単純にみえる強度評定においても，いわゆる高次野がダイナミックにかかわっていることを示す．

また，第一次視覚野がチェッカーボードのパターンリバーサルに対して敏感であることと同様に第一次味覚野は刺激のオンとオフの繰り返しに対して敏感という特徴をもつ．味覚により引き起こされる脳活動をfMRIやPETを用いて計測する場合は，従来，刺激オンセットの頻度が低く，持続性の高い味覚刺激が用いられてきた．このために第一次味覚野の活動が強く観測されなかったと考えられる．しかしながら，頻繁に刺激の

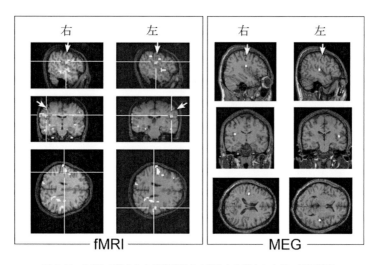

図3.11 fMRIで得られた活動部位とMEGから得られた第一次味覚野

オンとオフを繰り返した場合，第一次味覚野の活動がfMRIでも観測され，それらの脳内部位はMEGによる計測結果とよく一致していた（図3.11；Ogawa et al., 2005）．
v) 第一次味覚野の側性
舌から第一次味覚野までの神経投射の側性は同側説，対側説，両側説があり，長年議論の対象となってきた．通常の舌の先端には両側からの鼓索神経が交差している．片側の鼓索神経の投射を確実にみるために，片側の鼓索神経が切断されている患者を用いた実験を行ったところ，ほぼ同一の潜時で両側の第一次味覚野の活動が観測された（Onoda et al., 2005）．よってこれらの結果はヒトの場合，視床から上位は両側に投射していると考えられる．
b. 高次味覚関連野
多くのfMRIやPETを用いた実験において，島皮質の周辺，前頭弁蓋部，眼窩前頭皮質，扁桃体や帯状回において，味覚に関連した活動がみられたことが報告されている．特に眼窩前頭皮質は食物による報酬（Felsted et al., 2010），嗜好（Kringelbach et al., 2003），感性満腹感（O'Doherty et al., 2000），嗅覚との統合（Small & Prescott, 2005）にかかわるとされている．しかしながらfMRIにおいて，眼窩前頭皮質は特に注意が必要な部位である．副鼻腔にある空気によって透磁率の不均一性が生じ，結果として眼窩前頭皮質の一部の信号がエコープラナー法において得られず，図3.12の下段（A）〜（C）においては上段のT2強調画像の網かけの部分が欠落していることがわかる．このため，注意が必要である．また扁桃体は飢餓感，満腹感などの食物報酬や好悪に関連するといわれる．fMRIやPETを用いた実験ではこれらの部位が時間的にどのように活動して

3.1 味覚の神経伝達・脳機能レベル

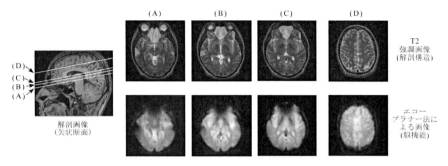

図 3.12 T2 強調画像とエコープラナー法による比較
上段の T2 強調画像では得られている画像（網かけの部分）が下段のエコープラナー法による画像では欠損していることがわかる．

いるかは不明である．しかしながら前述の強度の評価において複数の部位の時間的な遷移によってその機能が実現されていることからも，嗜好性や嗅覚との統合においてもそのダイナミズムが重要であることは明白で，今後はこのような脳部位の相互結合や活動の経時変化が解明の鍵になってくると考えられる． ［小早川　達・小川　尚］

引用文献

Bayliss, L. L., Rolls, E. T., & Bayliss, G. C. (1995). Afferent connections of caudolateral orbitofrontal cortex taste area of the primate. *Neuroscience, 64*, 801-812.

Bermudez-Rattoni, F., & Yamamoto, T. (1997). Neuroanatomy of CTA: Lesions studies. In J. Bures, F. Bermucez-Rattoni, & T. Yamamoto (Eds.), *Conditioned taste aversion. Memory of a special kind* (pp. 28-45). Oxford: Oxford University Press.

Börnstein, W. S. (1940). Cortical representation of taste in man and monkey II. The localization of the cortical taste area in man and a method of measuring impairment of taste in man. *The Yale Journal of Biology and Medicine, 13*, 133-156.

Burton, H., & Benjamin, R. M. (1971). Central projections of the gustatory system. In L. M. Beidler (Ed.), *Handbook of sensory physiology. Vol. IV. Chemical senses. Part 2. Taste* (pp. 148-164). Berlin: Springer-Verlag.

Ciprolloni, P. B., & Pandya, D. N. (1999). Cortical connections of the frontoparietal opercular areas in the rhesus monkey. *Journal of Comparative Neurology, 403*, 431-458.

Felsted, J. A., Ren, X., Chouinard-Decorte, F., & Small, D. M. (2010). Genetically determined differences in brain response to a primary food reward. *The Journal of Neuroscience, 30*, 2428-2432.

Frank, M. E. (1973). An analysis of hamster afferent taste nerve response functions. *The Journal of General Physiology, 61*, 588-618.

Harada, S., Yamamoto, T., Yamaguchi, K., & Kasahara, Y. (1997). Different characteristics of gustatory responses between the greater superficial petrosal and chorda tympani nerves in the rat. *Chemical Senses, 22*, 133-140.

Hayama, T., Hashimoto, K., & Ogawa, H. (1994). Anatomical location of a taste-related region in the thalamic reticular nucleus in rats. *Neuroscience Research, 18*, 291-299.

Hayama, T., Ito, S., & Ogawa, H. (1985). Responses of solitary tract nucleus neurons to taste and mechanical stimulations of the oral cavity in decerebrate rats. *Experimental Brain Research, 60*, 235-242.

Hayama, T., & Ogawa, H. (2001). Callosal connections of the cortical taste area in rats. *Brain Research, 918*, 171-175.

Hellekant, G., Danilova, V., & Ninomiya, Y. (1997). Primate sense of taste : Behavioral and single chorda tympani and Glossopharyngeal nerve fiber recordings in the rhesus monkey. *Journal of Neurophysiology, 77*, 978-993.

Hirata, S., Nakamura, T., Ifuku, H., & Ogawa, H. (2005). Gustatory coding in the precentral extension of area 3 in Japanese macaque monkeys ; Comparison with area G. *Experimental Brain Research, 165*, 435-446.

Ifuku, H., Hirata, S., Nakamura, T., & Ogawa, H. (2003). Neuronal activities in the monkey primary and higher-order gustatory cortices during a taste discrimination delayed GO/NOGO task and after reversal. *Neuroscience Research, 47*, 161-175.

Iggo, A., & Leek, B. F. (1967). The afferent innervation of the tongue of the sheep. In T. Hayashi (Ed.), *Olfaction and taste II* (pp. 493-507). Oxford : Pergamon Press.

Ito, S., & Ogawa, H. (1994). Neural activities in the fronto-opercular cortices of macaque monkeys during tasting and mastication. *The Japanese Journal of Physiology, 44*, 141-156.

Kobayakawa, T., & Ogawa, H. (2014). Functional anatomy of the gustatory system : From the taste papilla to the gustatory cortex. In A. Welge-Luessen, & T. Hummel (Eds.), *Management of smell and taste disorders. A practical guide for clinicians* (pp. 150-167). Stuttgard and New York : Gerog Thieme Verlag KG.

Kobayakawa, T., Ogawa, H., Kaneda, H., Ayabe-Kanamura, S., Endo, H., & Saito, S. (1999). Spatio-temporal analysis of cortical activity evoked by gustatory stimulation in humans. *Chemical Senses, 24*, 201-209.

Kobayakawa, T., Saito, S., & Gotow, N. (2012). Temporal characteristics of neural activity associated with perception of gustatory stimulus intensity in humans. *Chemical Perception, 5*, 80-86.

Kobayakawa, T., Saito, S., Gotow, N., & Ogawa H. (2008). Representation of salty taste stimulus concentrations in the primary gustatory area in humans. *Chemosensory Perception, 1*, 227-234.

Kringelbach, M. L., O'Doherty, J., Rolls, E. T., & Andrews, C. (2003). Activation of the human orbitofrontal cortex to a liquid food stimulus is correlated with its subjective pleasantness. *Cerebral Cortex, 13*, 1064-1071.

Nasse, J., Terman, D., Venugopal, S., Hermann, G., Rogers, R., & Travers, J. B. (2008). Local circuit input to the medullary reticular formation from the rostral nucleus of the solitary tract. *American Journal of Physiology. Regulatory, Integrative and Comparative Physiology, 295*, R1391-R1408.

Nomura, T., & Ogawa, H. (1971). The taste and mechanical response properties of neurons in the parvicellular part of the thalamic posteromedial ventral nucleus of the rat. *Neuroscience Research, 3*, 91-105.

O'Doherty, J., Rolls, E. T., Francis, S., Bowtell, R., McGlone, F., Kobal, G., ... Ahne, G. (2000). Sensory-specific satiety-related olfactory activation of the human orbitofrontal cortex. *Neuroreport, 11*, 893-897.

Ogawa, H. (1994). Gustatory cortex of primates : Anatomy and physiology. *Neuroscience Research, 20*, 1-13.

小川 尚 (2009). 味覚と嗅覚 小澤 瀞司・福田 康一郎 (総編集) 標準生理学 第7版 (pp. 294-302) 医学書院

Ogawa, H., Hasegawa, K., Otawa, S., & Ikeda, I. (1998). GABAergic inhibition and modifications of taste responses in the cortical taste area in rats. *Neuroscience Research, 32*, 85-95.

小川 尚・井福 裕俊・大串 幹・中村 民生・平田 真一 (2007). サルの味覚弁別行動と大脳皮質味覚野の活動 FFI ジャーナル, *212*, 762-774.

Ogawa, H., Imoto, T., & Hayama, T. (1984). Responsiveness of solitario-parabrachial relay neurons to taste and maechanical stimulation applied to the oral cavity in rats. *Experimental Brain Research, 54*, 349-358.

Ogawa, H., & Nomura, T. (1987). Response properties of thalamocortical relay neurons responsive to natural stimulation of the oral cavity in rats. *Annals of the New York Academy of Sciences, 510*, 532-534.

Ogawa, H., Wakita, M., Hasegawa, K., Kobayakawa, T., Sakai, N., Hirai, T., ... Saito, S. (2005). Functional MRI detection of activation in the primary gustatory cortices in humans. *Chemical Senses, 30*, 583-592.

Ogawa, H., Yamashita, S., Noma, A., & Sato, M. (1972). Taste responses in the macaque monkey chorda tympani. *Physiology & Behavior, 9*, 325-331.

Ono, T., Tamura, R., Nishino, H., & Nakamura, K. (1993). Neural mechanisms of recognition and memory in the limbic system. In T. Ono, L. R. Squire, M. E. Raiche, D. I. Perrett, & M. Fukuda (Eds.), *Brain mechanisms of perception and memory* (pp. 330-369). New York and Oxford : Oxford University Press.

Onoda, K., Kobayakawa, T., Ikeda, M., Saito, S., & Kida, A. (2005). Laterality of human primary gustatory cortex studied by MEG. *Chemical Senses, 30*, 657-666.

Penfield, W., & Jasper, H. (1954). III-VIII. Gastatory sensation. In W. Penfield, & H. Jasper (Eds.), *Epilepsy and the functional anatomy of the human brain* (pp. 147-149). Boston : Little, Brown and Company.

Pritchard, T. C., & Norgren, R. (2004). Gustatory system. In G. Paxinos, & J. K. Mai (Eds.), *The human nervous system* (2nd ed., pp. 1171-1196). Amsterdam : Elsevier.

Rolls, T. E., & Scott, T. R. (2003). Central taste anatomy and neurophysiology. In R. L. Doty (Ed.), *Handbook of olfaction and gustation* (2nd ed., pp. 679-704). New York and Basel : Marcel Dekker.

Sanides, F. (1968). The architecture of the cortical taste nerve areas in squirrel monkey (*Saimiri sciureus*) and their relationships to insular, sensorimotor and prefrontal regions. *Brain Research, 8*, 97-124.

Sato, M., Ogawa, H., & Yamashita, S. (1975). Response properties of macaque monkey chorda tympani fibers. *The Journal of General Physiology, 66*, 781-810.

Sato, M., Ogawa, H., & Yamashita, S. (1994). Gustatory responsiveness of chorda tympani fibers in the cynomolgus monkey. *Chemical Senses, 19*, 381-400.

Sato, M., Yamashita, S., & Ogawa, H. (1970). Potentiation of gustatory responses to MSG in rat chorda tympani fibers by addition of 5′-ribonucelotides. *The Japanese Journal of Physiology, 20*, 444-464.

Shingai, T. (1980). Water fibers in the superior laryngeal nerve of the rat. *The Japanese Journal of Physiology, 30*, 305-307.

Small, D. M. (2006). Central gustatory processing in humans. In T. Hummel, & A. Welge-Luessen (Eds.), *Taste and smell. An update* (Vol. 63, pp. 191-230). Basel：Karger.

Small, D. M., & Prescott, J. (2005). Odor/taste integration and the perception of flavor. *Experimental Brain Research, 166*, 345-357.

Van Buskirk, R. L., & Erickson, R. P. (1977). Odorant responses in taste neurons in the rat NTS. *Brain Research, 135*, 287-303.

参 考 文 献

小川 尚 (2000). 伝導路　本庄 巖 (編)　感覚器　21 世紀耳鼻咽喉科領域の臨床 10 (CLIENT 21) (pp. 396-408)　中山書店

小川 尚・井福 裕俊・大串 幹・中村 民生・平田 真一 (2007)．サルの味覚弁別行動と大脳皮質味覚野の活動　FFI ジャーナル，762-774.

小川 尚・小早川 達 (2009)．味覚の脳機構　におい・かおり環境学会誌，*37*, 298-407.

Prichard, T. C., & Norgren, R. (2004). Gustatory system. In G. Paxinos, & J. K. Mai (Eds.), *The human nervous system* (2nd ed.) (pp. 1171-1196). Amsterdam：Elsevier Academic Press.

3.2　嗅覚の神経伝達と脳機能

3.2.1　嗅覚の中枢情報伝達と脳機能

a.　嗅　球

　感覚情報は脳に伝達され，そこで外界の状況が脳内に再現される．すなわち，脳内での情報処理後に知覚となる視覚，聴覚および体性感覚は，外界に対し脳内でトポグラフィカルマップ (topographical map) がつくられる．しかもこのマップは末梢の感覚器官から中枢までほぼ維持されている．しかし，におい (嗅覚) の脳内での空間的マップは示されていない．では，においは脳内でどのように再現されているのだろうか．

　におい情報の受容は，嗅上皮に分布する嗅覚受容体によるにおい分子の受容ではじまり，次に，におい分子ごとに異なるステレオタイプな空間的マップが嗅球の糸球体上に形成される (糸球体マップ) が，詳細なにおい受容機序は 2.3 節を参照するのがよい．この糸球体マップに基づく嗅球の出力細胞である僧帽細胞や房飾細胞のニューロン活動が嗅皮質へと送られ，そこで統合され，においを特徴化するように符号化処理を受ける．

i) 嗅球の層構造と形態学的特徴

形態学的な特徴から嗅球は，6層に分けられる．表層から深層に向かって，(1) 嗅神経線維層，(2) 糸球体層，(3) 外叢状層，(4) 僧帽細胞層，(5) 内叢状層，(6) 顆粒細胞層である（図3.13）．

1) 嗅神経線維層（olfactory nerve layer；ONL）

多数の一次嗅神経線維（嗅上皮の嗅細胞の軸索）が矢状方向に後方に向かって平行に伸びている．この層でのシナプス結合はない．

2) 糸球体層（glomerular layer；GL）

嗅神経線維は糸球体と呼ばれるひとつひとつ隔離された球状の線維叢に終わる．糸球体では，嗅神経線維は僧帽細胞や房飾細胞から伸びている主樹状突起と興奮性シナプス結合する．また，糸球体の周囲を取り囲む小型傍糸球体細胞は，嗅神経線維からの興奮性シナプス入力を受ける．さらに，傍糸球体細胞の樹状突起と僧帽細胞の主樹状突起との間に相反性シナプス結合がある．また，傍糸球体細胞は糸球体間を連絡するようなシ

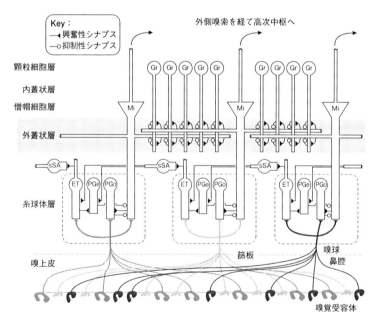

図3.13 嗅球における神経回路（Cleland, 2010を一部改変）
同じ嗅覚受容体を発現する嗅細胞の軸索は篩板を通過し，嗅球の糸球体層の同じ糸球体に収束する．3種類の嗅覚受容体が図中に示されている．PGo：嗅細胞から入力を受ける傍糸球体細胞，PGe：外房飾細胞から入力を受ける傍糸球体細胞，ET：外房飾細胞，sSA：表層短軸索細胞，Mi：僧帽細胞，Gr：顆粒細胞．ただし，糸球体層のすぐ外側の表層にある嗅神経線維層は図中に示されていないことに注意．

ナプス結合も行う.

3）外叢状層（external plexiform layer；EPL）

この層には，房飾細胞が存在する．糸球体層やその近傍の外叢状層浅層に小型の外房飾細胞（図 3.13 では糸球体層に含められている），深層に大きい内房飾細胞，その中間の層には中房飾細胞がある（図 3.13 では示されていない）．これらの房飾細胞の軸索投射部位には特徴があり，糸球体層や外叢状層浅層の細胞は嗅球に近い梨状皮質に，深層の細胞は遠い位置の梨状皮質に，中間の層の細胞は両者の中間の梨状皮質にそれぞれ投射する．さらに外叢状層の特徴は，僧帽細胞や房飾細胞の副樹状突起と顆粒細胞の樹状突起との間で相反性シナプスと呼ばれる樹状突起-樹状突起間シナプスを形成していることである．

4）僧帽細胞層（mitral cell layer；MCL）

嗅球の主細胞ともいわれる僧帽細胞が同心円状に並んだ薄い層である．僧帽細胞は糸球体層に向かう 1 本の主樹状突起と外叢状層の下 1/3 に向かう数本の副樹状突起をそれぞれ伸ばしている．

5）内叢状層（internal plexiform layer；IPL）

深部に向かう僧帽細胞や房飾細胞の軸索側枝が反回して顆粒細胞の樹状突起の一部とこの層でシナプス形成する．

6）顆粒細胞層（granule cell layer；GCL）

小型の顆粒細胞が密に存在する厚い層である．顆粒細胞は軸索をもたず，ある程度，層配列をしている．また嗅皮質などから遠心性入力も受ける．

ii）　相反性樹状-樹状突起間シナプスと神経回路

相反性シナプスは，外叢状層では僧帽細胞や房飾細胞の水平方向に伸びた副樹状突起と顆粒細胞の樹状突起間にみられる（図 3.13）．このシナプスは双方向性で僧帽細胞からは興奮性伝達物質のグルタミン酸が放出されて，顆粒細胞が興奮すると顆粒細胞からは抑制性伝達物質の GABA が放出され僧帽細胞を抑制する．このシナプスは近隣の僧帽細胞を抑制する側方抑制あるいは僧帽細胞の自己抑制を引き起こす．側方抑制はにおい分子応答の修飾に重要な役割を担っている．また，相反性シナプスは，糸球体層でも僧帽細胞の主樹状突起と傍糸球体細胞の樹状突起間でみられる（図 3.13）．興奮性介在ニューロン（表層短軸索細胞）は，糸球体間を連絡し側方抑制に関与する（Aungst et al., 2003；図 3.13）.

また，顆粒細胞を含め数種類の GABA 作動性介在ニューロンは，嗅皮質などの高次領域から遠心性入力を受ける．これは，嗅皮質が嗅球における情報処理の段階で入力信号を調整するフィードバック機構として機能していることを示し，特に梨状皮質から嗅球への密な投射は，嗅球出力信号への影響の重要性を暗示する．

iii) 嗅球におけるにおい情報処理

嗅細胞軸索の嗅球糸球体への投射パターンという観点から，におい分子の構造に対応するにおい地図の研究に大きな関心が寄せられている（2.3節参照）．では，同じ嗅覚受容体を発現する嗅細胞の軸索の収束を受ける糸球体に集められたにおい情報を，嗅球の神経細胞はどのように情報処理するのだろうか？

特定のにおい情報入力を受ける糸球体から深部の僧帽細胞層を含めた顆粒細胞層に至る，嗅球層構造に垂直な放射状のカラム状構造の存在（Willhite et al., 2006）や，カラム構造の僧帽細胞は同じようなにおい応答を示すという知見（Chen et al., 2009）が報告されている．カラム構造での顆粒細胞や糸球体の抑制性介在ニューロンと出力細胞間の相反性シナプスによる相互作用や，嗅皮質などからの遠心性の影響により，複雑なにおい情報処理が行われていると推測される．したがって，嗅球のカラム構造は，他の感覚野の"カラム"に類似する構造かもしれないが今後の研究に期待したい．

b. 嗅皮質と嗅覚の中枢経路

i) 嗅皮質

Shepherd（1974）は，嗅細胞-嗅球は視覚系での網膜に相当し，嗅球の出力細胞である僧帽細胞は網膜の出力細胞である神経節細胞ととらえることができると述べている．したがって，嗅覚中枢は広い面積の梨状皮質からはじまると考えられるが，近年，嗅球からの投射を受ける脳領域が梨状皮質だけではないことがわかっている．嗅皮質は嗅球（僧帽細胞や房飾細胞）から直接入力を受ける脳領域と定義されており，げっ歯類では前嗅核，嗅結節，扁桃体皮質核，梨状皮質，内嗅領皮質が含まれる．また，嗅皮質の全領域は，遠心性線維を嗅球に投射している．

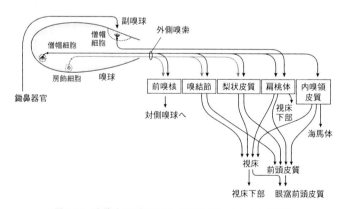

図 3.14 嗅覚系の中枢経路と嗅皮質（Kandel et al., 2013）
嗅球の僧帽細胞，房飾細胞の軸索は外側嗅索を経由して5つの嗅皮質領域（前嗅核，嗅結節，梨状皮質，扁桃体，内嗅領皮質）に投射する．これらの嗅皮質はさらに情報処理にかかわる領域と連絡がある．鋤鼻器官からの中枢経路も図中には示されている．

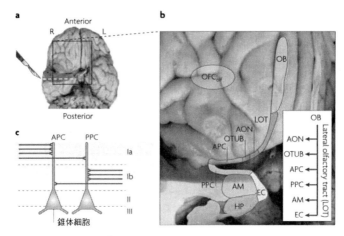

図 3.15 ヒト嗅覚の脳領域（Gottfreid, 2010, Figure 1 を一部改変）
(a) 腹側から見たヒト脳．辺縁系嗅覚領域を露出するために右前側頭葉は切除してある．(b) 図 (a) の□で示した領域の拡大表示．右側頭葉の軸（(a) のメスと白破線）に沿ってカットが入れてある．嗅球（OB）からの求心性入力は外側嗅索（LOT）を介し，図に示した前嗅核（AON），嗅結節（OTUB），前および後梨状皮質（APC と PPC），扁桃体（AM），内嗅領皮質（EC）の5つの嗅皮質領域へそれぞれ単シナプス性に投射する（図 (b) 中の差し込み図）．嗅皮質から先の投射先として眼窩前頭皮質（OFC_{olf}）や視床下部（HP）が示されている．(c) 梨状皮質ニューロン構成の模式図で，II，III 層には錐体細胞の細胞体が存在し，樹状突起を I 層に向けて伸ばしている．I 層は，嗅球からの求心性線維を含む Ia と嗅皮質からの連合線維を含む Ib に分けられる．Ia の大多数の線維は前梨状皮質に，Ib の多数の連合線維は後梨状皮質にそれぞれ終末する．

ii) 嗅覚の中枢経路

嗅球の僧帽細胞や房飾細胞の軸索は，嗅球に続く外側嗅索を経由して嗅皮質に投射する．その後の経路は多岐にわたり複雑である（図 3.14）．たとえば，嗅皮質で処理されたにおい情報は間接的に視床を介し眼窩前頭皮質へ，また前頭皮質に直接到達する．より高次の中枢への経路はにおい識別に重要であると考えられている．眼窩前頭皮質領域はにおい，視覚および味覚といった多感覚種入力を受けるとの報告もある．ヒト嗅覚の脳領域も図 3.15 に参考として示した．

c. 梨状皮質の層構造

大脳皮質があまり発達していないげっ歯類では，前および後梨状皮質（外側嗅索の後端付近で分けられる）はその一部を図 3.16 の黒点に示すように大脳の側方から見ることができる．前および後梨状皮質は，ともに3層構造を示す古皮質で6層構造を示さない．
梨状皮質は以下のような3層構造になっている（図 3.17）．
I 層（浅叢状層）：この層はさらに Ia と Ib に区分され，最表層の Ia には嗅球の僧帽細胞，房飾細胞の軸索が外側嗅索を経由して入り，Ib には II，III 層の細胞からの軸索側枝，

3.2 嗅覚の神経伝達と脳機能

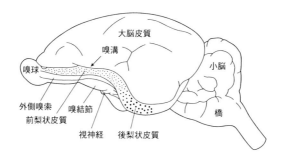

図 3.16 モルモット脳の側面図（小野田・須貝，2004，図 1）
黒点で示した領域が梨状皮質である．小さい黒点で示した領域は前梨状皮質，大きい黒点で示した領域は後梨状皮質である．

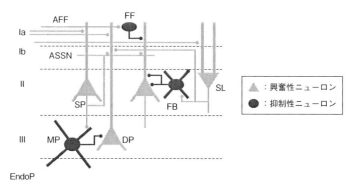

図 3.17 梨状皮質内の主要な局所神経回路（Wilson & Sullivan, 2011, Figure 1 を一部改変）
AFF：求心性線維，ASSN：連合線維，DP：深錐体細胞，EndoP：傍梨状核，FB：介在ニューロンによるフィードバック抑制，FF：介在ニューロンによるフィードフォワード抑制，MP：多極性介在ニューロン，SL：半月型錐体細胞，SP：浅錐体細胞．

つまり連合線維が走る．また，Ia には抑制性介在ニューロンも存在する．
II 層（浅錐体細胞層）：小型錐体細胞や半月型細胞が密に並ぶ層である．これらの細胞の樹状突起は，Ia 層で嗅球からの出力細胞の終末とシナプス結合する．
III 層（深錐体細胞層）：やや大型の錐体細胞が存在する厚い層で，多種の多極性介在ニューロンも分布している．III 層より深部に，傍梨状核がある．

d. 梨状皮質ニューロン活動の光学的計測

i) 内因性光学的計測

神経細胞が活動するとそれらを取り巻く毛細血管内の酸素消費増加が起こり，付近の酸素濃度が一過性に減少することを利用して脳の活動を記録する方法が開発された．酸素はヘモグロビンに結合し(oxy-Hb)脳内に運ばれるが，脳が活動すると酸素とグルコー

スが消費されるため酸素はヘモグロビンより解離し (deoxy-Hb), その消費を oxy-Hb で補う. したがって, oxy-Hb と deoxy-Hb の比率の変化を測定できれば間接的に神経細胞の活動を測定していることになる. もっともよく oxy-Hb と deoxy-Hb の変化率を検出できる長波長 (600～750 nm) の光を脳表面に照射し, 神経細胞の活動に伴う反射光のわずかな変化を 2 次元的に解析することで脳の活動を画像化できる. この内因性光信号 (intrinsic optical signal; IOS) 解析装置を用い, 種々のにおい刺激に対するモルモット嗅皮質 (梨状皮質) のニューロン活動を記録した (Sugai et al., 2005). この記録方法の利点は, 硬膜が無傷で脳脊髄液の濾出もなく, また従来の微小電極法によるニューロン活動記録の低い抽出率と人的労力が解消されることである.

ii) におい刺激に対する前梨状皮質の内因性光応答

図 3.19 の A1 はモルモット前梨状皮質表面の血管走行像を示す. A2 には無臭のミネ

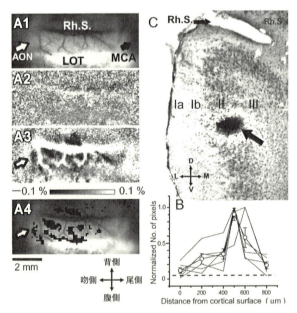

図 3.19 モルモット前梨状皮質より得られた内因性光応答 (小野田・須貝, 2004, 図 5 を一部改変) (A) 前梨状皮質表面の血管走行図 (A1), ミネラルオイルに対する差分画像 (A2), 1% アミルアセテートに対する差分画像 (A3), および 1% アミルアセテートに対し統計学的に有意な応答 ($p<0.05$) を A1 に重ねた図 (A4). A3 と A4 の間に内因性光信号強度の較正図を示した. AON: 前嗅核, MCA: 中大脳動脈, LOT: 外側嗅索, Rh.S.: 嗅溝. (B) 前梨状皮質の光信号応答の起源. 6 例より得られた光信号強度の変化 (細線) とそれらの平均強度変化 (太線で結んだ白丸と SE). 縦軸は最大値で正規化した光信号強度, 横軸は皮質表面からの距離である. 破線はミネラルオイルに対する光信号強度. (C) 内因性光信号強度が最大に達した部位を色素で着色したもの. Rh.S.: 嗅溝. 太い矢印で示す色素が II 層の中ほどで見られる. スケールは B 図の横軸にあわせた.

ラルオイルで刺激時の差分画像を，A3 には 1％ アミルアセテート（AA）で刺激時の差分画像をそれぞれ示した．ミネラルオイルに対して無反応であったが，AA に対しては内因性光応答（黒い箇所）が観察された．統計学的解析により有意な内因性光応答の領域（$p<0.05$）を血管像図上に黒く示した（A4）．このような内因性信号の起源を調べる目的で，カメラレンズの焦点面を脳表面から脳の深部に 200 μm ずつ垂直移動し，各焦点面における内因性光応答を記録した結果，信号活性平均のピークは脳表面から深さ約 500 μm にあり（図 3.19(B)），組織学的な検索結果（図 3.19(C)）からこの位置は錐体細胞が密な II 層であることがわかった．したがって，内因性信号の信号源は II 層の錐体細胞の活動であると考えられる．

iii) アミルアセテートの濃度変化に対する応答

AA 濃度を 0.01％ から 1.0％ まで上昇させたときに得られる内因性光応答を図 3.20 に示す．0.01％ と 0.03％AA では，前嗅核と前梨状皮質の前方部で小さな活性部がいくつかみられた（A, B）．0.1％AA では，活性部がパッチ状に，かつ狭い帯状に出現した（C）．0.3％AA ではさらに活性域が広くなり，外側嗅索後端の付近まで内因性応答が観察された（D）．1.0％AA ではさらに活性領域が広くなるが（E），高濃度の 2％AA では活性領域が減少した．

以上の結果から，低濃度 AA 刺激に対しては前梨状皮質の前方にその活性部位が限局して出現するが，AA 濃度の上昇に伴い活性部位の数が増加し，前梨状皮質の尾側に

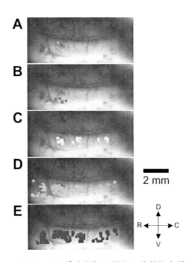

図 3.20 アミルアセテートの濃度増加に対する前梨状皮質の内因性光応答
（小野田・須貝，2004，図 6）
A：0.01％，B：0.03％，C：0.1％，D：0.3％，E：1.0％AA に対する統計学的に有意な応答（$p<0.05$）を前梨状皮質表面の血管走行図に重ねた図．

向かって活性部位が広がっていく．AA刺激に対し特異的に活性を示す領域は見いだせなかったが，AA濃度の上昇に伴い活性領域が前梨状皮質の前方部から後方部に向かって広がっていくことがわかった．

iv) 異なるにおい物質に対する応答

AA以外のにおい物質としてエーテル，ブタナール，ブタノールおよびキシレンの4種類を用い，濃度増加に伴う内因性光応答を観察した．どのにおい刺激を用いても，低濃度刺激では活性部位は前梨状皮質の前方部に限局して出現するが，濃度増加に伴い活性部位の数が増え活性領域も前方部から後方部へと広くなり，前梨状皮質の尾側まで広がることがわかった．しかし，やはり各においに対し特異的に活性を示す領域は見いだせなかった．また，各においに対する活性領域の面積を求め，におい濃度の増加に伴いどのように面積が変化するかを調べた結果からも，におい濃度に関する情報が前梨状皮質の前方部から後方部へ向かって広がる活性領域の大きさに符号化されていると推測された（Sugai et al., 2005）．つまり，におい濃度の上昇に伴って興奮する錐体細胞数が前梨状皮質の前方部から後方部へ向かって増加していくと考えられ，前梨状皮質錐体細胞では前方から後方にかけてにおい濃度閾値が上昇する濃度閾値勾配の存在が推察される．そこで前梨状皮質の前部および後部領域から単一ニューロン活動を記録した結果，5種類のにおい刺激に対し低濃度閾値をもつ錐体細胞は前梨状皮質の前部領域に，高い濃度閾値をもつ錐体細胞は後部領域に分布していることがわかった（Sugai et al., 2005）．すなわち，前部から後部領域に向かう錐体細胞の濃度閾値勾配の存在が明らかになった．以上の結果をまとめると，前梨状皮質にはにおいの違いによって区別できるようなにおいの空間的局在性はなく，実験に使用したどのにおいにも空間的に重なりあう応答部位が示されたが，この実験でにおい濃度による応答の違いがはじめて見いだされた．前梨状皮質におけるにおい濃度の符号化は，前部から後部にかけてこの部位に投射する嗅球からの求心性入力の空間的分布密度の差に基づいていると考えられる．また，介在ニューロンによる梨状皮質錐体細胞への抑制が梨状皮質前方から後方に向かって次第に強くなる，つまり抑制の勾配があるという見解（Luna & Pettit, 2010）も，今回の結果に関連するかもしれない．

Axelらは，マウス梨状皮質において1個のニューロンレベルの解像度でにおい応答の光学的計測を行い，特定のにおいに応答するニューロン群は梨状皮質上に明らかな空間的な秩序を示さず，ランダムなパッチ状分布をしていることを報告した（Stettler & Axel, 2009）．特定のにおい地図が梨状皮質に存在しないことは，筆者らを含め他の報告とも一致する（Illig & Haberly, 2003；Sugai et al., 2005；Rennaker et al., 2007；Poo & Isaacson, 2009）．

e. 行動とニューロン活動から推測される梨状皮質の機能

嗅球の出力は外側嗅索を介し嗅皮質に投射されるが，その主要な投射部位は梨状皮質

である．におい受容機構に関しては多くの事実が嗅上皮や嗅球で判明しているが，梨状皮質の限局した部位に同じような性質をもつニューロンが存在するという報告もなく，嗅球から梨状皮質への投射様式にはいわゆる「点と点」の対応は乏しく，他の感覚中枢でみられるような「カラム構造」も見つかっていない．このように梨状皮質を含め嗅皮質のにおい情報処理についてはまだよくわかっていないが，興味ある実験結果も発表されている．

　Haberly は，におい分子の再現性を有する嗅球を一次嗅皮質であるととらえ，梨状皮質は，解剖学的および生理学的な研究からこれまでのように一次嗅覚皮質と考えるのではなくむしろ「連合皮質（連合野）」ととらえることを主張している（Haberly, 1998, 2001；Johnson et al., 2000）．また，前述の Axel らの，梨状皮質ではにおい応答は分散したパッチ状のマップであるという研究結果も「連合皮質」の考えを支持する．以下に述べる Wilson らのにおいの認知機構と梨状皮質に関する興味ある報告（Barnes et al., 2008；Chapuis & Wilson, 2012）もこの説を支持する結果ととらえることができる．

　私たちは生活の中で自然界の多種多様なにおいを嗅いで，たとえば，それがコーヒーの香りであるとか，ミカンの香りだとか判別できるが，実際にはこれらの香りはいずれも多くのにおい分子からなり，それを1つの香り，すなわちコーヒーとかミカンの香りと認知している．また，物理化学的にほぼ同成分からなる物質を，「汎化（generalization）」あるいは，「判別（discrimination）」している．たとえば，豆の成分，あるいは焙煎の強弱によって成分がわずかに異なっていたとしてもコーヒーの香りとして「汎化」して認知することを生活の中で当たり前のように行っている．また逆に，ほぼにおい分子が同じであっても，食べられるハンバーガーと腐ったハンバーガーとの「判別」も生命維持の観点から必要に応じて行うことができる．このように嗅覚系は，似かよったにおいを「汎化」と「判別」の間でバランスをとっていると考えられる．

　Wilson らは前梨状皮質がこの働きに関与していることを示した（Chapuis & Wilson, 2012）．10種のにおい分子からなる混合臭（10C）とそこから1分子除いた混合臭（10C-1），あるいは1分子を他のにおい分子に置換した混合臭（10CR1）で判別テストを行うと，ラットは 10C と 10CR1 間は容易に識別したが，10C と 10C-1 間の識別には間違いが多かった．この行動の観察結果を，嗅球と梨状皮質のニューロン応答と結びつけ，各領域の多数のニューロン応答間の相関係数に注目した（図 3.21）．もし2種のにおい応答間の相関が強ければ，この2つの刺激を“一致する”ものとして処理，すなわち2つを識別できないことになる．逆に，相関が弱ければ，それぞれの刺激に対する応答は異なり，2つのにおいを“判別できる”ことになる．彼らの実験結果は，判別学習のトレーニング開始前は，ラットは 10C と 10C-1 を行動では判別できないにもかかわらず，この2種のにおいに対するニューロン応答間の相関係数は，嗅球では低く（つまり，嗅球レベルでは2つのにおいを判別している），一方，前梨状皮質のニューロン活動はラットの

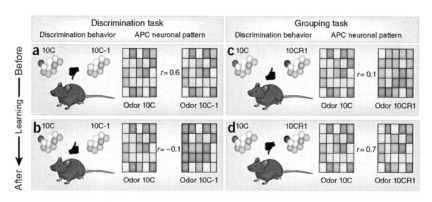

図3.21 におい学習前後における前梨状皮質のニューロン活動での相関(Weiss & Sobel, 2012, Figure 1)
(a, b) 判別テスト:におい学習前,ラットはにおい10Cとにおい10C-1を区別できない.前梨状皮質(APC)ニューロン群間の活動パターンは相関(0.6)(a).学習後,ラットは10Cと10C-1をうまく判別し,APCの相関は脱相関(−0.1)(b).(c, d) においをグループ化する学習前,ラットはにおい10Cとにおい10CR1を判別し,APCのニューロン群間の相関は脱相関(0.1)(c),学習後には,APCの相関は高い数値(0.7)を示した.[口絵5参照]

行動と一致して,2つのにおい(10Cと10C-1)応答に対し強い相関(a, $r=0.6$)を示した.しかし,8日間の判別学習のトレーニング後,ラットは10Cと10C-1を行動で容易に判別できるようになるが,嗅球のニューロン活動の相関はトレーニング前と比べ大きな変化がみられないのに対し,前梨状皮質で有意な脱相関(b, $r=-0.1$)が認められた.2週間経過後も,ラットの行動と前梨状皮質の変化は継続し安定していた.次に,トレーニング開始前は容易に判別できる10Cと10CR1を同じグループのにおいとしてとらえるトレーニングを行うと,嗅球のニューロン活動はトレーニング開始前も開始後も相関は低かった.対照的に前梨状皮質のニューロン活動の相関は,2つのにおい分子(10Cと10CR1)に対しトレーニング開始前は低い(脱相関,c, $r=0.1$)が,トレーニングの経過とともに相関が強くなった(d, $r=0.7$).このようにトレーニング開始前は行動上の判別ができ,前梨状皮質では弱い相関だった2つのにおい分子(10Cと10CR1)が,トレーニング後,行動上で汎化されると前梨状皮質では強い相関を伴っていた.

彼らの研究成果を要約すると,嗅球でのにおいの再現性は,経験や学習に対して大きく変化することはないが,梨状皮質におけるにおいの再現性は,必要に応じて高度に適応性のある学習依存型のニューロン活動パターンに反映されるということである.ただ,嗅球のニューロン活動パターンが学習によって変化するという報告もあり,実験方法の違いの検討が今後の課題である.梨状皮質のこの類の機能は,従来の典型的な一次感覚野における再現性の特徴とは一致しない一面といえるかもしれない.

このように,嗅皮質が二次感覚皮質であると提唱する実験結果が報告され,一次感覚

皮質であるという考え方は最近揺らいでいる．この解釈は嗅覚皮質のみならず，聴覚野，視覚野においても広まりつつある．

f. 嗅覚と味覚情報の収束：傍梨状核と梨状皮質

i) スライス標本による実験

筆者は，ラット脳前額断スライス標本を用い電場電位および膜電位感受性色素による光学的計測記録から，梨状皮質と味覚皮質間に機能的な相互線維連絡があることを報告した（Fu et al., 2004；Sugai et al., 2012）．神経興奮は，梨状皮質深層に位置する傍梨状核（endopiriform nucleus；EPN）を介して梨状皮質と味覚皮質間を相互に伝播することから，EPN が両皮質間の相互連絡に重要な中継核であることを示した．また，嗅球の電気刺激や，リンゴ（餌）による味とにおいの両自然刺激が，EPN および両皮質領域のニューロン活動を誘発するかを c-Fos 陽性細胞の発現を指標に調べた．いずれの刺激においても梨状皮質，EPN，前障，味覚皮質領域（agranular insular cortex；AI）で多数の c-Fos 陽性細胞の発現を認めた．これらの結果は，EPN が，におい情報処理の中継核として重要な役割を果たすだけでなく，味覚皮質からの味情報が収束する領域のひとつとしても重要な役割をもつことが示唆される．

ii) におい刺激と味刺激

上の結果をニューロン応答でさらに確認する目的で，麻酔下ラット脳内から単一ニューロン記録を行った（Sugai et al., 2013）．記録部位は前障，EPN，および AI である．これらの 3 領域では，嗅球の電気刺激に対し潜時約 50 ミリ秒の電場電位応答が記録されることから嗅球との連絡がある．3 領域の 93 個のニューロンからにおい刺激や味刺激に対する応答を記録した．26 個（28%）のニューロンは，におい刺激と味刺激の両方に有意な応答を示した．また，24 個（26%）は，におい刺激には有意に応答したが，味刺激には応答は示さなかった．また，4 個（4%）は味刺激には応答を示したがにおい刺激には応答を示さなかった．残り 39 個（42%）は両刺激に対し有意な応答は示さなかった．また，各種におい刺激や各種味刺激に対する応答は非選択的な応答で選択的応答はみられなかった．以上の結果は，前述の *in vitro* や c-Fos 研究の結果と一致するもので，におい情報および味情報が前障，EPN，および AI に収束していることを確証づける．

iii) 梨状皮質の嗅覚と味覚情報の統合

一次感覚皮質では，通常 1 種類の感覚情報が再現され情報処理され，より高次中枢でさらに洗練され，同じく洗練された他の感覚種からの感覚情報とともに収束する多感覚種領域において最終的に認知されるという一般的概念があるが，近年，多くの一次感覚皮質間ですでに感覚種情報のやりとりや影響を示唆する証拠が増えつつある．たとえば，サルの聴覚野と視覚野間に直接連絡があることが知られており（Falchier et al., 2002），ヒトでも視覚野で視覚情報処理に音が影響する報告がある（Watkins et al., 2006）．こ

のように一次感覚野が厳密にただ1つの感覚種に応答するという考えは変わりつつある．Katzらの，一次嗅皮質（後梨状皮質）ニューロンが味刺激に応じる結果（Maier et al., 2012）もその一例である．

　彼らの研究は，一次嗅皮質レベルで味刺激がにおい情報処理に影響するという仮説を検討する目的で舌に与えた味刺激に対する応答を後梨状皮質ニューロンで記録した．解剖学的にもこの領域は島皮質，扁桃体などと密な線維連絡があり，記録ニューロンのほぼ半数近くが，味刺激で発火頻度に影響を受けることがわかった．苦味刺激あるいは甘味刺激に選択的に応答を示すニューロンもみられた．また，非嗜好性の味刺激（酢酸やキニーネ）に対してもニューロンの発火頻度に変化がみられた．後梨状皮質ニューロンの味刺激応答が舌の味覚に由来することは，舌に局所麻酔薬を与えると味刺激に対しニューロンの発火頻度に変化が起こらないことや，嗅上皮の嗅細胞活性をおさえたあとにおいても味応答が誘発されること，さらに後梨状皮質ニューロンのにおい応答は呼吸の吸気相に同期性を示すが，味応答は呼吸位相と関連性がないことなどの結果から，後梨状皮質ニューロンの味覚応答が確かめられた．味とにおい情報の収束が，後梨状皮質のニューロンレベルで起きているかに関しては，41個のニューロンで，32%がにおい刺激のみに，17%が味とにおいの両刺激に，22%は味刺激のみにそれぞれ応答した．この結果の重要な点は，1個のニューロンレベルで収束が起きていることと，断定的ではないが味刺激のみに応答するニューロンが後梨状皮質に存在するということで，梨状皮質にも味覚情報処理の「場」が存在する可能性があるという点でかなり興味深い．追記となるが，筆者は，同時期にやはり後梨状皮質から味応答を示すニューロンの存在を記録した（未発表）．前述の味刺激やにおい刺激に対するニューロン応答を傍梨状核や前障などから記録する際に，後梨状皮質からの味応答記録も行った結果，後梨状皮質ニューロンの17個のうち，におい応答と味応答ともに有意な変化を示したのが4個（24%），におい応答のみが11個（64%），味応答のみは0個で，残り2個のニューロンは両刺激に応答なしだった．また，におい応答は呼吸同期性を示すが味応答にはそれが認められずMaier et al. (2012)の結果と一致する．

　味覚と嗅覚の関連について，たとえば，風邪などで鼻づまりになったときに味が変化するといったように，嗅覚が味覚に影響することはよく知られているが，Fortis-Santiago et al. (2010)は，味覚皮質を不活性化するとにおいによる食物選択が変化することから，逆に味覚も嗅覚に影響を及ぼすという興味ある結果を報告している．「フレーバー」については，味覚に及ぼす嗅覚の影響が大きく取り上げられているが，その逆もあり両方向性であるといえる．これは，3.2.1項fのi）で紹介した味覚皮質と嗅皮質間に相互連絡があるという結果（Fu et al., 2004；Sugai et al., 2012）と関連性があると考えられる（1.4節参照）．　　　　　　　　　　　　　　　　　　　　［須貝外喜夫］

引 用 文 献

Aungst, J. L., Heyward, D. M., Puche, A. C., Kamup, S. V., Hayar, A., Szobo, G., & Shipley, M. T. (2003). Centre-surround inhibition among olfactory bulb glomeruli. *Nature, 426,* 623-629.

Barnes, D. C., Hofacer, R. D., Zaman, A. R., Rennaker, R. L., & Wilson, D. A. (2008). Olfactory perceptual stability and discrimination. *Nature Neuroscience, 11,* 1378-1380.

Chapuis, J., & Wilson, D. A. (2012). Bidirectional plasticity of cortical pattern recognition and behavioral sensory acuity. *Nature Neuroscience, 15,* 155-161.

Chen, T. W., Lin, B-J., & Schild, D. (2009). Odor coding by modules of coherent mitral/tufted cells in the vertebrate olfactory bulb. *Proceedings of the National Academy of Sciences of the United States of America, 106,* 2401-2406.

Cleland, T. A. (2010). Early transformations in odor representation. *Trends in Neurosciences, 33,* 130-139.

Falchier, A., Clavagnier, S., Barona, P., & Kennedy, H. (2002). Anatomical evidence of multimodal integration in primary striate cortex. *The Journal of Neurosciences, 22,* 5749-5759.

Fortis-Santiago, Y., Rodwin, B. A., Neseliler, S., Piette, C. E., & Katz, D. B. (2010). State dependence of olfactory perception as a function of taste cortical inactivation. *Nature Neuroscience, 13,* 158-159.

Fu, W., Sugai, T., Yoshimura, H., & Onoda, N. (2004). Convergence of olfactory and gustatory connections onto the endopiriform nucleus in the rat. *Neuroscience, 126,* 1033-1041.

Gottfreid, J. A. (2010). Central mechanisms of odour object perception. *Nature Reviews Neuroscience, 11,* 628-641.

Haberly, L. B. (1998). Olfactory cortex. In G. M. Shepherd (Ed.), *The synaptic organization of the brain* (pp. 377-416). New York：Oxford UP.

Haberly, L. B. (2001). Parallel-distributed processing in olfactory cortex：New insights from morphological and physiological analysis of neuronal circuity. *Chemical Senses, 26,* 551-576.

Johnson, D. M. G., Illig, K. R., Behan, M., & Haberly, L. B. (2000). New features of connectivity in piriform cortex visualized by intracellular injection of pyramidal cells suggest that "primary" olfactory cortex functions like "association" cortex in other sensory systems. *The Journal of Neuroscience, 15,* 6974-6982.

Kandel, E. R., Schwartz, J. H., Jessell, T. M., Siegelbaum, S. A., & Hudspeth, A. J. (2013). *Principles of neural science* (5th ed.). New York：McGraw-Hill.

Luna, V. M., & Pettit, D. L. (2010). Asymmetric rostro-caudal inhibition in the primary olfactory cortex. *Nature Neuroscience, 13,* 533-535.

Maier, J. X., Wachowiak, M., & Katz, D. B. (2012). Chemosensory convergence on primary olfactory cortex. *The Journal of Neuroscience, 32,* 17037-17047.

小野田 法彦・須貝 外喜夫 (2004). 嗅覚中枢 (嗅球および梨状皮質) における内因性光信号の イメージング 神経研究の進歩, *48,* 294-302.

Shepherd, G. M. (1974). *The synaptic organization of the brain* (1st ed.). New York：Oxford University Press.

Stettler, D. D., & Axel, R. (2009). Representation of odor in the piriform cortex. *Neuron, 63,* 854-864.

Sugai, T., Miyazawa, M., Fukuda, H., Yoshimura, H., & Onoda, N. (2005). Odor-concentration coding in the guinea-pig piriform cortex. *Neuroscience, 130,* 769-781.

Sugai, T., Yamamoto, R., Yoshimura, H., & Kato, N. (2012). Multimodal cross-talk of olfactory and gustatory information in the endopiriform nucleus in rats. *Chemical Senses, 37,* 681-688.

Sugai, T., Yamamoto, R., Yoshimura, H., & Kato, N. (2013). Multimodal chemosensory responses of neurons in the endopiriform nucleus, claustrum, and agranular division of the insular cortex of rats. *The 35th annual meeting of Japan Neuroscience Society.*

Watkins, S., Shams, L., Tanaka, S., Haynes, J. D., & Ree, G. (2006). Sound alters activity in human V1 in association with illusory visual perception. *Neuroimage, 31,* 1247-1256.

Weiss, T., & Sobel, N. (2012). What's primary about primary olfactory cortex? *Nature Neuroscience, 15,* 10-12.

Willhite, D. C., Nguyen, K. T., Masurkar, A. V., Greer, C. A., Shepherd, G. M., & Chen, W. R. (2006). Viral tracing identifies distributed columnar organization in the olfactory bulb. *Proceedings of the National Academy of Sciences of the United States of America, 103,* 12592-12597.

Wilson, D. A., & Sullivan, R. M. (2011). Cortical processing of odor objects. *Neuron, 72,* 506-519.

参 考 文 献

Illig, K. R., & Haberly, L. B. (2003). Odor-evoked activity is spatially distributed in piriform cortex. *Journal of Comparative Neurology, 457,* 361-373.

Poo, C., & Isaacson, J. S. (2009). Odor representations in olfactory cortex : "Sparse" coding, global inhibition, and oscillations. *Neuron, 62,* 850-861.

Rennaker, R. L., Chen, C. F., Ruyle, A. M., Sloan, A. M., & Wilson, D. A. (2007). Spatial and temporal distribution of odorant-evoked activity in the piriform cortex. *The Journal of Neuroscience, 27,* 1534-1542.

Sugai, T., Miyazawa, M., Fukuda, H., Yoshimura, H., & Onoda, N. (2005). Odor-concentration coding in the guinea-pig piriform cortex. *Neuroscience, 130,* 769-781.

3.2.2 人間の脳機能の計測

感覚，認知，思考といったさまざまな精神活動下にある人間を対象に，精神活動と関係のある脳部位を直接的に計測することは難しい．しかし近年，非侵襲的な脳機能計測技術の進歩により，健常な人間が覚醒している状態での脳の活動の様子を頭部の外側から観察できるようになった．

脳機能を研究するための非侵襲的計測方法としては，大きく分けて，脳神経細胞の電気的活動を頭皮表面から計測する方法と脳血流を頭の外側から計測する方法の2つがある．前者には脳波（electroencephalogram；EEG）計測と脳磁図（MEG）計測があり，

後者には陽電子放出断層撮影（PET），機能的核磁気共鳴画像（fMRI），近赤外光血流計測（near infrared spectroscopy；NIRS）を用いた方法が実用化されている．前者の方法では，刺激提示オンセットからミリ秒単位での脳神経活動を経時的に計測可能であるが，頭蓋表面で得られた電位や磁場情報からのその発生源（脳内の活動部位）の特定は計算による推定に依存するため，空間分解能が低い．一方，脳血流を計測する後者の方法では，感覚刺激を受けてからその情報処理に関連した脳部位での血流変化が生じるまでには一定時間を必要とするので，原理的に時間分解能が低いが，血流変化が生じた場所の特定精度は高い．

a. 脳神経細胞の電気的活動の計測

i) 嗅覚刺激の提示方法に関する留意点

嗅細胞を刺激することによって誘発される一過性の電位変動（大脳誘発電位）の計測は，鼻腔内ににおいガスを吹きつける（刺激オンセット）ことで可能になると考えられやすい．しかしこの方法では，鼻腔内の三叉神経系も，空気圧によって刺激されてしまう．また，呼吸相と刺激提示のタイミングにも注意を払う必要がある．三叉神経系への刺激をおさえて精度の高い嗅覚誘発電位（磁場）を測定するためには，鼻腔内に常時無臭空気を流しておき，その中ににおいを定量的かつパルス状に提示できる方法が最適である．このとき，被験者には口呼吸をさせ，実際の呼吸相とは独立ににおいを提示する方法が適している．ただし，鼻腔内に連続提示する無臭空気には，鼻腔内の乾燥を防ぐために，50％以上の湿度と体温と同等の温度を与える必要がある．また，ミリ秒単位で脳活動の様子を計測するために，瞬時の切り換えが難しい化学刺激（においや味）であっても，提示刺激の立ち上がりは俊敏であることが欠かせない．提示するにおいの最大濃度の70％が刺激提示後50ミリ秒以内で立ち上がるように空気とにおいガスの切り換えを行えることが望ましいとされている（Evans et al., 1993）．切り換えの精度を計測するために超音波を用いたにおいガスの立ち上がり計測法も開発されている（Toda et al., 2006）．

また，脳電位計測では，ノイズ（背景活動）から信号（刺激に関連した電位応答）を切り出すために，刺激を繰り返し提示し，電位の加算を行うことが必要とされる．刺激の反復提示（回数・間隔）によって生じる，順応や慣れの誘発についても考慮を要する．

ii) EEG計測

脳波は大脳皮質にある錐体細胞の電気的活動に伴う細胞外体積電流を頭皮上の電極から総合的に記録しているものととらえられている．脳波の解析には，自発性の持続的な波動を特定の周波数に分類してそのパワー量やピーク周波数を調べる方法や，感覚刺激に誘発される一過性の電位変動や刺激に関連した認知活動によって惹起される電位変動を調べる方法がある．

においを嗅ぐことによって得られる感情の変化を，自発脳波の分析によって調べる研

究もあるが，ここではにおい刺激の情報処理プロセスを追究する観点から計測される嗅覚誘発電位の計測について述べる．前述のとおり，におい刺激の提示にはさまざまな留意が必要である．また，空気圧による刺激を抑制できても，におい刺激の種類や濃度によっては，三叉神経系を刺激してしまうことがある．両者の切り分けは難しいが，嗅覚神経系だけを刺激するにおい刺激（例：バニリン）と三叉神経系だけを刺激する刺激（例：二酸化炭素）による誘発電位を比較すると，前者では，頭皮上の中心部（Cz）と頭頂部（Pz）で最初の陰性成分（N1）と2番目の陽性成分（P2）の最大振幅が，後者では中心部（Cz）で最大振幅が観察され，刺激する神経系によって得られる誘発電位の頭皮上分布が異なることが報告されている（Kobal et al., 1992）．

　バニリンに対する特異的無嗅覚症者では二酸化炭素による誘発電位は得られたが，バニリンによる誘発電位は得られないことも報告されており（Kobal & Hummel, 1991），嗅覚誘発電位計測は嗅覚能力の客観的な測定手法として，無嗅覚症の診断やさまざまな神経疾患患者の嗅覚能力の測定などにも応用され，その有効性が認識されている（Kobal, 2003）．

iii) MEG 計測

　脳波が主に細胞外体積電流を頭皮上の電極から総合的に記録しているものであるのに対して，MEG は細胞内電流によって生じる磁場を計測していると考えられている．ただし，頭皮上に垂直に生じている磁場を計測することは可能であるが，水平に発生している磁場は計測できないので，頭蓋に対して垂直に並んでいる錐体細胞の活動は観察できない．脳は髄液や頭蓋骨など導電率の異なる組織に覆われているため，頭皮上で得られた電位分布からその電気的活動の発生源を推定することは難しいが，磁束であれば導電率の影響を受けないので頭皮上の磁場分布からは，より正確に活動の発生源を推定できると期待される．しかしこの推定においては，逆問題を解く，すなわち，2次元の情報（頭皮上平面で得られる情報）から3次元の情報（立体的な脳の位置）を計算によって推定しなければならない課題もある．

　嗅覚に関する MEG 計測研究では，磁場応答（磁束密度）はにおいを提示してから，約700ミリ秒後にピークに達し，このピークの発生源は，におい刺激の種類や刺激提示鼻腔側にかかわらず，左右大脳半球の上側頭溝周辺領域に推定されている（Kettenmann et al., 1996）．さらに，嗅覚誘発電位で得られた各電位成分の発生源を MEG で得られた磁場情報から推定し，嗅覚誘発電位の最初の陽性成分 P1（潜時268〜388ミリ秒）に対応する誘発磁場の活動源は上側頭溝と島皮質の間に，最初の陰性成分 N1（潜時366〜474ミリ秒）に対応する誘発磁場の活動源は島皮質の前方から中心部に，2番目の陽性成分 P2（潜時472〜749ミリ秒）に対応する誘発磁場の活動源は上側頭溝にあることが示されている（Kettenmann et al., 1997）．また，P2成分は実験参加者に共通して最大ピークを示したが，P1 と N1 の電位成分の大きさには個人差もみられることが報告されて

3.2 嗅覚の神経伝達と脳機能

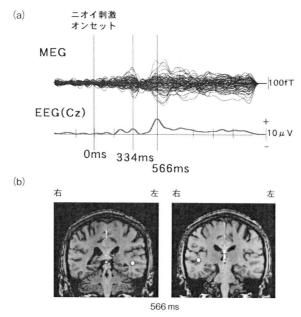

図 3.22 におい刺激によって誘発された脳活動(綾部他,2003)
(a) 嗅覚誘発脳磁場(上)と脳電位(下)の一例.磁場は 64 チャンネルの重ね書き.電位の P1 と P2 に対応した磁場応答が観察された.(b) P2 成分の磁場応答から,左右半球で上側頭溝が磁場発生源(活動部位)として推定された.

いる(図 3.22).

サルの眼窩前頭皮質の神経の電気応答はにおい提示後 180 ミリ秒で生じると報告されているが(Critchley & Rolls, 1996),人間ではこの潜時での活動は未報告である.脳磁場を計測するための SQUID センサに対して前頭葉眼窩回は深い場所にあること,SQUID センサ密度が低いために微弱な脳活動から十分な磁場信号強度が得られないことなどが理由として考えられる.

b. 脳内血流計測

脳機能計測を代謝物の測定で行うために,刺激提示にミリ秒単位ほどの厳密さは要求されず,認知的な処理に関するさまざまな課題を使用できる.ただし,脳活動の絶対量ではなく,コントロール条件(状態)と比較した場合の実験条件の脳代謝の変化量を相対的に計測することとなる.

i) PET 計測

PET は,陽電子放出核種で標識した放射性物質を生体に投与し,放射性物質から放出される陽電子が周囲の電子と対消滅するときに放射されるガンマ線を計測し,放射能

の脳内分布を画像化するものである．正確な意味では完全な非侵襲計測ではない．

Zatorre et al. (1992) は，無臭空気を提示した場合と比較して，日常生活の中で接するさまざまなにおいを提示した場合に，左右両半球の梨状葉前皮質と右眼窩前頭皮質の血流量増加が観察されたことを報告した．また，においを検知すると，扁桃体や梨状皮質，眼窩前頭皮質が活性化し，処理のレベルが高次（弁別・認知・記憶）になるにつれて，視床下部，島皮質，帯状回，小脳，側頭皮質，後頭皮質，というように辺縁系の領域から離れた部位へと活動部位が広がっていくことが示されている（Royet et al., 1999, 2001；Savic et al., 2000）．

ii) fMRI 計測

fMRI は，血液の磁性変化を利用して脳の局所的な活動に伴う血流量の変化を計測する．血液中のヘモグロビンは酸化している場合は反磁性体で，脱酸化すると常磁性体になる．脳で局所的な活動が生じた場所には，実際の活動で消費された以上に酸化ヘモグロビンの多い血液が供給される．このため血液中の脱酸化ヘモグロビンは酸化ヘモグロビンに対して相対的に減少し，血管周囲へ及ぼす磁性の影響が少なくなる．このときに，外部から脳に磁場信号を与えるとその信号はヘモグロビンの磁性に弱められることなくそのまま頭外で検出される．ただし，嗅覚情報処理系に関連する解剖学的組織（脳の深部や前頭眼窩野，側頭葉）は MR イメージに対してアーチファクトを受けやすい骨や空気層を含む境界（頭蓋，洞，乳様突起空気細胞）に近接しているため，活性部位の同定を困難にしていることも留意しておく必要がある．

においを検知することで眼窩前頭回の活性がみられるとする報告は多いが，におい刺激を提示せずとも，嗅ぐ動作（sniffing）のみで，第一次嗅覚野や小脳を活性化することが報告されている（Sobel et al., 2000）．嗅覚神経系のみを刺激するにおいは眼窩前頭皮質と小脳の活性を，三叉神経系をも刺激するにおいは帯状回や側頭葉，後頭葉へ拡散した活性を引き起こすこと（Yousem et al., 1997），第一次嗅覚野（前梨状皮質）では刺激入力時に一過性の活性化が，眼窩前頭皮質では刺激提示中に持続的な活性化が生じること（Sobel et al., 2000）などが報告されている．また，においの快不快感に関しては，左半球の島皮質は快いにおいで，上前頭回は不快なにおいで活性化する（Fulbright et al., 1998），左半球は快いにおいで，右半球は不快なにおいで活性化する（Henkin & Levy, 2001），眼窩前頭皮質において快・不快なにおいで活性領域が異なる（Gottfried et al., 2002），左右半球で差はない（Levy et al., 1997）とする研究があり，一致した見解は得られていない．　　　　　　　　　　　　　　　　　　　　　　　　　　　　　［綾部早穂］

引 用 文 献

綾部 早穂・小早川 達・後藤 なおみ・斉藤 幸子（2003）．嗅覚情報処理に関わる脳部位 ── 脳

3.2 嗅覚の神経伝達と脳機能   *123*

電位と脳磁場の同時計測から —— におい・かおり環境学会誌, *34*, 7-10.

Critchley, H. D., & Rolls, E. T. (1996). Olfactory neuronal responses in the primate orbitofrontal cortex : Analysis in an olfactory discrimination task. *Journal of Neurophysiology*, *75*(4), 1659-1672.

Evans, W. J., Kobal, G., Lorig, T. S., & Prah, J. D. (1993). Suggestions for collection and reporting of chemosensory (olfactory) event-related potentials. *Chemical Senses*, *18*(6), 751-756.

Fulbright, R. K., Skudlarski, P., Lacadie, C. M., Warrenburg, S., Bowers, A. A., Gore, J. C., & Wexler, B. E. (1998). Functional MR imaging of regional brain responses to pleasant and unpleasant odors. *American Journal of Neuroradiology*, *19*(9), 1721-1726.

Gottfried, J. A., Deichmann, R., Winston, J. S., & Dolan, R. J. (2002). Functional heterogeneity in human olfactory cortex : An event-related functional magnetic resonance imaging study. *The Journal of Neuroscience*, *22*(24), 10819-10828.

Henkin, R. I., & Levy, L. M. (2001). Lateralization of brain activation to imagination and smell of odors using functional magnetic resonance imaging (fMRI) : Left hemispheric localization of pleasant and right hemispheric localization of unpleasant odors. *Journal of Computer Assisted Tomography*, *25*(4), 493-514.

Kettenmann, B., Hummel, C., Stefan, H., & Kobal, G. (1997). Multiple olfactory activity in the human neocortex identified by magnetic source imaging. *Chemical Senses*, *22*(5), 493-502.

Kettenmann, B., Jousmäki, V., Portin, K., Salmelin, R., Kobal, G., & Hari, R. (1996). Odorants activate the human superior temporal sulcus. *Neuroscience Letters*, *203*(2), 143-145.

Kobal, G. (2003). Electrophysiological measurement of olfactory function. In *Handbook of olfaction and gustation*. CRC Press.

Kobal, G., & Hummel, T. (1991). Olfactory evoked potentials in humans. In T. V. Getchell, R. L. Doty, L. M. Bartoshuk, & J. B. Snow (Eds.), *Smell and taste in health and disease* (pp. 255-275). New York : Raven Press.

Kobal, G., Hummel, T., & Van Toller, S. (1992). Differences in human chemosensory evoked potentials to olfactory and somatosensory chemical stimuli presented to left and right nostrils. *Chemical Senses*, *17*(3), 233-244.

Levy, L. M., Henkin, R. I., Hutter, A., Lin, C. S., Martins, D., & Schellinger, D. (1997). Functional MRI of human olfaction. *Journal of Computer Assisted Tomography*, *21*(6), 849-856.

Royet, J. P., Hudry, J., Zald, D. H., Godinot, D., Grégoire, M. C., Lavenne, F., ... Holley, A. (2001). Functional neuroanatomy of different olfactory judgments. *Neuroimage*, *13*(3), 506-519.

Royet, J. P., Koenig, O., Gregoire, M. C., Cinotti, L., Lavenne, F., Le Bars, D., ... Holley, A. (1999). Functional anatomy of perceptual and semantic processing for odors. *Journal of Cognitive Neuroscience*, *11*(1), 94-109.

Savic, I., Berglund, H., Gulyas, B., & Roland, P. (2001). Smelling of odorous sex hormone-like compounds causes sex-differentiated hypothalamic activations in humans. *Neuron*, *31*(4), 661-668.

Savic, I., Gulyas, B., Larsson, M., & Roland, P. (2000). Olfactory functions are mediated by parallel and hierarchical processing. *Neuron*, *26*(3), 735-745.

Sobel, N., Prabhakaran, V., Zhao, Z., Desmond, J. E., Glover, G. H., Sullivan, E. V., & Gabrieli,

J. D. (2000). Time course of odorant-induced activation in the human primary olfactory cortex. *Journal of Neurophysiology, 83*(1), 537-551.

Toda, H., Saito, S., Yamada, H., & Kobayakawa, T. (2006). High-speed gas sensor for chemosensory event-related potentials or magnetic fields. *Journal of Neuroscience Methods, 152*(1), 91-96.

Yousem, D. M., Williams, S. C., Howard, R. O., Andrew, C., Simmons, A., Allin, M., ... Doty, R. L. (1997). Functional MR imaging during odor stimulation : Preliminary data. *Radiology, 204*(3), 833-838.

Zatorre, R. J., Jones-Gotman, M., Evans, A. C., & Meyer, E. (1992). Functional localization and lateralization of human olfactory cortex. *Nature, 360*, 339-340.

第2部　味嗅覚の生涯発達

　　第1部で概説した味とにおいの知覚・認知の特徴は主に 20〜60
歳の成人に関するものであったが，ここでは子どもや高齢者におい
てどのような特徴があるかについて述べる．生まれたばかりのマウ
スは目が開いていないにもかかわらず母親の乳房にたどりつくこと
ができる．ヒトの新生児はどうなのだろう．子どもは大人と同じよ
うに，多様な味やにおいを知覚しているのだろうか．一方，高齢に
なると，視覚や聴覚が減退するが，味覚や嗅覚も減退するのだろう
か．減退を測定する方法などにも注目したい．

4.　子どもの味覚・嗅覚
5.　高齢者の味覚・嗅覚

04 子どもの味覚・嗅覚

4.1 子どもの味覚

近年の分子生物学や遺伝子工学の発展によって味覚受容のメカニズムが明らかになり，5 基本味の受容体が遺伝子レベルで同定されている（第 1 部参照）．このうち苦味受容体は，動物の種内・種間や発現部位などさまざまなレベルにおける機能的・生理的「多様性」が注目されている（筒井・今井，2015）．苦味の受容は，毒物を避けるという生物の生存に関係が深いため，動物の種による食性の違いは苦味受容体の遺伝的な相違と深く関係するといわれている．これらの研究は，ヒトの味覚の発達や個人差，種による違いや同一種の中でも地域集団によって食物獲得について異なる環境適応をしているメカニズムの解明につながる．さらに，味覚情報伝達にかかわるタンパク質が，舌以外の体中のさまざまな組織・器官に存在していることが明らかになり，味覚関連のタンパク質は，生体の多くの生理機能ひいては健康状態との関連が示唆されている．つまり，味覚の遺伝子というミクロの研究がヒト集団の食物選択というマクロの視点に立った研究と密接にかかわるとともに，疾病発生のメカニズムや健康維持という種の生存にもかかわるという視点からの研究が注目されている．

4.1.1 胎児・新生児・乳児

ヒトの味蕾は胎生期 7 週くらいから茸状乳頭が発生し，14〜15 週頃には大部分の味蕾の味孔が形成され，成人とほぼ同じような形を示すようになる．味蕾の数は成人の平均約 1 万個に比べて新生児のほうが多く，成長するにつれて減少していく．胎生 5〜6 週で舌の前 2/3 の味覚を司る鼓索神経の顔面神経からの分岐が認められる（内藤，1996）．40 週の胎児では味蕾に対する神経支配が完成している．味蕾の数・形態や神経支配の形成状況からみても，新生児では味を明確に識別できる．

新生児の味覚は成人よりも敏感で，味の情報をキャッチする能力は一生のうちでもっとも発達している時期といわれている．これは前述のように，毒物を避けるという生物の生存の基本から，言葉によってメッセージを伝えられない新生児は，苦味や酸味を味蕾（味細胞→味覚受容体→神経→脳）により識別する能力を備えて誕生してくるため

4.1 子どもの味覚　　　127

表4.1 味覚刺激に対する顔の反応項目と新生児・早期新生児における出現頻度（単位：回）
（Steiner, 1973 より著者訳）

	生後 3～7 日群 （$n = 100$）	生後 20 時間以前群* （$n = 75$）
甘味への反応		
（a）口角を後ろにひく	87	61
（b）"ほほえみ"の表情をうかべる	73	58
（c）吸う・舐める	97	74
酸味への反応		
（a）唇をすぼめる	98	75
（b）鼻にしわを寄せる	73	58
（c）まばたきする	70	67
苦味への反応		
（a）口角を下げ，上唇を上げる	96	73
（b）平たい舌を見せる	81	59
（c）広頸筋を収縮，むかつきやつば吐き	89	72

* 出生から最初の哺乳の間

であろう．新生児・乳児は味の中でも，甘味とうま味を特に好み，甘味やうま味の効いた味つけを喜んで食べる．甘味をもたらす糖類は脳や体にエネルギーを与え，活動を活発化させるという点で新生児・乳児に利点がある．また母乳にはうま味物質であるグルタミン酸が多く含まれているが，グルタミン酸はアミノ酸のひとつであり内臓や血管，筋肉の発達を促すタンパク質をつくるために必要な栄養素となるほかにも体内の生理現象に重要な役割を果たしていることがわかっている．以上の理由から，これらの味の好みは遺伝的・先天的に組み込まれた能力の一部と考えられる．1970年代前半からシュタイナー（J. E. Steiner）は，言葉が話せない新生児の味覚の好みについて，甘味，苦味や酸味を与えたときの新生児の表情の変化に関する数多くの研究に基づき報告している（Steiner, 1973；表4.1）．

4.1.2　幼　　児

1900年策定の食生活指針によると幼児期は嗜好の形成時期であり，多様な素材と多様な味に慣れさせ，豊かな食歴をつくりあげることが求められている．そして味覚教育として"いろいろな物を食べ，おいしい味がわかる力を育てる"があげられている（清水，2010, pp. 33-34）．

以下 a～e は清水（2010）の実態調査結果による．

a.　幼児の食味嗜好傾向

すでに信頼性が確認されている「シール式嗜好マッピング法」（Muto et al., 2006）を用いて，I県M市のA保育園，B保育園の4歳児45名，5歳児45名（保護者が調査協力に同意）を対象に食味嗜好傾向を調査した．シールには，甘味，酸味，塩味，苦味，

表 4.2 「シール式嗜好マッピング」に取り上げた飲食物 35 品と嗜好得点順位

4 歳児

順位	飲食物	嗜好得点[a]
1	ポテトチップス	98.4
2	ケーキ	97.7
3	オレンジジュース	97.7
4	ヨーグルト	96.2
5	味噌汁	96.1
6	バナナ	95.5
7	カレー	95.4
8	ごはん	94.7
9	ハンバーガー	92.5
10	うどん	92.3
11	焼き肉	92.1
12	生野菜サラダ	91.3
13	牛乳	91.3
14	かぼちゃの煮物	91.2
15	ピザ	90.2
16	卵焼き	90.0
17	納豆	89.7
18	柿の種	88.9
19	ピーナッツ	88.0
20	こしょうチーズ	87.3
21	スイカ	86.5
22	菓子パン	85.7
23	緑茶	84.2
24	巻きずし	83.7
25	お茶漬け	82.4
26	昆布	82.0
27	キュウリの酢の物	81.7
28	マーボー豆腐	80.8
29	茶碗蒸し	78.1
30	ほうれん草のおひたし	73.5
31	コーヒーゼリー	72.4
32	酢豚	68.1
33	キムチチャーハン	66.7
34	ピーマンの肉詰め	66.7
35	ゴーヤ料理	54.6

5 歳児

順位	飲食物	嗜好得点[a]
1	カレー	97.7
2	ポテトチップス	97.7
3	オレンジジュース	97.0
4	ケーキ	95.5
5	マーボー豆腐	94.7
6	うどん	94.7
7	スイカ	94.6
8	焼き肉	94.2
9	ごはん	93.2
10	味噌汁	93.2
11	ヨーグルト	93.2
12	ピザ	93.2
13	バナナ	93.2
14	卵焼き	92.9
15	牛乳	89.9
16	生野菜サラダ	88.6
17	茶碗蒸し	88.6
18	菓子パン	88.4
19	巻きずし	87.9
20	柿の種	86.8
21	こしょうチーズ	86.7
22	キュウリの酢の物	86.2
23	ピーナッツ	85.8
24	納豆	85.3
25	昆布	84.7
26	酢豚	83.3
27	ほうれん草のおひたし	82.1
28	ハンバーガー	81.8
29	お茶漬け	81.6
30	かぼちゃの煮物	80.0
31	コーヒーゼリー	78.2
32	緑茶	77.2
33	キムチチャーハン	73.7
34	ピーマンの肉詰め	71.7
35	ゴーヤ料理	65.3

a) 貼りつけたシールの「好き」「普通」「嫌い」にそれぞれ 3 点，2 点，1 点を乗じ，それぞれの食品について「食べたことがない」の回答を除いて平均値を算出し「嗜好得点」とした．飲食物別得点は 100 点満点に換算した．

うま味，辛味，その他（5 基本味または辛味に分類することが困難な食物）の 7 味別，主食，主菜，副菜，果物・乳製品，飲み物・菓子の 5 種の飲食物別を組み合わせて 35 品選択した（表 4.2）．カラーで各飲食物のイラストを描いた 2 cm×1.5 cm のシールを作成し，調査員が園児 1 人ずつと対面式で説明しながら，このシールを「好き」「普通」「嫌い」「食

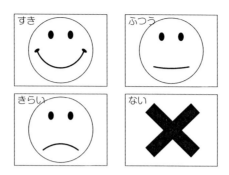

図 4.1 幼児用シール貼りつけ用紙（縮小版）

べたことがない」の 4 分類で「幼児版シール用紙」（図 4.1）に貼りつけてもらった．

4 歳児，5 歳児とも，ポテトチップス，オレンジジュース，ケーキは嗜好得点が高く，キムチチャーハン，ピーマンの肉詰め，ゴーヤ料理の得点は低かった．マーボー豆腐，スイカ，茶わん蒸しは 5 歳児で 4 歳児に比べ嗜好順位が上位で，4 歳児と 5 歳児で嗜好得点の順位に有意差がみられた．表 4.2 の網かけに示すように 5 歳児は 4 歳児に比べて辛く，脂質の高いおかずの嗜好得点が高い傾向がある．また 35 品中 21 品の飲食物において，食べたことがないとの回答率が 4 歳児より 5 歳児が低かった．成長に伴い，5 歳児のほうが多様な料理を食べるようになったと推察される．

味別での嗜好得点は，4 歳児，5 歳児とも，甘味，酸味，塩味，うま味，その他の飲食物は 13 点台で，苦味の飲食物が 11 点前後であった．以上のように苦味嗜好が低いことからは，保育園児では食経験が少ないため，食味嗜好が変化していく途上にあることがうかがえる．ただし，苦味の好みは，今回調査を行った他の 5 基本味に比べ標準偏差値が高く個人差が大きい．この点は遺伝的要因のみならず，それぞれの家庭での食事や保護者の好みによって影響を受けている可能性があると考える．

食種別にみると，4 歳児，5 歳児ともに副菜の嗜好得点が低く，果物・乳製品，菓子類の嗜好得点が高かった．

b. 幼児の味覚閾値

味覚閾値検査は甘味，塩味，酸味の 3 種類を行った．甘味は 0.2%，0.4%，0.6%，0.8% のショ糖水溶液，塩味は 0.04%，0.08%，0.12%，0.16% の食塩水溶液，酸味は 0.02%，0.04%，0.06%，0.08% のクエン酸水溶液であった（田口・岡本，1993）．甘味は 0.8% 濃度でも感受できなかった子どもが 4 歳児で 32.4%，5 歳児で 25.6% であった．塩味は 0.16% 濃度の食塩水でも感受できなかったのは 4 歳児の 11.6%，5 歳児の 2.3% だった．甘味，塩味とも年齢による有意差は認められなかった．一方酸味は，4 歳児では全体の 93.0% が 0.02% 濃度のクエン酸水溶液で感受した．5 歳児では 0.02% 濃度で全体の 79.0% が酸味を感受し，4 歳児が 5 歳児より有意に鋭敏な傾向を示した（マン-ホイッ

トニーの U 検定，$p<0.05$）．

c. 幼児の味覚閾値と味別嗜好

味覚閾値調査で甘味感受性あり（0.08% ショ糖水溶液で甘味を感受した）園児群となし群の 2 群の甘味飲食物平均嗜好得点は，感受性あり群 13.7 点，なし群 13.0 点と，あり群の得点が高かったが有意差はなかった．塩味についても感受性あり群（13.7 点）となし群（13.8 点）の塩味飲食物平均嗜好得点間に有意な差はなかった．酸味は 0.02% 濃度で感受性あり群 13.2 点，なし群 14.1 点で有意に感受性あり群の嗜好得点が低かった（マン-ホイットニーの U 検定，$p<0.05$）．

d. 幼児の肥満と食味嗜好

園児はカウプ指数（体重（kg）÷身長（cm）$^2 \times 10^4$）で 15.0 未満をやせ気味，15.0 以上 18.0 未満を普通，18.0 以上を太り気味とした．4, 5 歳児全体で，普通と判定された園児（66 名）の嗜好得点と太り気味と判定された園児（4 名）の嗜好得点を比べたところ，太り気味の園児が少数のため有意ではないが，ピザ，バナナ，ケーキ，オレンジジュース，うどん，ごはんなど糖質が多い飲食物を含め，27 品の飲食物において太り気味の園児の嗜好得点が普通の園児よりも高かった．しかし，味別嗜好得点の肥満区分 3 群間の比較では，有意な差はみられなかった．

e. 幼児の食味嗜好傾向と保護者の嗜好傾向の関連

保護者とは，園児を養育している同居成人のうちで主たる調理担当者とした．嗜好傾向調査は，幼児と同様のシールを 2 次元平面上に貼付してもらう形式とした（図 4.2）．平面の横軸が「摂取頻度」，縦軸が「その飲食物の嗜好度」である．嗜好得点においては，園児とその保護者で，4 歳児群は有意な相関がみられなかった（ピアソンの相関係数，$n=38$，$r=-0.01$，$p=0.95$）が，5 歳児群は有意な正の相関がみられた（$n=35$，$r=0.32$，

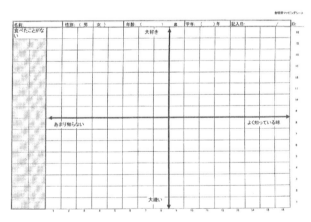

図 4.2 保護者用シール貼りつけ用紙

$p=0.03$). 4歳児と5歳児の相関係数の間に有意な差が認められた（マン-ホイットニーのU検定，$p=0.011$）．

味別にみると，5歳児群では，甘味は弱い正の相関（$r=0.30, p=0.08$）がみられ，酸味（$r=0.26, p=0.14$），塩味（$r=0.23, p=0.18$），うま味（$r=0.20, p=0.25$）の飲食物はいずれもごく弱い正の相関を示した．すなわち4歳児と5歳児では保護者との味覚の相関に違いがみられ，4歳から5歳にかけて保護者との嗜好の相関が強まることが考えられる．食育は子どもだけでなく保護者に行うことが重要であり，特に，4歳から5歳にかけての食事が子どもの嗜好形成に大きくかかわることを保護者に理解してもらう必要があることが示唆された．

4.1.3 小学校児童

筆者らは小学生について国際的な食育の取組みを行ってきたが，タイと日本の小学生の味覚に関係する取組みの結果について述べる．調査は2005～2007年の3年間にわたり行った（Muto et al., 2006）．

a. 小学校高学年児童の食味嗜好傾向

タイの4年生・5年生95名（チェンマイ市内の私立小学校）と日本の5年生・6年生59名（三重県内の公立小学校）を対象に，前述の幼児の保護者と同様のシール台紙を用いた嗜好マッピング法により学童の嗜好傾向，味覚の傾向を探ることを試みた．ただし取り上げた飲食物は食事調査，学校のカフェテリア（タイ）や給食（日本）のメニューを参考に5基本味（うま味には油脂味を含む）およびタイのみ食文化の特徴に応じてトウガラシの辛味，その他の7味別にタイ40種，日本47種を選択した．タイでは，牛乳がもっとも嗜好得点が高く，次いで，スイカが高く，一方，発酵魚とコーヒー，トマトサラダや野菜炒めなど野菜副菜の嗜好得点が低かった．日本は，カレーライス，菓子パン，白飯，焼き肉の嗜好得点が高く，ゴーヤチャンプル，焼きなす，セロリのスティックなど野菜副菜とコーヒーの嗜好得点が低かった．味別の嗜好得点と個人差（標準偏差）

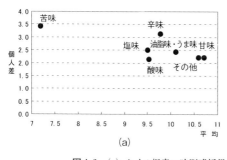 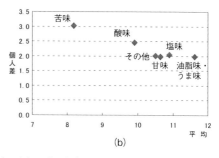

図4.3 （a）タイの児童の味別嗜好得点，（b）日本の児童の味別嗜好得点

を図4.3に示す．両国とも苦味は嗜好得点が低くタイの児童は塩味より甘味を好み，日本の児童は甘味より塩味を好む傾向がみられた．国による食文化の差が小学校高学年でも現れている．

食種別の嗜好得点と個人差（標準偏差）を図4.4に示す．タイでは果物，乳製品，主

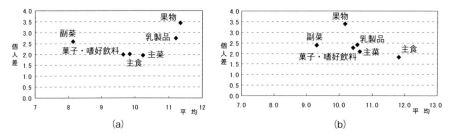

図4.4 (a) タイの児童の食種別嗜好得点，(b) 日本の児童の食種別嗜好得点

表4.3a タイの児童の肥満区分と味別嗜好

ローレル指数	やせ気味 100〜115未満	標準 115〜145未満	太り気味 145〜160未満	太りすぎ 160以上	分散分析	多重検定
n	17	46	12	20		
甘味	10.8	10.6	12.0	10.1	ns	3-4* 4-5*
酸味	10.1	9.5	9.4	9.1	ns	
塩味	10.1	9.6	10.1	8.4	ns	2-5*
苦味	7.7	7.9	5.9	6.0	ns	3-5*
油脂味・うま味	10.1	10.2	10.1	10.0	ns	
辛味	10.2	9.6	10.1	9.6	ns	
その他	10.8	10.4	11.7	10.2	ns	

* : $p<0.05$

表4.3b 日本の児童の肥満区分と味別嗜好

ローレル指数	やせすぎ 100未満	やせ気味 100〜115未満	標準 115〜145未満	太り気味 145〜160未満	太りすぎ 160以上	分散分析	多重検定
n	5	25	15	4	8		
甘味	10.8	10.5	10.8	10.4	11.0	ns	
酸味	10.5	10.1	10.5	7.4	8.8	ns	2-4* 3-4*
塩味	11.9	10.6	11.1	9.4	11.5	ns	
苦味	8.1	8.2	8.3	7.5	9.2	ns	
油脂味・うま味	11.6	11.7	12.0	9.9	11.5	ns	
その他	11.2	10.5	10.6	10.1	10.5	ns	

* : $p<0.05$

菜の順に高値であったが，日本は主食，主菜，乳製品の順であった．副菜がもっとも低い点のみが日本とタイに共通していた．日本の対象地域は中農山村地域であり給食はご飯がほとんどで，地域内にパン店がなく自前の米粉パンが時折供されていた．このため白飯，味噌汁が児童にも好まれている点は，伝統的和食によく接する地域特性や食の経験の反映と考えられるが，こうした食の伝統の維持は今後の食育の中でも継続させていきたい点でもある．

b. 児童の肥満と味別嗜好

肥満区分はローレル指数（体重（kg）÷身長（cm）$^3 \times 10^7$）による．タイ，日本の両国児童ともローレル指数 145 以上の太り気味・太りすぎ群は甘味の嗜好得点が高く，酸味と苦味の嗜好得点が甘味に比べてかなり低い点が共通していた（表 4.3）．

4.1.4 中学校生徒

筆者らは千葉県内の公立中学校 2 校において，味覚とおいしさについての「食に関する指導」を授業の一部として行った．対象者は計 179 名である（鈴木，2008）．

a. 5 基本味のチェック

「5 基本味を正しく識別できるかどうかを調べる」ことを指導目標とした．欠席者を除き味覚チェックに参加した生徒は中学 2 年生（13～14 歳）176 名である．性別は男子46%，女子 53% であった．5 基本味について資料を配布して説明したあと，別室にて 8～10 名ずつ主に文献（江角，2007）の方法に従い味覚チェックを行った．7 つの紙コップを用意し，5 基本味の 5 試料と無味の 2 試料に 1～7 の番号を記し，1～7 のコップのうち好きな番号からランダムに 1 つずつ選んで口に含み，全口腔法[1]にて該当する番号をワークシートに記入させた．なお，1 回の味見が終わったら水で口を十分にすすぐよう指導した．試料の調製は表 4.4 のとおりとした．味覚チェックの正解率を図 4.5 に示す．その結果，酸味のみ正解率が 81.3% と高く識別できていた．甘味は正解率 50.6% で，正解率がわずかに不正解を上回ったが，残りの 3 つの味の正解率は，苦味とうま味が

表 4.4　味覚チェックの試料

	呈味物質	濃度（g/100 mL）
甘味	ショ糖（スクロース）	0.5
塩味	食塩（塩化ナトリウム）	0.06
酸味	クエン酸	0.016
苦味	カフェイン	0.015
うま味	L-グルタミン酸ナトリウム	0.03
無味	純水	—

---

1)　基本味別に一定の濃度の味液と無味の液を用意しておき，コップから液を口に含ませて味を選択させる方法．

第4章 子どもの味覚・嗅覚

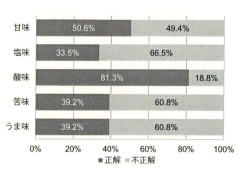

図 4.5 味覚チェックの味別正解割合 (n = 176)

39.2%, 塩味が 33.5% で, 不正解のほうが正解を上回っており, 今回の味覚チェックにおける生徒の味の識別は困難であったといえる. 幼児の味覚閾値検査の場合とは検査方法が異なるので一概にはいえないが, 酸味と甘味は 5 歳児の結果とほぼ同じ識別率と推定され, 塩味は 5 歳児より識別率が低いようである.

b. 味噌汁の味比べ

味覚チェックの順番を待つ間に「味噌汁の味比べ」を行った. 0.8% 塩分濃度の味噌汁を, 文献 (香川, 2008) を参考に調製した. 味噌汁のレシピを表 4.5 に示す. 味噌汁の塩分濃度の測定にはデジタル塩分計 SS-31A (積水化学工業 (株)) を用いた.

味見した味噌汁の塩分の濃さ, だしの濃さ, 自分の家の味噌汁と比べた塩味の濃さ, 総合的なおいしさに着目して生徒に味わってもらいワークシートに記入させた. 記入結

表 4.5 「味噌汁の味比べ」において基準にした味噌汁のレシピ (1 人分)

一番だし	150 mL
昆布	1.5 g (できあがり重量の 1%)
鰹節	3 g (できあがり重量の 2%)
味噌	9.5 g

表 4.6 「味噌汁の味比べ」の生徒の評価結果

	0.8% 塩分濃度味噌汁の塩味	味噌汁の一番だし (表 4.5)	自分の家の味噌汁と比べた塩味	総合的なおいしさ	
薄い	7.4%	1.1%	10.2%	おいしくない	1.1%
少し薄い	22.2%	13.1%	18.8%	どちらかというとおいしくない	10.2%
ちょうどよい	29.0%	40.9%	22.7%	普通	31.8%
少し濃い	31.8%	32.4%	37.5%	どちらかというとおいしい	31.8%
濃い	9.1%	12.5%	10.8%	おいしい	25.0%

4.1 子どもの味覚 135

果を表4.6に示す．この調査地域では，71.0%の家庭で0.8%以下の味噌汁が飲まれているといえるかもしれない．

c. 味覚の食育授業の効果

味覚の食育授業の事前，授業直後，事後（1か月後）に自記式4件法質問紙調査を行った．「食べ物の味・おいしさに興味があるか」の関心度は「とても関心がある」が事前25.2%，直後31.8%，事後21.5%で直後に上昇したが有意ではなかった．知識は「うま味を代表するものを次の中から選べ（レモン，コーヒー，だし汁，酢，フライドポテト，ようかん，わからない）」という設問で正解率（だし汁）は事前52.3%，直後86.9%，事後85.0%で，事前に比べ授業直後，事後に有意に上昇した（マクネマー検定，$p<0.01$）．味覚チェックと「味噌汁の味比べ」によってうま味を味わうという体験を伴ったことが知識の習得に強く影響していると考えられる． ［武藤志真子］

引 用 文 献

江角 彰彦（2007）．官能評価 食品学総論実験——実験で学ぶ食品学——（pp. 210-214） 同文書院

香川 芳子（監修）(2008)．5訂増補食品成分表2006（pp. 532-533） 女子栄養大学出版部

Muto, S., Fujikura, J., Ikeda, H., Segawa, Y., & Surasak, B. (2006). Comparison study of food preference of school children in Thailand and Japan. *38th Conference of Asia-Pacific Consortium for Public Health* (Bamgkok, Thailand), 127-128.

内藤 陸奥男（1996）．ヒト胎児鼓索神経の発達に関する研究 耳鼻臨床，*89*，749-760.

清水 愛（2010）．幼児の味覚と食志向に関わる要因の検討 女子栄養大学大学院栄養学研究科修士論文，5-23（未公刊）

Steiner, J. E. (1973). The gustofacial response : Observation on normal and anencephalic newborn infants. In J. F. Bosma (Ed.), *Oral sensation and perception* (pp. 254-278). Bethesda : U. S. Dept. Health, Education and Welfare, NIH.

鈴木 純子（2008）．中学生を対象とした「食に関する指導」の実践とその効果 女子栄養大学大学院栄養学研究科修士論文，33-43（未公刊）

田口 田鶴子・岡本 洋子（1993）．幼児の食味嗜好性および味覚閾値 日本家政学会誌，*44*(2)，115-121.

筒井 圭・今井 啓（2015）．雄霊長類苦味受容体の機能的多様性 比較生理生化学，*32*，24-29.

参 考 文 献

Steiner, J. E. (1973). The gustofacial response : Observation on normal and anencephalic newborn infants. In J. F. Bosma (Ed.), *Oral sensation and perception* (pp. 254-278). Bethesda : U. S. Dept. Health, Education and Welfare, NIH.

4.2 子どもの嗅覚

4.2.1 新生児・乳児

1960年代後半，生後2～4日の新生児のにおいの嗜好を表情や呼吸パターンで調べる研究が複数行われたが，においへの嗜好性はほとんどみられず，大人が快臭あるいは不快臭と感じるどちらにも軽い驚愕と逃避反応を示したという（Engen et al., 1963；Engen & Lipsitt, 1965）．その後，顔の表情，体の動き，呼吸，心拍数などを指標として，新生児はにおいに対して大人の快不快と同様な嗜好をもつという報告（Steiner, 1979）もされたが，これらの指標の多くは三叉神経系刺激への応答あるいは刺激の強度への応答で，においの快不快に対するものであるかは疑問であるとされ（Schmidt & Beauchamp, 1992），現在では支持されていない．1900年代後半，新生児を対象に，彼らにとって栄養源という生物学的な意味をもつ母親の体臭や母乳の弁別および嗜好についての研究が行われるようになった．母乳を飲んでいる生後約2週間の新生児は，母親の腋のにおいを，出産していない女性の腋のにおいから，また，母乳を与えている他の母親のにおいからも区別が可能であった（Cernoch & Porter, 1985）．一方，母乳を授乳されていない新生児は，母親の腋のにおいを，前記の2つのにおいと区別できなかった．これは母乳を飲む子どもは授乳中母親のにおいに曝されて，そのにおいに急速に慣れ親しむためと考えられた．

また，新生児が授乳されるときの母親の胸のにおいについて，多くの新生児が，生後3～4日では，洗浄された他の母親の胸よりも未洗浄の自然な自分の母親の胸を有意に好んだ．さらに，未洗浄な自然のままの胸と羊水処理された胸の比較では，出生直後は羊水処理された胸を好んだが，出生直後の羊水のにおいへの好みはその後消失し，自然な胸のにおいをより好むようになり，この変化は体験によるものと推察された（Varendi et al., 1977；Marlier et al., 1997）．さらに，アンモニア溶液に母乳と同じように曝された新生児は，生後1～3日では，アンモニア溶液と母乳のにおいを区別する様子はなかったが，1日7～12回の母乳を与えられた生後4～5日の新生児は母乳のにおいを好むようになり，嗅覚発達の初期段階で高い可塑性がみられたという．また，3～5歳の子どもの1/3は，母親が2～3日着たTシャツを，他の母親の着たTシャツあるいはにおいがないTシャツよりも，より高い頻度で選ぶことも報告されており，新生児が母親と一緒にいる中で，においの手がかりがある役割をもち，子どもが3～5歳になっても引き継がれていることを推測させた（Schaal et al., 1980）．このように，新生児は母親のにおいを敏感に弁別しているが，それらは生得的なものではなく，出生後の体験や学習によって獲得されるといえる．

さらに2000年代になって，ウサギやラットなどの哺乳類について，出生直後の仔を

母親の乳房に誘導する乳房フェロモンの存在やその働きが明らかになってきた（Schaal, 2014）．出産直後の仔が開眼前であっても母親の乳首にたどり着くのは，このフェロモンのおかげであるという．紙面の都合で詳細には述べられないが，ウサギでは，この物質が2-メチル-2-ブテナールであることも同定された（Schaal et al., 2003）．この物質が種特異的に同じ行動を誘発することもフェロモンの特徴とされている．ヒトの場合も，出生直後の新生児は，乳腺分泌物から発せられる物質をフェロモンとして感じているという（Schaal et al., 2006）．これら物質は母乳だけでなく，乳輪にあるモンゴメリー腺の分泌物からも発せられるという．産科分野では，出産直後の母子間の皮膚接触に関して，母親の胸の上に50分以上置くような皮膚接触が，母乳のにおいの認知を高め，母乳期間をより長くしたと報告され（Mizuno et al., 2004），このような出生直後の肌と肌の接触や母親のにおいに曝されることは，新生児の出生後の環境への順応を促進すると説明されている（Porter, 2004）．ところで，ヒトの鋤鼻器は痕跡のみで機能していないため，ヒトではフェロモンを介したコミュニケーションはないと考えられてきたが，近年，主嗅覚系のみが阻害されたトランスジェニックマウスの異常行動から，主嗅覚系がフェロモン受容にもかかわっていることが示され，ヒトの主嗅覚系によるフェロモンの受容も考えられる（Matsuo et al., 2015）．

　Mennella & Beauchamp（1991）は，母親が摂取した食事内容が，母乳の味や乳児の吸乳行動に影響を及ぼすことを示した．母乳の味を評価した官能評価パネルは，母親がニンニクを摂取した2時間後に，母乳の感覚強度が最大になると評価した．また，乳児は母乳にニンニク様のにおいがしたときに，より長い時間胸にいて吸乳するという傾向がみられたことから，母乳の感覚強度の変化を検知したと推定された．

4.2.2　幼児・児童

　3歳ぐらいの子どもは実験方法を工夫すれば，日常のにおいに対して成人と同様の嗜好パターンを示すと報告されている（Schmidt & Beauchamp, 1988）．しかし，その場合も汗のにおいや糞便臭は，3, 4歳まではバナナ臭（アミルアセテート）と同様に好まれ，6, 7歳になると大人とほぼ類似の快不快のランクづけがされたという（Schmidt & Beauchamp, 1992）．このことは，3歳児の社会性や言語能力の発達が大人のレベルまで達していることを示唆するものである．では，社会との接点が少ない2歳児ではどうだろうか．成人にとって快とされるにおい（バラ臭）と不快とされるにおい（スカトール臭）に対する2歳児の選択率や，2つのにおいに接したときの顔の表情の比較実験には差がみられなかった（藤原他, 1995；綾部他, 2003）．さらにこの研究では，バラ臭を手につけた母親と1日数回指遊びをするという体験を1か月間行った群と，バラ臭のかわりに無臭のオイルをつけた母親と同様な体験をした群について，2つのにおいの選択率に違いが生じるか調べた．両群で差はみられなかったが，母親がバラ臭を手につけた群の

中で，1日の母親との遊びの体験が多かった群と少なかった群では，少なかった群のほうがバラ臭の選択率が低く，体験の多少による影響が示された（藤原他, 1995）．さらに，約1年半後，同じ幼児について，2つのにおいの弁別と嗜好について調べたところ，幼児の2/3はバラ臭とスカトール臭を弁別できた．弁別できた幼児はどちらか一方のにおいへの嗜好性を示したが，どちらを好むかはほぼ同数であった．弁別率と嗜好性の強さ（どちらかを好きと選んだ比率）との間には相関がみられ，幼児は2つのにおいを弁別した上で選好していると推察された（斉藤他, 1996）．ここで，3歳半の幼児の半分がスカトール臭を好んだのは，Schmidt & Beauchamp（1988）の結果を踏襲したといえる．また，これまでの実験参加者とは別の9〜12歳児について，上記2つのにおいのどちらを好むか調べた確認実験（藤原, 1995）では，児童は大人と同じようにバラ臭のほうをスカトール臭よりも好んだ．これらのことから，2歳児は，なじみがなく，かつ多くの大人が快と感じるバラ臭を，まだ快と認識していないと推察されるが，3歳半になるとにおいの弁別や嗜好の判断が徐々にできるようになり，児童になると大人と同じ嗜好性を示すようになるといえる．このように，子どものにおいへの嗜好は日常的な社会性や言語能力の発達に支えられて形成されると考えられる．

　子どものニンジンフレーバーの嗜好には，母親の妊娠期，あるいは授乳期のニンジン摂取と関係のあることが報告されている（Mennella & Beauchamp, 1991）．母親が妊娠期にニンジンジュースを摂取した場合に，子どもはニンジンフレーバーのシリアルをもっとも好み，次に好まれたのは母親が授乳期に摂取した場合であった．タバコのにおいについても，親の摂取や嗜好が子どものにおいの嗜好に影響を及ぼす．喫煙する両親をもつ3〜8歳児は，さまざまなにおいの好き嫌いの評価で，非喫煙者の子どもに比べて，タバコのにおいの好き嫌いを決めるのにより多くの時間がかかり，ニュートラルでなじみのないにおいよりも有意に好んだ（Forestell & Mennella, 2005）．

　5, 6歳児について，言葉のもつ意味がにおいの知覚に与える影響を調べた研究では，感情的に快でも不快でもないにおいに対して，大人と同様に，言葉のもつ意味が彼らのにおいの知覚に影響を与えたという．また，バナナやミントのような快とされるにおいは，嗅ぐ前に対応する言語ラベルが提示されることで快の程度を増したという．このことから，子どもにおいても，においは知覚的に符号化されるだけではなく，言語的符号化によって記憶との文脈効果の中で知覚されると推察された（Bensafi et al., 2007）．

　中学生がにおいによって喚起される知覚や感情特性と，性格との関係について検討した研究では，中学生が関心をもったミカン，クチナシ，バラ，糞便，おしろい，汗，酒，木，草，タバコのにおいに無臭を加えた11臭について，カード型におい刺激票を作成し，各においの知覚特性とにおいによる感情喚起の程度を評定させたところ，感情喚起用語の評定からは，「快活性感情」「嫌な感情」「落ち着いた感情」の3因子が抽出され，別途実施した矢田部–ギルフォード性格テストで不安定消極型に分類された生徒は，「ミ

カン」のにおいを他の型に分類された生徒より不快に評定し,不安定積極型に分類された生徒は,「木」「タバコ」「バラ」「おしろい」のにおいに対して感情反応が強く現れる傾向がみられ,においへの反応と性格特性の関係が示された(綾部他,1995).

4.2.3 青壮年,高齢者との比較からみた児童の嗅覚の特徴

斉藤他(1995)は,児童,青壮年,高齢者に,日本人のために開発したにおい刺激票22臭(斉藤他,1994)を用いて,においの同定,感覚強度および快不快度の評定をさせ,児童(7～9歳)の嗅覚の特徴を検討した.その結果,児童はにおいの平均同定率が青壮年よりも低かったが,高齢者よりは高かった.児童のにおいの同定率が特に低かったのは「ヒノキ」「木」「ガス」などのにおいだった.一方,平均感覚強度は青壮年および高齢者よりも高く,快不快度については青壮年および高齢者よりも不快に感じていた.各においに対する3群の平均快不快度値を図4.6に示すが,児童は青壮年が快に感じているにおいについても不快感を示すことが多かった.要約すると,児童は青壮年に比べにおいを強く感じるが,においの同定は困難で,多くのにおいを不快に感じるといえる.このことは児童のにおいの体験が少ないことによる未知のにおいへの不安や警戒心を反映していると推察された.

[斉藤幸子]

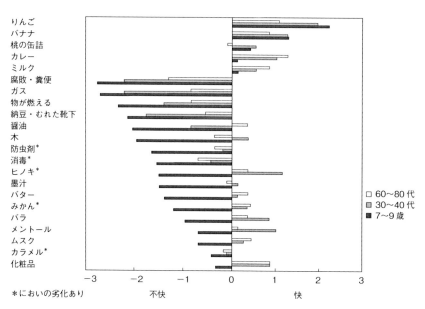

図4.6 においごとの平均快不快度(斉藤他,1995,図1を一部改変)

引 用 文 献

綾部 早穂・小早川 達・斉藤 幸子（2003）．2歳児のニオイの選好――バラの香りとスカトールのにおいのどちらが好き？―― 感情心理学研究, *10*, 25-33.

綾部 早穂・佐藤 親次・谷川原 千恵美・渡辺 由香里・松崎 一葉・斉藤 幸子（1995）．中学生の性格特性を把握するためのニオイの選定――ニオイによって喚起される感情特性を指標として―― 人間工学, *31*, 71-73.

Bensafi, M., Rinck, F., Schaal, B., & Rouby, C. (2007). Verbal cues modulate hedonic perception of odors in 5-year-old children as well as in adults. *Chemical Senses, 32*, 855-862.

Cernoch, J. M., & Porter, R. H. (1985). Recognition of maternal axillary odors by infants. *Child Development, 56*(6), 1593-1598.

Engen, T., & Lipsitt, L. P. (1965). Decrement and recovery of responses to olfactory stimuli in the human neonate. *Journal of Comparative and Physiological Psychology, 59*, 312-316.

Engen, T., Lipsitt, L. P., & Kaye, H. (1963). Olfactory responses and adaptation in the human neonate. *Journal of Comparative and Physiological Psychology, 56*, 73-77.

Forestell, C. A., & Mennella, J. A. (2005). Children's hedonic judgments of cigarette smoke odor：Effects of parental smoking and maternal mood. *Psychology of Addictive Behaviors, 19*, 423-432.

藤原 睦大（1994）．ニオイの快不快の形成要因に関する心理学的研究 東京大学卒業論文, 74-84（未公刊）

藤原 睦大・斉藤 幸子・綾部 早穂・小早川 達・藤本 雅子・熊田 奈津（1995）．ニオイの快不快度の形成――幼児におけるニオイの体験の影響―― 日本味と匂学会誌, *2*, 527-528.

Marlier, L., Schaal, B., & Soussignan, R. (1997). Orientation responses to biological odours in the human newborn. Initial pattern and postnatal plasticity. *Comptes rendus de l'Académie des Sciences, III, 320*, 999-1005.

Matsuo, T., Hattori, T., Asaba, A., Inoue, N., Kanomata, N., Kikusui, T., ... Kobayakawa, K. (2015). Genetic dissection of pheromone processing reveals main olfactory system-mediated social behaviors in mice. *Proceedings of the National Academy of Sciences of United States of America, 112*, E311-E320.

Mennella, J. A., & Beauchamp, G. K. (1991). Maternal diet alters the sensory qualities of human milk and the nursling's behavior. *Pediatrics, 88*, 737-744.

Mizuno, K., Mizuno, N., Shinohara, T., & Noda, M. (2004). Mother-infant skin-to-skin contact after delivery results in early recognition of own mother's milk odour. *Acta Paediatrica, 93*, 1560-1562.

Porter, R. H. (2004). The biological significance of skin-to-skin contact and maternal odours. *Acta Paediatrica, 93*, 1640-1645.

斉藤 幸子・綾部 早穂・小早川 達（1995）．子供の嗅覚の特徴 日本味と匂学会誌, *3*, 529-530.

斉藤 幸子・綾部 早穂・小早川 達・藤本 雅子（1996）．ニオイの快不快の形成――幼児におけるニオイの快不快と弁別―― 日本味と匂学会誌, *3*, 656-658.

斉藤 幸子・綾部 早穂・高島 靖弘（1994）．日本人のニオイの分類を考慮したマイクロカプセルニオイ刺激票 日本味と匂学会誌, *1*, 460-463.

Schaal, B. (2014). Pheromones for newborns. In C. Mucignat-Caretta (Ed.), *Neurobiology of chemical communication* (pp. 483-515). New York : Taylor & Francis.

Schaal, B., Coureaud, G., Langlois, D., Giniès, C., Sémon, E., & Perrier, G. (2003). Chemical and behavioral characterisation of the rabbit mammary pheromone. *Nature, 424*, 68-72.

Schaal, B., Doucet, S., Sagot, P., Hertling, E., & Soussignan, R. (2006). Human breast areolae as scent organs : Morphological data and possible involvement in maternal-neonatal coadaptation. *Developmental Psychobiology, 48*, 100-110.

Schaal, B., Montagner, H., Hertling, E., Bolzoni, D., Moyse, A., & Quichon, R. (1980). Olfactory stimulation in the relationship between child and mother. *Reproduction Nutrition Development, 20*, 843-858.

Schmidt, H. J., & Beauchamp, G. K. (1988). Adult-like odor preferences and aversions in three-year-old children. *Child Developement, 59*, 1136-1143.

Schmidt, H. J., & Beauchamp, G. K. (1992). Human olfaction in infancy and early childhood. In M. J. Serby, & K. L. Chobor (Eds.), *Science of olfaction* (pp. 387-395). New York : Springer-Verlag.

Steiner, J. E. (1979). Human facial expressions in response to taste and smell stimulation. *Advances in Child Development and Behavior, 13*, 257-295.

Varendi, H., Porter, R. H., & Winberg, J. (1977). Natural odour preferences of newborn infants change over time. *Acta Paediatrica, 86*, 985-990.

参 考 文 献

斉藤 幸子 (2013). 嗅覚特性データ 持丸 正明・山中 龍宏・西田 佳史・河内 まき子 (編) 子ども計測ハンドブック (pp. 224-233) 朝倉書店

05 高齢者の味覚・嗅覚

5.1 高齢者の味覚

人にとって食事は，単に栄養摂取の手段であるだけでなく，楽しみでもある．介護を必要とするような高齢者にとって食事は，介護度にかかわらず日常生活の中で大きな楽しみであるという報告もあり（加藤，1998），おいしく安全に食事をとることは生活の質（quality of life；QOL）にとって重要である．しかし高齢になると，内・外分泌や消化管運動などのさまざまな機能が低下して空腹感を感じにくくなる．さらにこれに加えて味覚や嗅覚などの特殊感覚機能も低下し「おいしさ」を感じにくくなると，食欲低下が助長されて低栄養に陥りやすくなる．本節では現在，特に栄養面からその問題が重要視されている，高齢者の味覚感受性の変化に関しての研究事例を紹介する．

5.1.1 高齢者の味覚感受性

a. 味覚感受性パラメータ

味覚感受性のパラメータとしては通常，味物質の水溶液を用いて，「閾値」や，「刺激量（味物質濃度）と感覚（味覚）強度の関係」が求められる．閾値としては，バックグラウンド（水）と異なることがちょうど識別できる味物質濃度（検知閾値）や，味質を正しく認知できる最小の味物質濃度（認知閾値）が測定される．比尺度を用いて測定した場合は，味物質濃度と味覚強度の関係に，スティーブンスのべき乗則（$R = k \times C^n$（log（味覚強度）$= a \times$ log（味物質濃度）$+ b$（a, bは定数）））を適用する．これらのパラメータの値は測定法に依存するため，同一の測定法を用いて求めた高齢者と若齢者の値を比較する必要がある．また高齢者では煩雑な手続きの測定は困難なこともあるため，高齢者でも無理なく行える測定法を選定することが重要である．

b. 高齢者の味覚感受性の測定事例

高齢者の味覚閾値の報告をいくつか表 5.1 にあげるが，他の感覚と同様に加齢に伴って上昇する，すなわち感受性が低下するという報告がある一方，不変であるとの報告もあり，結果は一定しない．閾上の味覚強度についても，低下，あるいは不変の報告が混在している．閾上の味物質濃度-味覚強度の関係では，高齢者は若齢者より傾きが小さ

表 5.1 健康な高齢者と若齢者の味覚閾値の比較

実験者（群）年齢（男/女）もしくは（全体）	塩味 塩化ナトリウム(NaCl)	甘味 ショ糖、サッカリン(Sac)、アスパルテーム(AP)	酸味 クエン酸(Cit)、塩酸(Cl)、酢酸(Ac)、酒石酸(Tar)	苦味 カフェイン(Caf)、キニーネ(Q)	うま味 グルタミン酸(MSG)、イノシン酸(IMP)、相乗効果(Syn)[a]	その他	測定手法	備考
Cohen & Gitman (1959) 18–39(18/27) 40–64(30/25) 65–94(144/104)	→	Sac→	Ac→	Q→				
Fikentscher et al. (1977) 0–10(20/20) 10,20,30,40,50,60代各(20/20)	↓		Cit↓	Q↓			検査液をつけたプローブによる刺激	40代以降で有意に↓ 感度女性>男性（全味質）
Schiffman et al. (1979) 17–27(10–15) 75–87(10–15)						レアミノ酸↓	3-AFC[b]（上昇系列）、NC[c]装着	
Schiffman et al. (1981) 19–24(12) 73–81(12)		AP↓					3-AFC（上昇系列）、NC装着	
Hyde & Feller (1981) 28.1±3.4(12/12) 75.0±6.0(12/12)	↓		Cit↓	Q↓			ろ紙ディスク法	感度女性>男性（NaCl）
Tomita (1982) 11–29(141) 60–92(47)	↓	↓	Tar↓	Q↓				鼓索・舌咽・大錐体神経とも 大錐体神経低下顕著
Weiffenbach et al. (1986) <45(16/15) 46–65(10/14) 66≤(16/10)	↓	↑	Cit→	Q↓			2-AFC（上下法）	感度女性>男性（Cit）
Bartoshuk et al. (1986) 20–30(2/16) 74–93(2/16)	→	→	Cit↓ Cl→	Q→			2-AFC（上下法）	
Cowart (1989) 20,30,40,50,60代（各19≤）	→	→	Cit→	Q→			3-AFC（上下法）	感度女性>男性（NaCl, Cit）
Schiffman et al. (1991) 25.6±5.0(16) 86.9±4.1(18)					MSG↓ IMP↓ Syn↓		3-AFC（上昇系列）、NC装着	
Schiffman et al. (1994) 27.4(16) 81.3(18)				Q↓ Caf↓			3-AFC（上昇系列）、NC装着	
山内他 (1995) 10–70(670)	↓	↑	Tar↓	Q↓			上昇系列	70代で有意に↓
中里他 (1995) 11–94(461)						電気刺激↓	電気味覚	60代で有意に↓
Mojet et al. (2001) 19–33(11/11) 60–75(11/10)	↓	↓ AP↓	Cit↓ Ac↓	Caf↓	IMP↓	KCl↓	2-AFC(5-in-a-raw)	感度女性>男性
Satoh-Kuriwada et al. (2014) 20.3±2.0(60/42) 76.9±5.3(20/62)					MSG→		ろ紙ディスク法	鼓索・舌咽・大錐体神経とも

→：若齢者と差なし，↓：若齢者より閾値が高い（感受性が低い）. a) MSGとIMPの間に起こるうま味の相乗効果. b) 強制選択法 (alternative forced choice). c) ノーズクリップ.

表 5.2　健康な高齢者と若齢者の閾上の味溶液に対する強度評定の比較

被験者（群）年齢（男/女）もしくは（全体）	塩味 塩化ナトリウム	甘味 ショ糖	甘味 サッカリン(Sac) アスパルテーム(AP)	酸味 クエン酸(Cit)	酸味 塩酸(Cl) 酢酸(Ac) 酒石酸(Tar)	苦味 カフェイン(Caf)	苦味 キニーネ(Q)	うま味 グルタミン酸(MSG)	うま味 イノシン酸(IMP) 相乗効果(Syn)[a]	その他	測定手法
Hyde & Feller (1981) 18~(24) ~94(24)	→	→		Cit↓		Caf↓					カテゴリースケール
Schiffman & Clark III (1980) 18~22(41/67) 60~?(0/42)										L-アラニン酸↓s	マグニチュード推定
Bartoshuk et al. (1986) 20~30(2/16) 74~93(2/16)	↓s		↓s	Cit↓s			Q↓s				マグニチュードマッチング（マグニチュード推定）
Murphy & Gilmore (1989) 18~31(24) 65~83(24)	→	→		Cit↓		Caf↓					マグニチュードマッチング（マグニチュード推定）
Schiffman et al. (1991) 25.6±5.0(16) 86.9±4.1(18)								MSG↓	Syn↓		マグニチュード推定
Cowart et al. (1994) 18~38(19/33) 65~86(26/34)							Q↓ 尿素→				13-pt カテゴリースケール
Drewnowski et al. (1996) 20~30(12/12) 60~75(12/12)	↓s										9-pt カテゴリースケール（高濃度の嗜好性：高齢>若齢）
Mojet et al. (2003) 19~33(11/11) 60~75(11/10)	→	↓	(AP↓)	Cit↓	Ace↓	Caf↓	Q↓	MSG↓	IMP↓	KCl↓	マグニチュードマッチング（9-pt カテゴリースケール）

→：若齢者と差なし．↓：若齢者より閾値が高い（感受性が低い）．矢印 s：味物質濃度-味覚強度の関係における傾きの比較．a) MSG と IMP の間に起こるうま味の相乗効果．

いとの報告が多い（表5.2）.

Bartoshuk et al. (1986) は，健康な高齢者，若齢者各18名を対象に，ショ糖（甘味），塩化ナトリウム（塩味），クエン酸（酸味），塩酸キニーネ（苦味）水溶液を用いて，検知閾値と各種濃度の水溶液に対する味覚強度を測定した．検知閾値は上下法により測定を行った．味覚強度は，高齢者と若齢者間で強度評定に差のない140〜500 Hzのホワイトノイズの聴覚刺激（65〜90 dB；5 dB刻みの6段階）に対する強度値を基準に用いたマグニチュード推定法により測定した．この方法はマグニチュードマッチング法と呼ばれるもので，強度値を回答する際の数値の使い方の被験者間差を，全被験者が同じように感じる刺激（この場合はホワイトノイズの音）に対しての強度値を基準に補正する（マグニチュード推定法など，心理学における一般的な測定法については Gescheider, 1997 を参考にされたい）．この実験の結果，図5.1に示すように検知閾値は，4基本味とも高齢者が若齢者より高く，特に塩味と甘味では年齢と検知閾値の対数値の間に有意な正の相関がみられた．また高齢者は，水および低濃度域の水溶液に対する味覚強度を若齢

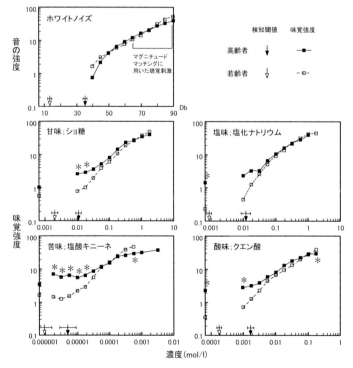

図5.1 高齢者と若齢者の味覚閾値と味覚強度評定（Bartoshuk et al., 1986を一部改変）縦軸上のシンボルは水に対する味覚強度評定を表す．＊：$p<0.05$（マン-ホイットニーのU検定）．

者より大きく評定しており，その結果，高齢者の味物質濃度-味覚強度の関係における傾きは若齢者より小さくなっていた．高齢者の低濃度域の味覚強度評定が大きい理由として，高齢者においては「口の中に何もないのに味を感じる」現象が多いことがあげられていた．

Murphy & Gilmore (1989) は，味覚と重さ（分銅；20, 50, 100, 200, 400, 750 g）のマグニチュードマッチング法を用いて，高齢者と若齢者の味覚感受性を測定した．閾上濃度の4基本味溶液（ショ糖（甘味），塩化ナトリウム（塩味），クエン酸（酸味），カフェイン（苦味））の味覚強度と，形状の等しいケースに入れた各分銅の重さをマグニチュード推定法で評定させた．重さの強度値で標準化した結果，図5.2に示すように，高齢者24名は若齢者24名と比べて，酸味と苦味の強度に有意な低下がみられた．以上の2件の報告のように，高齢者と若齢者の味覚強度評定が異なる可能性を考え，味刺激以外の刺激を基準にスケールを補正して群間比較を行ったという報告が多い．

うま味に関しても高齢者での感度低下が報告されている．Schiffman et al. (1991) は，高齢者18名と若齢者16名を被験者として，各種L-グルタミン酸塩や5′-イノシン酸塩，および両者の混合物の水溶液を用いて，うま味の閾値を測定したところ，高齢者は若齢者より高い閾値を示した（図5.3）．しかし一方で，うま味の認知閾値をろ紙ディスク法検査により測定すると，図5.4(a) に示すように，高齢者82名と若齢者102名の間で，鼓索神経支配領域（舌尖），舌咽神経支配領域（舌根），大錐体神経支配領域（軟口蓋）とも差がなかったという(Satoh-Kuriwada et al., 2014)．この測定での高齢被験者は，全身性の疾患がなく唾液分泌量が正常な者であることが確認されている．ろ紙ディスク法検査では，検査液を染みこませた直径5 mmのろ紙を，図5.4(b) に示す口腔内の所定の位置に置き，被験者に感じた味質を回答させる．検査液は上昇系列で提示し，味質を正答した最低濃度を当該神経支配領域の認知閾値とする（Tomita et al., 1986）．この

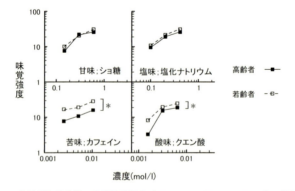

図 5.2 高齢者と若齢者の味覚強度評定（Murphy & Gilmore, 1989 を一部改変）
*：$p<0.05$（ANOVA）．

5.1 高齢者の味覚

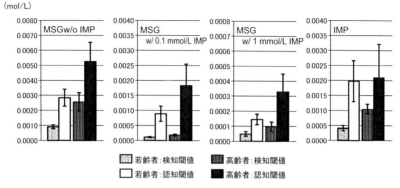

図 5.3 高齢者と若齢者のうま味の閾値（Schiffman et al., 1991 をもとに作成）
左から, L-グルタミン酸ナトリウム（MSG）単独, 5'-イノシン酸二ナトリウム（IMP）を 0.1 mmol/L, 1 mmol/L 添加した場合の MSG の閾値, IMP 単独の閾値を表す. MSG と IMP を混合するとうま味が飛躍的に増強する現象（うま味の相乗効果）が起こる.

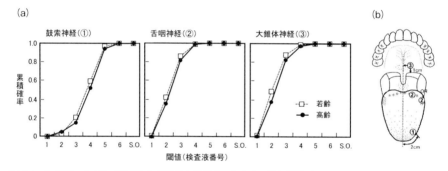

図 5.4 ろ紙ディスク法で測定した高齢者と若齢者のうま味の認知閾値（Satoh-Kuriwada et al., 2014 をもとに作成）
(a) 認知閾値の累積度数の割合. うま味検査液は, 6 段階の MSG 水溶液（1, 5, 10, 50, 100, 200 mmol/L）を用いた.「1」は最低濃度の検査液でうま味を認知できたこと,「S.O.」は最高濃度検査液でも認知できなかったことを表す.（b) ろ紙ディスク法による味覚感受性測定の部位（①鼓索神経支配領域（舌尖）, ②舌咽神経支配領域（舌根）, ③大錐体神経支配領域（軟口蓋））で, 臨床検査では左右両側を測定する（Tomita et al., 1986）.

ろ紙ディスク法検査を開発した Tomita（1982）は, うま味以外の 4 基本味（ショ糖（甘味）, 塩化ナトリウム（塩味）, 酒石酸（酸味）, 塩酸キニーネ（苦味））は, 高齢者（47名）が若齢者（141 名）より認知閾値が高く, 特に大錐体神経支配領域（軟口蓋）は加齢による味覚感受性低下が著しいと報告している.

5.1.2 高齢者の食における味覚

われわれは「バニラの甘い香り」などと表現することがある. しかし, バニラの香気

成分自体は甘味を呈さない．バニラは甘い菓子などによく使われ，われわれはそのような菓子を食べるときにバニラのにおいと甘味とを同時に経験することによって，バニラのにおいから甘味を思い起こし，このような表現をするのである．つまり，ある食べ物を食べる際にはその食べ物に含まれる味物質とにおい物質の刺激を同時に受け，その連合経験による学習の結果，においから「味」を想起するようになる．そして，「実際の味」と「においから想起される味」が調和している場合に，その「味」が強まって感じられることが観察されている（Schifferstein & Verlegh, 1996）（1.4 節参照）．

　長い食経験をもつ高齢者においても，日常の食事の「味」の感じ方にはにおいが影響すると予想されるが，Mojet et al.（2003）は，日常の食事でよく食べるような食品を媒体に用いて味覚強度を測定し，高齢者と若齢者間で比較した．健康，かつ日常的な処方薬の服用なし，非喫煙，アルコール非多飲，妊娠・授乳中でない，アレルギーなし，口腔衛生状態良好（部分入れ歯可）な白色人種である，高齢者（男性 10 名（66.0±3.6 歳），女性 11 名（64.6±4.2 歳））と若齢者（男性 10 名（26.5±3.6 歳），女性 11 名（23.2±3.3 歳））を被験者とした．被験者は，表 5.3 に示す味物質の水溶液，あるいは味物質を添加した食品を味わって吐き出し，感じた味の強度を 9 ポイントのカテゴリースケール（1：とても弱い～9：とても強い）で評定した．食品を用いた測定では，被験者は，においを遮断するためにノーズクリップ装着（NC あり）条件と，通常食品を味わうのと同じように NC なしの条件で評定を行った．スケールの使い方の個人差を補正するため，5.1.1 項 b で紹介した Bartoshuk et al.（1986）の報告と同様に，聴覚刺激（750 Hz，45～85 dB；10 dB 間隔）に対する強度評定を用いたマグニチュードマッチングを行った．

　全味物質について平均した補正後の評定値（図 5.5(a)）をみると，水溶液では，高齢者は若齢者より有意に味覚強度が弱く，また味物質濃度-味覚強度の関係における傾きも有意に小さかった．味物質ごとにみても，高齢者は全味物質で若齢者よりも弱く

表5.3　Mojet et al.（2003）の実験で用いた被験物質の組成（味物質の濃度単位は mmol/L[a]）

	味物質	水溶液の試験			食品の試験			
		最低濃度	最高濃度	Log ステップ	媒体	最低濃度	最高濃度	Log ステップ
甘味	ショ糖	2.5×10^{-2}	1.6×10^{-1}	0.2	紅茶	1.6×10^{-1}	9.9×10^{-1}	0.2
	アスパルテーム	2.0×10^{-4}	1.3×10^{-3}	0.2		5.1×10^{-4}	3.1×10^{-3}	0.2
塩味	塩化ナトリウム	6.1×10^{-2}	3.9×10^{-1}	0.2	トマトジュース	9.7×10^{-2}	6.1×10^{-1}	0.2
	塩化カリウム	7.6×10^{-2}	4.8×10^{-1}	0.2		1.2×10^{-1}	7.6×10^{-1}	0.2
酸味	酢酸	1.1×10^{-2}	6.7×10^{-2}	0.2	マヨネーズ	8.4×10^{-3}	5.3×10^{-2}	0.1
	クエン酸	2.4×10^{-3}	1.5×10^{-2}	0.2		1.9×10^{-3}	1.2×10^{-2}	0.1
苦味	カフェイン	8.2×10^{-4}	5.1×10^{-3}	0.2	チョコレートドリンク	3.2×10^{-3}	2.0×10^{-2}	0.2
	キニーネ塩酸塩	4.0×10^{-6}	2.5×10^{-5}	0.2		2.5×10^{-5}	1.6×10^{-4}	0.2
うま味	グルタミン酸（MSG）	1.0×10^{-2}	6.7×10^{-2}	0.2	ブイヨン	4.5×10^{-3}	1.1×10^{-2}	0.2
	イノシン酸（IMP）	6.0×10^{-3}	3.8×10^{-2}	0.2		9.5×10^{-5}	2.4×10^{-4}	0.2

a) 原著では重量濃度（g/L）で表示されている．

5.1 高齢者の味覚

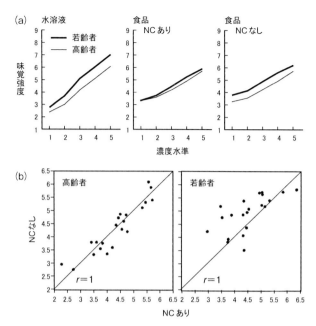

図 5.5 味物質を水/食品に添加した際の,高齢者と若齢者の味覚強度評定 (Mojet et al., 2003 をもとに作成)
(a) 各種味物質濃度の水溶液/食品(NC あり/なし)(表 5.3)の味覚強度を表す.高齢者・若齢者別に,5 段階の濃度水準ごとに,全 10 種の味物質に対しての平均値を求めた.(b) 食品の味覚強度について,高齢者・若齢者別に,NC あり/なしの散布図を示す.各ポイントは,被験者ごとの全サンプルの平均値(10 種の味物質,各 5 濃度水準)を示す.

評定していた(アスパルテームのみ傾向).食品を用いた場合の全味物質の平均は,NC ありでは,味覚強度,傾きとも高齢者と若齢者とに差がなかった一方で,NC なしでは,高齢者は若齢者よりも味覚強度は弱いが,傾きに差はみられなかった.NC ありとなしとの間には,高齢者で相関係数 0.92,若齢者で 0.67 の有意な相関がみられた(図 5.5 (b)).若齢者では NC なし(においあり)が NC あり(においなし)より味覚強度が強かったのに対し,高齢者では NC の装着の有無による味覚強度の差はなかった.つまり,高齢者の「味」の強度の評定に対するにおいの影響は,若齢者より小さかったと考えられる.このことは,嗅覚は加齢に伴って感受性が低下しやすい感覚であり(Stevens et al., 1984;Murphy et al., 1991),一方,味覚は嗅覚に比べて加齢に伴う感受性低下が小さい(Stevens & Cain, 1985)という報告と矛盾しない(5.2 節参照).

味物質ごとに高齢-若齢間や男女間の差などを解析したところ,水溶液および食品とも味物質に普遍的な現象がみられたわけではなく,非常に複雑な様相を呈していた.高

齢者より若齢者に有意に強く評定された味物質は，NC ありでは塩味物質である塩化ナトリウムと塩化カリウム，NC なしではこれら塩味物質と甘味物質であるショ糖とアスパルテームであった．

5.1.3　高齢者の健康状態と味覚

　ここまで「健康な高齢者」の味覚の実態の測定事例を紹介してきた．しかし高齢者は一般的に疾病を抱えて生活していることが多く，高齢者の味覚感受性低下は疾病や投薬の影響を受けて起こっている可能性が高い．耳鼻咽喉科の味覚外来を受診した患者の味覚障害の原因について高齢者と壮・青年で比較すると，高齢者では薬剤性や全身疾患性の味覚障害が多く，逆に感冒後は少ない（Ikeda et al., 2008；坂口・阪上，2012）．高齢者の味覚障害の原因としては唾液分泌量低下もあげられており，Satoh-Kuriwada et al. (2009) は味覚感受性低下者では全例が唾液分泌量低下を示していたと報告している．また Solemdal et al. (2012) は高齢の急性期入院患者の口腔の状態と味覚感受性との関係を調べ，味覚感受性低下者では，齲蝕，口腔内衛生状態不良，口腔内細菌数大，口腔乾燥が顕著であったという．味覚障害に関しては 6.3 節に詳述する．

　フランスにおいても高齢化が進行しており，冒頭述べたような高齢者の低栄養の問題が深刻になっている．高齢者の低栄養を阻止するため，食事の調味による対応が有効であるか検討することを目的として，2010～13 年，多施設連携プロジェクト AUPALESENS による調査が実施された（Sulmont-Rossé et al., 2015）．本プロジェクトでは，559 名の高齢者（65～99 歳，男性 172 名，女性 387 名）を対象に，味覚・嗅覚などの感覚の実態と，年齢や，食に関する自立度との関連の調査が行われた．被験者としては，測定時は病的な状況でなく，また，食物アレルギーなし，制限食・特別食の摂取なし，頭部外傷・感冒後・副鼻腔炎による嗅覚障害の自覚なし，認知機能は正常から軽度認知症，を満たす者とした．食に関する自立度は，介助を受けず自宅で生活/食以外の介助を受け自宅で生活/食の介助（食材などの購入，調理，配食サービスなど）を受け自宅で生活/介護施設で生活，の 4 カテゴリーとした．味覚感受性試験では，Mojet et al. (2001) により加齢による低下が大きいと報告された，塩化ナトリウムの塩味の感受性を調べた．塩味感受性測定では，表 5.4 の「味覚」に示す検査液を，S1，S2，ブランク（エビアン®），S2，S3，S3，ブランク，S4 の順で提示し，味の検知率（/8）および塩味検知率（/6）を測定した．においの感受性測定では，表 5.4「嗅覚①」の 6 種のにおいの検知率（/6），「嗅覚②」の 12 種のにおいの識別率（/12）と「食品-非食品」分類の正答率（/12），「嗅覚③」の 3 組のにおいの識別（/3）を測定した．これらの感受性指標で主成分分析を行ったあとに主成分得点を用いて被験者のクラスター解析を行った．その結果，健康高齢者は味嗅覚感受性から 4 つのクラスターに分けられた．つまり，青年と同等な味覚および嗅覚の感受性を有した者（238 名），味覚のみ低下し

5.1 高齢者の味覚

表5.4 AUPALESENS に用いられた被験物質 (Sulmont-Rossé et al. 2015)

嗅覚①では、各においとブランク3つのバイアルを提示し、4点強制選択法でにおいのするものを選択させた。嗅覚②では12のバイアルを1つずつ提示し、においを感じるか否か（検知）と、食品か非食品か（分類）を回答させた。嗅覚③では、コントロールと比較1、2を提示し、1対2点試験法によりコントロールと異なるほうを選択させた。

検査	内容	検査液名	サンプルなど					
			S1	S2	S3	S4		
味覚	塩味感受性	塩化ナトリウム (mol/L)	3.6×10^{-3}	1.0×10^{-2}	3.3×10^{-2}	1.0×10^{-1}		
		難易度	とても難しい	難しい	簡単	とても簡単		
嗅覚①	6種のにおい検知	Short ETOC[a]	バニラ	リンゴ	石油	オレンジ	バラ	タイム
嗅覚②	におい識別・分類	食品のにおい：	キャラメル	レモン	ミルク	洋ナシ	イチゴ	
		非食品のにおい：	CHANEL n°5 (香水)	Mont-Saint Michel (オーデコロン)	ライラック (花の香り)	スズラン (花の香り)	Rolland Garros (香水)	バラ (花の香り) / タイム (花の香り)
嗅覚③	におい識別	コントロール	比較1	比較2				
		チキン (1)	チキン+タマネギ	チキン				
		チキン (2)	チキン	チキン+ニンニク				
		ビーフ	フィッシュ	ビーフ				

a) the European Test of Olfactory Capabilities (ETOC) テスト16種より6種のテスト香を抜粋したもの

た者（186名），味覚・嗅覚ともに軽度な低下を示した者（120名），味覚の軽度な低下と嗅覚脱失があった者（15名）である．味覚感受性や嗅覚感受性は食に関する自立度とは関連があったが，年齢との間には明確な関連はないと考えられる．また，味覚の2変数，嗅覚の4変数の間にはそれぞれ有意な相関がみられたが，味覚と嗅覚の感受性の間に相関はなかった．

5.1.4 今後の課題

本節で紹介してきたように，加齢に伴い味覚感受性は低下する傾向にあるが，単純に年齢と相関しているわけではなく，全身や口腔の状態に影響される．つまり，高齢者の味覚を考える際は，高齢者個々の状態を考慮しなければならないといえ，特に口腔の状態は必ず考慮すべきであろう（Satoh-Kuriwada et al., 2009；Solemdal et al., 2012）．

味覚は，紛れもなく食物の「おいしさ」を構成する重要な要素である（6.3.2項）．また，味刺激による唾液分泌反射によって分泌された唾液は，口腔・咽頭の運動機能の低下した高齢者の咀嚼・嚥下を助け，食事をより食べやすくすると考えられる．高齢者が食事を楽しみ，低栄養に陥ることなく生き生きと生きるために，どのように味覚感受性の低下を避け，また低下した際はどのように対処すべきかは，今後の課題であろう．

［河合美佐子］

引 用 文 献

Bartoshuk, L. M., Rifkin, B., Marks, L. E., & Bars, P. (1986). Taste and aging. *Journal of Gerontology, 41*, 51-57.

Cohen, T., & Gitman, L. (1959). Oral complaints and taste perception in the aged. *Journal of Gerontology, 14*, 294-298.

Cowart, B. J. (1989). Relationships between taste and smell across the adult life span. *Annals of the New York Academy of Sciences, 561*, 39-55.

Cowart, B. J., Yokomukai, Y., & Beauchamp, G. K. (1994). Bitter taste in aging：Compound-specific decline in sensitivity. *Physiology & Behavior, 56*, 1237-1241.

Drewnowski, A., Henderson, S. A., Driscoll, A., & Rolls, B. J. (1996). Salt taste perceptions and preferences are unrelated to sodium consumption in healthy older adults. *Journal of the American Dietetic Association, 96*, 471-474.

Fikentscher, R., Roseburg, B., Spinar, H., & Bruchmüller, W. (1977). Loss of taste in the elderly：Sex differences. *Clinical Otolaryngology Allied Science, 2*, 183-189.

Hyde, R. J., & Feller, R. P. (1981). Age and sex effects on taste of sucrose, NaCl, citric acid and caffeine. *Neurobiology and Aging, 2*, 315-318.

Ikeda, M., Ikui, A., Komiyama, A., Kobayashi, D., & Tanaka, M. (2008). Causative factors of taste disorders in the elderly, and therapeutic effects of zinc. *The Journal of Laryngology & Otology, 122*, 155-160.

加藤 順吉郎（1998）．福祉施設及び老人病院等における住民利用者（入所者・入院患者）の意

5.1 高齢者の味覚　153

識実態調査分析結果　愛知医報, *1434*, 2-14.

Mojet, J., Christ-Hazelhof, E., & Heidema, J. (2001). Taste perception with age : Generic or specific losses in threshold sensitivity to the five basic tastes? *Chemical Senses, 26*, 845-860.

Mojet, J., Heidema, J., & Christ-Hazelhof, E. (2003). Taste perception with age : Generic or specific losses in supra-threshold intensities of five taste qualities? *Chemical Senses, 28*, 397-413.

Murphy, C., Cain, W. S., Gilmore, M. M., & Skinner, R. B. (1991). Sensory and semantic factors in recognition memory for odors and graphic stimuli : Elderly versus young persons. *The American Journal of Psychology, 104*, 161-192.

Murphy, C., & Gilmore, M. M. (1989). Quality-specific effects of aging on the human taste system. *Perception and Psychophysics, 45*, 121-128.

中里 真帆子・遠藤 壮平・冨田 寛・吉村 功 (1995). 電気味覚閾値の加齢変化について　日本耳鼻咽喉科学会会報, *98*, 1140-1153.

坂口 明子・阪上 雅史(2012). 老人性疾患の予防と対策 —— 味覚障害 ——　JOHNS 耳鼻咽喉科・頭頸部外科, *28*, 1363-1365.

Satoh-Kuriwada, S., Kawai, M., Iikubo, M., Sekine-Hayakawa, Y., Shoji, N., Uneyama, H., & Sasano, T. (2014). Development of an umami taste sensitivity test and its clinical use. *PLoS One, 9*, e95177.

Satoh-Kuriwada, S., Shoji, N., Kawai, M., Uneyama, H., Kaneta, N., & Sasano, T. (2009). Hyposalivation strongly influences hypogeusia in the elderly. *Journal of Health Science, 55*, 689-698.

Schifferstein, H. N. J., & Verlegh, P. W. J. (1996). The role of congruency and pleasantness in odour-induced taste enhancement. *Acta Psychologica, 94*, 87-105.

Schiffman, S. S., & Clark III, T. B. (1980). Magnitude estimates of amino acids for young and elderly subjects. *Neurobiology of Aging, 1*, 81-91.

Schiffman, S. S., Frey, A. E., Luboski, J. A., Foster, M. A., & Erickson, R. P. (1991). Taste of glutamate salts in young and elderly subjects : Role of inosine 5′-monophosphate and ions. *Physiology & Behavior, 49*, 843-854.

Schiffman, S. S., Gatlin, L. A., Frey, A. E., Heiman, S. A., Stagner, W. C., & Cooper, D. C. (1994). Taste perception of bitter compounds in young and elderly persons : Relation to lipophilicity of bitter compounds. *Neurobiology of Aging, 15*, 743-750.

Schiffman, S. S., Hornack, K., & Reilly, D. (1979). Increased taste thresholds of amino acids with age. *American Journal of Clinical Nutrition, 32*, 1622-1627.

Schiffman, S. S., Lindley, M. G., Clark, T. B., & Makino, C. (1981). Molecular mechanism of sweet taste : Relationship of hydrogen bonding to taste sensitivity for both young and elderly. *Neurobiology and Aging, 2*, 173-185.

Stevens, J. C., Bartoshuk, L. M., & Cain, W. S. (1984). Chemical senses and aging : Taste versus smell. *Chemical Senses, 9*, 167-179.

Stevens, J. C., & Cain, W. S. (1985). Age-related deficiency in the perceived strength of six odorants. *Chemical Senses, 10*, 517-529.

Solemdal, K., Sandvik, L., Willumsen, T., Mowe, M., & Hummel, T. (2012). The impact of oral health on taste ability in acutely hospitalized elderly. *PLoS One, 7*, e36557.

Sulmont-Rossé, C., Maître, I., Amand, M., Symoneaux, R., Van Wymelbeke, V., Caumon, E., ... Issanchou, S. (2015). Evidence for different patterns of chemosensory alterations in the elderly population : Impact of age versus dependency. *Chemical Senses*, *40*, 153-164.

Tomita, H. (1982). Methods in taste examination. In L. Surjan, & G. Bodo (Eds.), *Proceedings of the XIIth World Congress of Otorhinolaryngology, Budapest, Hungary, 1981* (pp. 627-631). Amsterdam, Oxford : Excerpta Medica.

Tomita, H., Ikeda, M., & Okuda, Y. (1986). Basis and practice of clinical taste examinations. *Auris Nasus Larynx*, *13* (Suppl 1), 1-15.

Weiffenbach, J. M., Cowart, B. J., & Baum, B. J. (1986). Taste intensity perception in aging. *Journal of Gerontology*, *41*, 460-468.

山内 由紀・遠藤 壮平・吉村 功 (1995). 全口腔法味覚検査 (第2報) 日本耳鼻咽喉科学会会報, *98*, 1125-1134.

参 考 文 献

Gescheider, G. A. (1997). *Psychophysics : The fundamentals* (3rd ed.). New York : Lawrence Arlbaum Associates.
(ゲシャイダー, G. A. 宮岡 徹 (監訳) (2002-2003). 心理物理学 —— 方法・理論・応用 —— (上巻・下巻) 北大路書房)

5.2 高齢者の嗅覚

感覚機能が加齢によって低下することは視覚や聴覚でも報告されているが，嗅覚についても例外ではない．嗅覚が減退すると食品の腐敗やガス漏れなどさまざまな危険に気づきにくくなり，においや香りのもたらす快適さの享受も困難になる．ここでは，高齢者の嗅覚の減退がどのようなものであるかについて述べるが，さらに関心のある方は，Murphy (1993), Doty & Kamath (2014), Attems et al. (2015) などのレビューも参考にしていただきたい．

5.2.1 においの閾値

高齢者は若者より高いにおいの閾値を示すことが報告されている．たとえば，Cowart (1986) は，β-フェニルエチルアルコールとピリジンについて, Cain et al. (1990) は香辛料のにおいについて報告している．日本でも嗅覚障害の診断に使われている T & T オルファクトメーターの5基準臭について報告されている (斉藤他, 2001a). 図5.6 は，20〜81歳の男女108名について，T & T オルファクトメーター5基準臭の平均検知閾 (本項では以下，検知閾) と年齢の関係を示したものである．60歳以上の高齢者は長谷川式簡易知能評価スケールが正常の範囲で，嗅覚に影響する薬を飲んでいない人が参加した．高齢者は青壮年者よりも高い検知閾を示し，60歳以上と60歳未満の検知

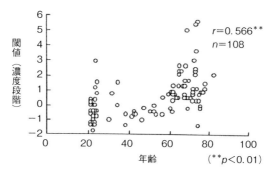

図 5.6　年齢による検知閾の変化（斉藤他，2001a）

閾の間では有意な差がみられた．しかし，図にみられるように高齢者の検知閾は個人差が大きく，青壮年と変わらない感度を示す人もいた．

5.2.2　高齢者のにおいの同定能力と感覚強度評定

　嗅覚能力の指標のひとつとして，何のにおいかをあてる同定能力があるが，それを計測するためのさまざまな方法が開発されている（コラム1参照）．斉藤他（2003）は日本人になじみのあるにおいを用いて日本人のための嗅覚同定能力検査法（コラム1参照）を開発し，その中のスティック型におい提示試料13臭を20〜80代の191名に適用し，高齢者群（60歳以上）の同定率が青壮年群よりも低いことを示した（斉藤他，2001b）．図5.7にその同定率を同時に測定した感覚強度とともに示す．全年代を通して，同定率，感覚強度の評定値とも，年代要因は有意であった．年代間でみると，同定率，感覚強度とも，20〜50代では差がみられなかったが，70代は20〜50代のすべての世代，また，60代は50代を除く20〜40代のすべての年代との間に有意な差がみられた．においごとにみると，ヒノキを除くすべてのにおいで高齢者は低い同定率を示した．高齢者における感覚強度評定値の低下はStevens & Cain（1985）においても報告されている．

　日本人のための嗅覚同定能力検査法は，最終的に12臭に絞られOSIT-J（odor stick identification test for Japanese）として発表された（Saito et al., 2006）．この12臭について，斉藤他（2001b）に追加データを加えた20〜80代の男女448名の検査結果では，20〜40代ではこれまで同様，同定率の低下はみられなかったが，50代ですでに有意な低下が示され，70代になるとさらにその低下が進んだ（綾部他，2005）．においの同定には閾値と比べ高次の認知機構が関与しているので，実験で得られた高齢者の同定率の低下には，単純な加齢によるだけでなく，においへの関心度やにおい環境が青壮年と異なるという時代的背景も影響しているので，ここでは"加齢による"という表現を避けた．

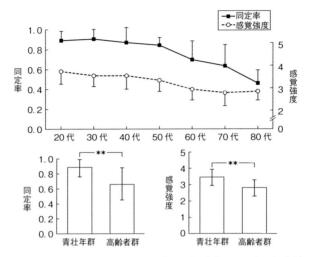

図 5.7 各世代のにおいの同定率と感覚強度(斉藤他,2001b を一部改変)
上:13 臭の平均同定率と平均感覚強度の年代による変化,下左:青壮年群(20〜50代)と高齢者群(60〜80代)の同定率の比較,下右:青壮年群(20〜50代)と高齢者群(60〜80代)の感覚強度の比較. **:$p<0.01$.

5.2.3 においの質の弁別

　高齢者の味嗅覚については,閾値,強度評定,質の同定などでその低下が報告されているが,質の弁別についてはほとんど報告がないことから,前島他(1998)は,味やにおいの質の弁別能力について高齢者と若者の間で違いがあるか検討した.その結果,バラ様のにおいとされる β-フェニルエチルアルコールと,モモ様のにおいとされる γ-ウンデカラクトンの混合比率を変えた混合臭間の弁別実験において,高齢者は難易度が異なる 4 つの組合せのうち 3 つについて青年より有意に低い弁別成績を示した.しかし,同時に行ったショ糖と酒石酸の混合比率を変えた混合味間の弁別実験では,高齢者の弁別成績は,1 組について低い有意傾向を示すのみだった.そこで,味については難易度がさらに高い組合せを含めた 7 組について弁別させたところ,図 5.8 に示すように,1 組について有意差,1 組について有意傾向がみられ,味覚についても有意な差のあることが示された(Kaneda et al., 2000).これらのことは,高齢者の味質,においの質の弁別能力は若者より低減し,その程度は味覚におけるよりも嗅覚において大きいことを示唆する.高齢者における嗅覚と味覚の減退では,Murphy(1993)も嗅覚の感受性,感覚強度,同定の成績は,味覚におけるよりかなり大きいと報告している.
　高齢者のにおいの質の弁別能力が,味質の弁別能力よりも低下すると推定される理由の手がかりを探るため,Kaneda et al.(2000)は,同一被験者について実験で用いた混合臭,混合味の構成物質の閾値を測定した.その結果,においでは β-フェニルエチル

5.2 高齢者の嗅覚

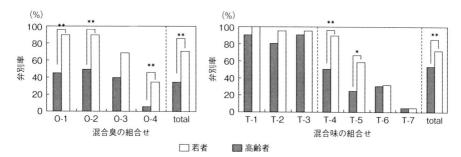

図 5.8 混合臭,混合味の弁別率（Kaneda et al., 2000 を一部改変）
横軸の記号は混合臭（あるいは混合味）のペアの組合せを示し,数が大きくなるほど,混合率の似た組合せになり,弁別が難しくなる.

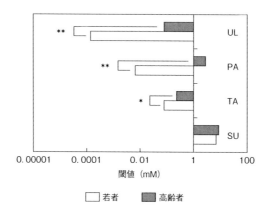

図 5.9 混合臭,混合味の各構成物質の閾値（Kaneda et al., 2000 を一部改変）
UL：γ-ウンデカラクトン（モモ臭），PA：β-フェニルエチルアルコール（バラ臭），
TA：酒石酸（酸味），SU：ショ糖（甘味）.

アルコールと γ-ウンデカラクトンのどちらの閾値も高齢者のほうが高かった.味では酒石酸に差の有意傾向がみられたものの,ショ糖では差がみられなかった（図 5.9）.高齢者のショ糖への感度が低減しないことに関して Gilmore & Murphy（1989）も,高齢者の味の強度の弁別能力が,カフェインでは若者と比べて低かったが,ショ糖では若者との差はみられなかったと報告している.これより,ショ糖への感受性は検知閾だけでなく強度の弁別も,高齢になっても減退しないことが示された.これらのことから,混合物の構成物質への感受性の違いが,混合物の弁別成績に影響したことも十分考えられる.

さらに,においの質の弁別成績と味質の弁別成績の間にはそれほど高くはないが有意な正の相関が認められた.また,弁別成績はより高次の脳機能が関与している短期記憶

の成績とも有意な相関を示した(金田他, 1997). これらのことは, においや味の質の弁別能力低下には高齢による末梢の変化だけでなく, 高次脳機能の変化も関与していることを推測させる (Kaneda et al., 2000).

5.2.4 嗅覚減退に対する高齢者の自覚

Attems et al. (2015) は, 最近のレビューで,「嗅覚機能の低下は, 65～80歳で50%以上, 80歳以上では62～82%で起きる」と述べている. 斉藤他 (1995) は, 当時高齢化が進んでいた茨城県里美村の318名の高齢者 (60歳以上) を対象に, 以前に比べてにおいを感じにくくなったか質問紙 (一部訪問聞き取り) による調査を行った. その結果, 嗅覚減退を自覚していたのは48名(15.1%)だった. この割合はAttems et al. (2015) による嗅覚減退者の割合の報告と比較するとかなり低く, 嗅覚減退に気づいている高齢者が少ないといえる. また, 自覚の割合は60代, 70代に比べて80代で高く, どんなにおいに気づきにくくなったかを選択肢から複数回答で答えてもらうと,「におい全般」を選んだ人がもっとも多く, 次に「食品のにおい」「食品の腐敗臭」「ガス漏れ臭」「燃えるにおい」などが選ばれた. さらに, 318名のうち21名の高齢者 (平均73歳) について, マイクロカプセルニオイ刺激票 (斉藤他, 1994) の18臭を用いて, においの同定検査を行ったところ, 平均同定率は58.3%で, 同時期に測定した中年層 (平均35歳) の平均同定率81.7%より有意に低い値を示した. ところが, 低い同定率を示したほとんどの高齢者は嗅覚減退の自覚がなく, 同定能力と自覚とにずれがみられた (Saito et al., 1999). また, 高齢者のにおいの質に対する弁別能力の減退を調べた前島他 (1998) においても, 図5.10に示すようににおいに対する弁別能力が低下していても, それを自

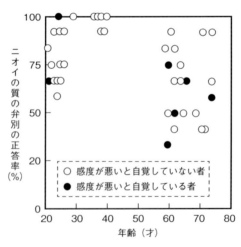

図5.10 においの質の弁別の正答率と年齢との関係 (前島他, 1998)

覚している人は少なく，自覚している群と自覚していない群の間に弁別能力の差はみられなかった．これらは，高齢者が自分のにおいの同定能力や弁別能力の減退を自覚しにくいことを示している． [斉藤幸子]

引 用 文 献

Attems, J., Walker, L., & Jellinger, K. A. (2015). Olfaction and aging：A mini-review. *Gerontology*, *61*, 485-490.

綾部 早穂・斉藤 幸子・内藤 直美・三瀬 美也子・後藤 なおみ・市川 寛子… 小早川 達 (2005)．スティック型嗅覚同定能力検査法（OSIT）による嗅覚同定能力：年代と性別要因 *AROMA RESEARCH*, *6*, 52-55.

Cain, W. S., Reid, F., & Stevens, J. C. (1990). Missing ingredients：Aging and the discrimination of flavor. *Journal of Nutrition for the Elderly*, *9*, 3-15.

Cowart, B. J. (1986). Relationship between taste and smell across the adult life span. *Annals of the New York Academy of Sciences*, *561*, 39-55.

Gilmore, M. M., & Murphy, C. (1989). Aging is associated with increased Weber ratios for caffeine, but not for sucrose. *Perception & Psychophysics*, *46*, 555-559.

Kaneda, H., Maeshima, K., Goto, N., Kobayakawa, T., Ayabe-Kanamura, S., & Saito, S. (2000). Decline in taste and odor discrimination abilities with age, and relationship between gustation and olfaction. *Chemical Senses*, *25*, 331-337.

金田 弘挙・前島 こず恵・小早川 達・綾部 早穂・菊地 正・斉藤 幸子 (1997)．味，匂いの弁別，同定における高齢者と若者の比較 日本味と匂学会誌，*4*, 507-510.

前島 こず恵・金田 弘挙・小早川 達・綾部 早穂・斉藤 幸子 (1998)．老年の味とニオイの質の弁別能力について 高齢者のケアと行動科学，*5*, 71-79.

Murphy, C. (1993). Nutrition and chemosensory perception in the elderly. *Critical Reviews in Food Science and Nutrition*, *33*, 3-15.

斉藤 幸子・綾部 早穂・口ノ町 康夫 (1995)．NIBH式嗅覚検査法（STAUTT3）で測定した高齢者の嗅覚特性 日本心理学会第59回大会発表論文集，516.

斉藤 幸子・綾部 早穂・高島 靖弘 (1994)．日本人のニオイの分類を考慮したマイクロカプセルニオイ刺激票 日本味と匂学会誌，*1*, 460-463.

Saito, S., Ayabe-Kanamura, S., Takashima, Y., Gotow, N., Naito, N., Nozawa, T., ... Kobayakawa, T. (2006). Development of a smell identification test using a novel stick-type odor presentation kit. *Chemical Senses*, *31*, 379-391.

斉藤 幸子・綾部 早穂・内藤 直美・後藤 なおみ・小早川 達・三瀬 美也子・高島 靖弘 (2003)．日本人のための嗅覚同定能力測定法の開発——スティック型・カード型におい提示試料の妥当性の検討—— におい・かおり環境学会誌，*34*, 1-6.

Saito, S., Kobayakawa, T., Kuchinomachi, Y., Ayabe-Kanamura, S., & Takashima, Y. (1999). A smell test based on odor recognition by Japanese people, and its application. In A. B. Graham, & J. W. Annesley (Eds.), *Tastes & aromas*：*The chemical senses in science and industry* (pp. 75-82). Sydney：UNSW Press.

斉藤 幸子・増田 有香・小早川 達・後藤 なおみ・溝口 千恵・高島 靖弘 (2001a)．T＆Tオルファクトメーターによる閾値と日本版スティック型検査法による同定能力の関係 日本味

と匂学会誌, *8*, 143-149.

斉藤 幸子・土谷 直美・三瀬 美也子・吉田 幸子・小早川 達・綾部 早穂…高島 靖弘 (2001b).
　ステック型ニオイ同定能力検査法による嗅覚の年代別比較 ── ニオイの同定能力，感覚的
　強度，快不快度について ──　日本味と匂学会誌, *8*, 383-386.

Stevens, J. C., & Cain, W. S. (1985). Age-related deficiency in the perceived strength of six
　odorants. *Chemical Senses, 10*, 517-529.

参 考 文 献

Attems, J., Walker, L., & Jellinger, K. A. (2015). Olfaction and aging : A mini-review.
　Gerontology, 61, 485-490.

Doty, R. L., & Kamath, V. (2014). The influences of age on olfaction : A review. *Frontiers in
　Psychology, 5*, 20.

Murphy, C. (1993). Nutrition and chemosensory perception in the elderly. *Critical Reviews in
　Food Science and Nutrition, 33*, 3-15.

第3部　味嗅覚科学の応用

　これまで本書で紹介してきた味嗅覚科学に関する知見は，さまざまな分野に応用されている．第3部では特に応用研究が盛んな健康・医療分野，臭気環境分野，食品産業・香粧品分野の例について述べる．たとえば味覚障害や嗅覚障害の症状はどんなふうで診断はどのようにされるのか．アルツハイマー型認知症やパーキンソン病と嗅覚検査の結果はどのように関係しているのか．臭気環境分野では臭気の評価はどう行われるのか，さらに，食品や香料の評価や評価法の開発研究を紹介し，最後に，製品設計に脳計測技術を適用する場合の注意点について言及する．近年，味嗅覚の基礎研究の進展はめざましい．これらの知見をもとにした応用分野は大きな可能性を秘めているといえよう．

6.　健康・医療分野への応用

7.　臭気環境分野への応用

8.　食品産業・香粧品産業などへの応用

06 健康・医療分野への応用

6.1 嗅覚障害

ヒトは鼻で呼吸を行っている限り，嗅細胞レベル（2.3節参照）では常ににおいを受容しているが，それを脳のレベルでも常に認識しているとは限らない．眠っている状態を想像すればわかる．また，認識するにおいは，体外および体内の環境によっても変化する．さらに，嗅覚機能は疾病や加齢によっても低下するが，嗅覚低下が緩徐に進行する場合はそれを自覚しにくいため，医療機関を受診するには至らない．嗅覚低下を意識し，何らかの支障あるいは苦痛を感じたとき，また，感冒や外傷など，嗅覚が急性に低下したときや，においの感じ方が変化し，日常生活に不快な影響を及ぼしたときに嗅覚障害となる．したがって，嗅覚低下と嗅覚障害は必ずしも同義であるとは限らない．

6.1.1 嗅覚障害の分類

嗅覚障害は，その症状の現れ方から量的障害と質的障害に分類される（表6.1）．量的嗅覚障害は，においの感じ方が弱くなる嗅覚低下と，においをまったく感じなくなる嗅覚脱失とに分けられる．医療機関を受診する嗅覚障害患者のほとんどが量的障害であ

表 6.1 嗅覚障害の分類

量的嗅覚障害（quantitative olfactory disorder）
嗅覚低下（hyposmia）
嗅覚脱失（anosmia）
質的嗅覚障害（qualitative olfactory disorder）
異嗅症（dysosmia）
刺激性異嗅症（parosmia）
自発性異嗅症（phantosmia）
嗅覚過敏（hyperosmia）
嗅盲（olfactory blindness）
その他
悪臭症（cacosmia）
自己臭症（egorrher symptom）
幻臭（phantosmia）
鉤発作（uncinate epilepsy）

る．一方，質的嗅覚障害とは，異嗅症に代表されるにおいの感じ方の異常である．異嗅症はさらに刺激性異嗅症と自発性異嗅症とに分類される．異嗅症以外の質的障害のひとつである嗅覚過敏は，においを強く感じる状態を指し，シックハウス症候群やアスペルガー障害で指摘されることがある．嗅盲とは，大概のにおいは正常に感じるにもかかわらず，特定のにおいを感じることができない状態を指す．異嗅症，嗅覚過敏，嗅盲についてはのちに詳述する．

　その他の嗅覚障害は，においの受容そのものの異常ではないため，真の嗅覚障害とはいえない．悪臭症とは，扁桃炎や副鼻腔炎など上気道の感染症のため，口や鼻から悪臭を発している状態を指す．逆に自己臭症とは，においを発していないにもかかわらず，鼻や口あるいは腋窩などから体臭を発していると思い込む状態を指す．

　嗅覚障害は発生部位により3つに分けられ，それぞれに原因となる疾患が存在する（表6.2）．気導性嗅覚障害は，におい分子が嗅粘膜まで到達しないために起こるものであり，慢性副鼻腔炎，アレルギー性鼻炎あるいは鼻中隔彎曲症など，鼻副鼻腔の疾患が原因となる．嗅神経性嗅覚障害は，嗅粘膜および嗅細胞の異常によって発生するものであり，感冒（風邪）が原因であるケースがもっとも多い．また，一部の薬物でも発生する．さらに頭部・顔面外傷や脳神経外科手術により，嗅神経軸索が頭蓋内に侵入し，嗅球とシナプスを形成する以前に断裂して嗅覚障害をきたした場合も嗅神経性嗅覚障害に含まれる．なお，前述の気導性嗅覚障害の原因である慢性副鼻腔炎が長年続くことによっても嗅細胞の変性を起こすことがあり，気導性嗅覚障害と嗅神経性嗅覚障害とが合併し，混合性嗅覚障害と呼ばれる．中枢性嗅覚障害は，嗅球よりも上位の嗅覚中枢の障害によるものである．頭部外傷によるもののほか，脳腫瘍，脳神経外科手術，脳血管障害でも発

表6.2　嗅覚障害の病態別分類と原因疾患

分類	障害部位	原因疾患
気導性嗅覚障害	鼻副鼻腔	慢性副鼻腔炎 アレルギー性鼻炎 鼻中隔彎曲症
嗅神経性嗅覚障害	嗅粘膜（嗅神経細胞）	感冒 薬物
	嗅神経軸索	頭部・顔面外傷 脳神経外科手術
中枢性嗅覚障害	嗅球～嗅覚中枢	頭部外傷 脳腫瘍，脳神経外科手術 脳血管障害 神経変性疾患 　パーキンソン病 　アルツハイマー病 カルマン症候群

生する．近年，アルツハイマー病やパーキンソン病など，神経変性疾患の初期症状として嗅覚障害が発生することが判明し（Devanand et al., 2008；Ross et al., 2008；Doty, 2012），嗅覚障害がこれらの疾患の早期発見のためのバイオマーカーとなりえないか研究が進められている．3つの分類のうち，嗅神経性嗅覚障害と中枢性嗅覚障害をまとめて神経性嗅覚障害と呼ぶ．障害の原因が中枢に及ぶほど，治療により改善する割合が少なくなる．

6.1.2 嗅覚障害の原因疾患とその病態，臨床的特徴

嗅覚障害の原因としてもっとも多いのは慢性副鼻腔炎（50%）であり，次いで感冒後嗅覚障害（16%），外傷性嗅覚障害（6%）と続く[1]．これらが嗅覚障害の3大原因であることは，万国共通の認識である．さらに原因がわからない特発性嗅覚障害も少なくない（19%）．その他に，嗅覚障害として医療機関を受診することは少ないものの，アレルギー性鼻炎でも嗅覚障害を合併する（6%）．アレルギー性鼻炎は国民病とも呼ばれ，わが国の人口の3～4割が罹患していることから，潜在的に相当な数の嗅覚低下者はいるものと思われる．この他に中枢性，先天性，薬品・化学物質によるものが各1%ある．また，加齢に伴い嗅覚も低下するが，その多くは嗅覚低下に気づいていないため，嗅覚低下あるいは嗅覚障害の有病率を推定することは困難である．以下に嗅覚障害を起こす代表的疾患について述べる．

a. 慢性副鼻腔炎

慢性副鼻腔炎およびそれに合併する鼻茸（はなたけ）により，高率に嗅覚障害が発生する．その多くが気導性嗅覚障害であり，適切な治療により高率に改善する．

慢性副鼻腔炎は，好酸球性副鼻腔炎と非好酸球性副鼻腔炎とに分けられる．好酸球性副鼻腔炎は，細菌感染ではなく好酸球性炎症が基本にあり，気管支喘息の合併頻度が高く，難治性で再発しやすい疾患である．近年，患者数が増加しており，2015年に診断基準が作成されるとともに（藤枝他，2015），厚生労働省の難治性疾患に追加された．好酸球性副鼻腔炎では，発症早期に嗅覚障害を起こし，従来のマクロライド系抗生物質の効果が乏しく，副腎皮質ステロイド薬が効果を示す．嗅覚障害も副腎皮質ステロイド薬によりほとんどの症例で投与後速やかに改善する．年余にわたってにおいのない生活を送っていた患者が，副腎皮質ステロイドを内服することにより，数日で嗅覚が蘇るため，多くの患者が驚くとともに感動を表す．しかし，ステロイドの中止あるいは減量とともに，嗅覚障害，鼻茸ともに再発することが多い．薬剤の効果が乏しい場合，あるいは再発までの期間が短い場合は，内視鏡を用いた手術が行われる．しかし，手術後の再発率も高く，まさに難治性疾患である．

---

1) 金沢医科大学病院嗅覚外来における嗅覚障害の原因別頻度（2009～14年，805例）．

一方，非好酸球性副鼻腔炎は，細菌感染が発生に関係しており，かつては有病率の高い疾患であったが，近年では，環境の変化や医療の充実により減少している上，マクロライド系抗生剤の少量長期投与療法ならびに鼻内内視鏡手術により改善率の向上が得られた．嗅覚機能もこれらの治療で高い改善率が得られているが，病悩期間が長期に及ぶ症例では，嗅覚の改善度が低くなる傾向にある．

b. 感冒後嗅覚障害

感冒により鼻閉が生じると嗅覚は低下するが，感冒後嗅覚障害とは，感冒が治癒したあとも嗅覚障害が持続する状態を指す．発症機構としてウイルスによる嗅細胞の変性が考えられているが，本疾患を発生させる原因ウイルスを含め，その病態は十分に解明されていない．感冒後嗅覚障害は，中高年の女性に好発し，男女比は1：4〜5と報告されているが，その理由に関しても不明である．

医療機関を受診する患者の嗅覚障害の程度は，高度あるいは脱失であることが多いが，患者の多くが，風邪でにおいがしなくなるのは当たり前のことで，そのうちに治るであろうと思うため，発症後，早期に受診する患者は少なく，多くが数週あるいは1か月以上経過したあとに受診する．その場合，受診時には鼻腔内には異常所見がなく，画像診断でも本疾患による異常はないため，感冒罹患とともににおいがしなくなったという患者の訴えのみが，本疾患の診断根拠となる．

感冒後嗅覚障害は，従来は治らない疾患と思われていた．しかし，回復まで月単位の期間を有し，1年以上かかる症例もあるが，その予後は不良ではなく，自然回復症例も存在する．Reden et al. (2011) は，262名の患者を観察し，平均観察期間13か月で32%が改善したと報告し，Duncan & Seiden (1995) は36か月の観察で67%の患者で自然回復を認めたと報告している．嗅細胞は成熟後も変性と新生を繰り返す唯一の神経細胞であることが知られており，ターンオーバーの期間は，げっ歯類では4週間とされている．ヒトではげっ歯類ほど速やかな再生能はないものの，感冒後嗅覚障害も嗅細胞の再生に伴い回復するものと思われる．予後に影響を及ぼす因子については，報告によりさまざまであるが，障害程度が軽度であるほど予後は良好とされている．慢性副鼻腔炎による嗅覚障害では，静脈性嗅覚検査で反応が得られる症例では予後が良好とされているが（平川，2004），感冒後嗅覚障害については，静脈性嗅覚検査の反応と予後との関係については一定していない（Mori et al., 1998）．

治療に関しては，副腎皮質ステロイド，ビタミン製剤，亜鉛など多くの治療法が行われてきたが，いずれも対照研究で有効性は証明されなかった．近年，後ろ見的研究ではあるが，漢方薬の当帰芍薬散の有効性を示す報告が出されており，今後は前向きな研究が望まれるところである．また，ドイツのHummel (2009) が考案したOlfactory trainingの有効性が前向き研究で報告されているものの欧州に限られており，こちらも今後の臨床研究の発展が期待されている．

c. 外傷性嗅覚障害

頭部あるいは顔面の打撲により嗅覚障害が生ずる.外傷性嗅覚障害の受傷機転は転倒,転落ならびに交通事故が大部分を占め,受傷部位としては前頭部あるいは後頭部が多い.また,開頭手術による嗅神経や嗅覚経路の損傷も広義の外傷性嗅覚障害といえる.外傷性嗅覚障害の発生機序は,①鼻部打撲による嗅粘膜への気流障害,②嗅神経軸索の断裂,③嗅球よりも中枢の損傷に分けられ,それぞれ,前述の気導性嗅覚障害,嗅神経性嗅覚障害,中枢性嗅覚障害に分類される (Costanzo & Miwa, 2006).

嗅覚伝導路は,末梢受容器から中枢嗅覚野までほぼ同側支配であるため,一側の嗅覚中枢の損傷が生じても嗅覚障害は生じないように考えられるが,一側の損傷でも嗅覚障害を訴える患者も存在する.左右別々に嗅覚検査を行い,一側が正常,もう一側が脱失を示した症例でも,患者の訴えは,嗅覚障害を自覚しない,においが半分程度に低下した,まったくにおいを感じないと,3通りに分かれる.その理由は明らかにされていないが,外傷前の嗅覚に関する左右脳の優位性が関与しているものと推測される.

外傷性嗅覚障害の予後は他の原因と比較して不良であり,現時点で有効とされる治療はない.

6.1.3 質的嗅覚障害

a. 異嗅症

異嗅症は,実際に嗅いだにおいの感じ方が従来と異なる刺激性異嗅症と,においを嗅いでいないときににおいが発生する自発性異嗅症とに分けられる.刺激性異嗅症の場合,患者の訴えとしては,「においがこれまでと違って感じる」「どのにおいを嗅いでも同じにおいに感じる」と表現することが多く,自発性異嗅症の場合,「においを嗅いだあと,そのにおいが鼻の中に残っている」「常に一定のにおいが鼻の中あるいは頭の中についている」「突然,においが現れる」などと表現する.これらのうち,「においを嗅いだあと,そのにおいが鼻の中に残っている」という現象は,一般的に経験する現象ではあるが,通常は他のにおいを嗅いだあとには消えているため,それが長期間残る場合には病的といえる.異嗅ととらえられるにおいは概して不快なにおいであることが多く,心地良いにおいとして感じる患者はきわめてまれである.

異嗅症を単独の症状として訴えて医療機関を受診する患者は,嗅覚低下ならびに嗅覚脱失を訴えて受診する患者と比べるときわめて少なく,多くの異嗅症患者は,量的嗅覚障害に合併して異嗅症を訴えるか,あるいは診察により量的嗅覚障害に伴う症状であることが判明している.筆者の調査によると,嗅覚障害の中でも,感冒後嗅覚障害ならびに外傷性嗅覚障害に合併することが多い.また,原因により異嗅症の特徴が異なっており,アンケート調査に基づく自験例からその特徴を述べるとともに,類推される異嗅症の発生機序について考察する (三輪, 2007).

6.1 嗅 覚 障 害

感冒後嗅覚障害に伴う異嗅症では，刺激性異嗅症が約80%を占めるのに対し，外傷性嗅覚障害に伴う異嗅症は，刺激性異嗅症と自発性異嗅症がほぼ同程度であった．また，異嗅症の出現時期は，感冒後嗅覚障害では発生直後に異嗅症を自覚する症例は23%と少なく，多くが発症後3か月以上経過してから自覚していた．患者の訴えとしては，「まったくにおいのない世界から，何かにおいがしてきたが，それが何のにおいかわからない」「においはするようになったが，それが嫌なにおいなので苦痛である」などが多い．前例では，実際に複数のにおいを嗅がせると，それぞれが違うにおいであることはわかるが，何のにおいかまではわからないことが多い．感冒後嗅覚障害に伴う刺激性異嗅症は，嗅覚障害の回復とともに軽快することが多い．一方，外傷性嗅覚障害では約70%の患者が嗅覚障害を自覚すると同時に異嗅症も自覚し，その場合の異嗅症は自発性異嗅症であった．外傷性嗅覚障害に伴う異嗅症，特に自発性異嗅症は，刺激性異嗅症よりも長期間持続する症例が多かった．

感冒後嗅覚障害の症状回復期に発生する刺激性異嗅症の発現機序については，次の2通りの推測ができる．まず1つ目は，再生時の上位ニューロンとの過誤接合である．感冒後嗅覚障害では，多くの嗅細胞がウイルスによりいったん変性に陥る．嗅細胞は変性後も再生し，嗅球糸球体で僧帽細胞と新たにシナプスを形成する．近年の研究により，同一の受容体を有する嗅細胞は同一の糸球体に集簇し，異なる受容体を有する嗅細胞軸索が混じり合わないことが判明している（one-receptor one-glomerulus rule；Mombaerts et al., 1996）．ところが，Costanzo et al.（2000）の遺伝子改変マウスを用いた嗅神経障害モデル実験では，特定の受容体をもつ嗅神経細胞軸索が，再生時に複数の糸球体に分布することが報告されている．すなわち，再生時の過誤接合を示すものであり，異嗅症の発生機序のひとつとして考えられる．もうひとつ推測しうる発生機序は，不完全な再生に起因するものである．におい分子は，複数の受容体と結合し，その結合パターンすなわち糸球体の反応パターンでにおいの違いを判別しているが，Oka et al.（2006）は，においの濃度により結合する受容体が異なることを報告した．すなわち，においの濃度により糸球体の反応パターンが異なり，それをにおいの感じ方の違いとして生体は認識しているということである．感冒後，嗅細胞の多くが脱落し，新たな嗅細胞が新生する際にその細胞数が不十分であれば，においの感じ方の強弱に影響するのみならず，元来，親和性の低い受容体では，対応するにおい分子を認識しうる閾値にまで達していない状況となり，このことが糸球体の反応パターンの違い，すなわちにおいの嗅ぎ分けの異常として認識されるという推測である．

外傷性嗅覚障害でみられる異嗅症のうち，刺激性異嗅症に関しては，前述と同様の再生時の異常によるものと，嗅覚中枢の傷害によるにおいの同定あるいは識別の異常の両者が考えられる．一方，自発性異嗅症に関しては，中枢組織の損傷による中枢ニューロンの異常興奮による発生が推測される．自験例では，自発性異嗅症を自覚する症例の

多くに，MRI などの画像診断で脳挫傷や浮腫などの病変を確認できたのに対して，画像での異常が認められない症例では，自発性異嗅症を認めることが少なかったためである．

b. 嗅覚過敏

嗅覚過敏は，語感からは量的嗅覚障害ととらえられるが，実際には嗅覚閾値の変化がないことが多く，質的嗅覚障害とすべきである．患者は，わずかなにおいでもそれを強く不快に感じると訴える．シックハウス症候群あるいは化学物質過敏症の症状のひとつとしても嗅覚過敏がある．シックハウス症候群の研究が進み，診断基準が提唱され，単なる精神疾患ではないことが明らかになったが，まだ社会的認知度は低く，病態の解明も十分ではないため，一般病院ではその診断は困難である．嗅覚過敏との関連でみると，シックハウス症候群の患者であっても，嗅覚閾値は正常者と比較して高くも低くもないことが報告されている（Doty, 1994；Caccappolo et al., 2000）．また，筆者らの研究でも，シックハウス症候群で嗅覚過敏を訴える患者において嗅覚閾値は正常者と同等であり，聴覚過敏でみられるコントラスト値の変化を嗅覚検査で行ったが，特に変化はみられなかった（三輪他，2005）．嗅覚過敏は，アスペルガー障害を含めた自閉症症例においても認められるが，医学的な解明はまだ進んでいない．

c. 嗅 盲

嗅盲は，ある特定のにおいのみ感じることができない状態を指す．そのようなにおい物質として古くから知られているのは，シアン化水素（青酸ガス）であり，そのアーモンド臭を感知できない人が約 10% 存在する（Kirk & Stenhouse, 1953）．また，スカンクの悪臭成分であるブチルメルカプタンを感知できない人が約 1000 人に 1 人いるといわれている（Patterson & Lauder, 1948）．近年，におい受容のメカニズムが解明され，におい分子とそれと結合する複数のにおい受容体との関係も解明が進められている．嗅盲に関しても，におい受容体遺伝子のレベルでの異常ととらえられ，新村（2014）がわかりやすく解説している．以下にその要約を示す．嗅盲は，特定の遺伝子が機能しない場合に，反応するにおい受容体のパターンが変化することにより発生する．反応するにおい受容体の種類が少ないにおい分子ほど，遺伝子の変異の影響を受けやすい．におい受容体遺伝子の変異と嗅盲との関連は，アンドロステノン（尿臭，OR7D4；Keller et al., 2007），イソ吉草酸（蒸れた靴下のにおい，OR11H7P；Menashe et al., 2007），cis-3-ヘキセン-1-オール（青葉のにおい，OR2J3；McRae et al., 2012），β-イオノン（スミレのにおい，OR5A1；Jaeger et al., 2013），グアイアコール（正露丸のにおい，OR10G4；Mainland et al., 2014）の 5 種類のにおい分子について証明され，報告されている．これらの中でイソ吉草酸に関しては，過敏性の上昇との関連が指摘されており，嗅盲とはいえないものの，臨床で用いられる基準嗅力検査（T & T オルファクトメーター）に用いられている嗅素であり，見逃すことはできない．先述のシアン化水素やブチルメル

カプタンに関しては，1950年前後の報告であり，受容体遺伝子レベルでの解明はなされていないが，いずれ解明されるであろう．

6.1.4　今後の展望

本節では嗅覚障害について，臨床的観点から述べたが，これらの病態の解明が基礎研究の発展によりなされてきたことが理解いただけたであろう．ただし，この中の多くは，あくまでも状況証拠による推論であり，物的証拠を用いて証明されていないものが多く含まれている．今後は，画像診断を含めた最新の技術により，人を用いての証明が必要である．また，新たに嗅覚障害診療ガイドラインが完成し発行された．今後の嗅覚障害患者の診断と治療に役立てられることが期待される．　　　　　　　　［三輪高喜］

引 用 文 献

Caccappolo, E., Kipen, H., Kelly-McNeil, K., Knasko, S., Hamer, R. M., Natelson, B., & Fiedler, N. (2000). Odor perception：Multiple chemical sensitivities, chronic fatigue, and asthma. *Journal of Occupational and Environmental Medicine, 42*(6), 629-638.

Costanzo, R. M. (2000). Rewiring the olfactory bulb：Changes in odor maps following recovery from nerve transection. *Chemical Senses, 25*(2), 199-205.

Costanzo, R. M., & Miwa, T. (2006). Posttraumatic olfactory loss. *Advances in Oto-Rhino-Laryngology, 63*, 99-107.

Devanand, D. P., Liu, X., Tabert, M. H., Pradhaban, G., Cuasay, K., Bell, K., ... Pelton, G. H. (2008). Combining early markers strongly predicts conversion from mild cognitive impairment to Alzheimer's disease. *Biological Psychiatry, 64*(10), 871-879.

Doty, R. L. (1994). Olfaction and multiple chemical sensitivity. *Toxicology and Industrial Health, 10*(4-5), 359-368.

Doty, R. L. (2012). Olfactory dysfunction in Parkinson disease. *Nature Reviews Neurology, 8*(6), 329-339.

Duncan, H. J., & Seiden, A. M. (1995). Long-term follow-up of olfactory loss secondary to head trauma and upper respiratory tract infection. *Archives of Otolaryngology, Head & Neck Surgery, 121*(10), 1183-1187.

藤枝 重治・坂下 雅文・徳永 貴広・岡野 光博・春名 威範・吉川 衛…浦島 充佳 (2015). 好酸球性副鼻腔炎 診断ガイドライン (JESREC Study) 日本耳鼻咽喉科学会会報, *118*(6), 728-735.

平川 勝洋 (2004). 嗅覚障害の予後の予測 日本耳鼻咽喉科学会会報, *107*(10), 937-942.

Hummel, T., Rissom, K., Reden, J., Hähner, A., Weidenbecher, M., & Hüttenbrink, K. B. (2009). Effects of olfactory training in patients with olfactory loss. *Laryngoscope, 119*(3), 496-499.

Jaeger, S. R., McRae, J. F., Bava, C. M., Beresford, M. K., Hunter, D., Jia, Y., ... Newcomb, R. D. (2013). A Mendelian trait for olfactory sensitivity affects odor experience and food selection. *Current Biology, 23*(16), 1601-1605.

Keller, A., Zhuang, H., Chi, Q., Vosshall, L. B., & Matsunami, H. (2007). Genetic variation in a human odorant receptor alters odour perception. *Nature, 449*, 468-472.

Kirk, R. L., & Stenhouse, N. S. (1953). Ability to smell solutions of potassium cyanide. *Nature*, *171*(4355), 698-699.

Mainland, J. D., Keller, A., Li, Y. R., Zhou, T., Trimmer, C., Snyder, L. L., ... Matsunami, H. (2014). The missense of smell：Functional variability in the human odorant receptor repertoire. *Nature Neuroscience*, *17*(1), 114-120.

McRae, J. F., Mainland, J. D., Jaeger, S. R., Adipietro, K. A., Matsunami, H., & Newcomb, R. D. (2012). Genetic variation in the odorant receptor OR2J3 is associated with the ability to detect the "grassy" smelling odor, *cis*-3-hexen-1-ol. *Chemical Senses*, *37*(7), 585-593.

Menashe, I., Abaffy, T., Hasin, Y., Goshen, S., Yahalom, V., Luetje, C. W., & Lancet, D. (2007). Genetic elucidation of human hyperosmia to isovaleric acid. *PLoS Biology*, *5*(11), e284.

三輪 高喜 (2007). 異嗅症 神経内科, *66*(4), 361-365.

三輪 高喜・八木 清香・塚谷 才明・古川 仭 (2005). 耳鼻咽喉科領域における化学物質と室内空気環境 日本気管食道科学会会報, *56*(2), 113-117.

Mombaerts, P., Wang, F., Dulac, C., Chao, S. K., Nemes, A., Mendelsohn, M., ... Axel, R. (1996). Visualizing an olfactory sensory map. *Cell*, *87*(4), 675-686.

Mori, J., Aiba, T., Sugiura, M., Matsumoto, K., Tomiyama, K., Okuda, F., ... Nakai, Y. (1998). Clinical study of olfactory disturbance. *Acta Oto-Laryngologica*, *118*(538), 197-201.

日本鼻科学会嗅覚障害診療ガイドライン作成委員会 (2017). 嗅覚障害診療ガイドライン 日本鼻科学会会誌, *56*(4), 487-556.

新村 芳人 (2014). 嗅覚受容体遺伝子と匂い知覚の多様性 実験医学, *32*(18), 2898-2904.

Oka, Y., Katada, S., Omura, M., Suwa, M., Yoshihara, Y., & Touhara, K. (2006). Odorant receptor map in the mouse olfactory bulb：In vivo sensitivity and specificity of receptor-defined glomeruli. *Neuron*, *52*(5), 857-869.

Patterson, P. M., & Lauder, B. A. (1948). The incidence and probable inheritance of smell blindness to normal butyl mercaptan. *Journal of Heredity*, *39*(10), 295-297.

Reden, J., Herting, B., Lill, K., Kern, R., & Hummel, T. (2011). Treatment of postinfectious olfactory disorders with minocycline：A double-blind, placebo-controlled study. *The Laryngoscope*, *121*(3), 679-682.

Ross, G. W., Petrovitch, H., Abbott, R. D., Tanner, C. M., Popper, J., Masaki, K., ... White, L. R. (2008). Association of olfactory dysfunction with risk for future Parkinson's disease. *Annals of Neurology*, *63*(2), 167-173.

6.2 神経変性疾患と嗅覚

　嗅覚障害はさまざまな神経変性疾患で認められる (Barresi et al., 2012；Doty, 2012). なかでもアルツハイマー型認知症（Alzheimer's disease；AD）やパーキンソン病 (Parkinson's disease；PD), レヴィ小体型認知症（dementia with Lewy bodies；DLB）では, 嗅覚障害は発症前から出現し, 早期から高頻度に認められることから, 診断のバイオマーカーのひとつとされている (Doty, 2012；Growdon et al., 2015). さらに PD において, 重度の嗅覚障害が認知症の発症予測因子になりうる可能性があり注目されている (Baba et al., 2012). 本節では嗅覚障害を呈する主な神経変性疾患について概説する.

6.2.1 パーキンソン病

PDの臨床症状には,振戦,筋強剛,無動,姿勢反射障害の特徴的な運動徴候に加え,嗅覚障害,便秘,うつ,睡眠障害,認知機能障害などさまざまな非運動症状があり,これらの非運動症状の多くが運動症状に先行して出現する.PDの病理所見は,神経細胞の脱落・変性と残存細胞の細胞質内におけるレヴィ小体の出現で,レヴィ小体は運動症状の責任部位である中脳緻密部に先行し,前嗅脳部(嗅球,嗅索),消化管や心筋の自律神経節など末梢レベルに蓄積する(Braak et al., 2003).したがって,PDにおける嗅覚障害は運動症状の発症前の重要な指標と考えられている.

a. パーキンソン病の嗅覚障害の特徴

PDの嗅覚障害に関しては,1975年にアミルアセテート検知閾値測定法で検知閾値が上昇することがはじめて報告された(Ansari & Johnson, 1975).以後,欧米でのUPSIT (University of Pennsylvania smell identification test) やSniffin's sticks testを用いた多くの研究から,PDの嗅覚障害は嗅覚閾値,嗅覚同定機能の両者ともに低下するが,においがしていても何のにおいかわからない,また間違ったにおいを同定してしまうなどの嗅覚同定障害がより特徴的である.また,嗅覚機能の低下は罹病期間,知的機能および抗PD薬の治療との間に関連がないとされている(Doty, 2012).

本邦における嗅覚検査では,検知閾値および認知閾値検査には基準嗅力検査法(T & Tオルファクトメトリー)が,嗅覚同定検査には日本人になじみのある12種類の嗅素から構成されたスティック型嗅覚同定検査(OSIT-J,コラム1参照)と嗅覚同定能力測定用カードキット(Open Essence)(ともに保険適用なし)が使用されている.臨床では検査の簡便さから嗅覚同定検査が用いられることが多い.日本人PD患者における嗅覚同定機能は2008年にOSIT-Jを用いた結果が報告された(Iijima et al., 2008).以降,報告により年齢や性別の割合が異なるため結果に多少の差異はあるがおおむね平均正答数は4.5問で,嗅覚同定検査の感度は健常者のカットオフ値を8とすると,感

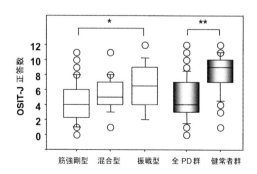

図6.1 PDの臨床病型による嗅覚同定機能の比較(Iijima et al., 2011)
*$p<0.01$, **$p<0.001$.

度が 85%，特異度が 85% である（Iijima et al., 2008；Miyamoto et al., 2009；Oka et al., 2010；Kikuchi et al., 2011；Suzuki et al., 2011；Izawa et al., 2012）．PD の臨床病型による検討では，振戦優位型は無動・筋強剛型に比し嗅覚同定機能が良好であった（図 6.1）．家族性 PD における嗅覚機能は，レヴィ小体病理を呈する PARK8（G2019S）では低下し，レヴィ小体病理がない PARK2，PARK8（I2020T, S1096C）では正常である（Doty, 2012）．また，嗅覚機能は心臓交感神経機能を評価する MIBG 心筋シンチグラフィの集積と正相関し，嗅覚機能低下者ほど心臓の交感神経障害が強いことが示唆された（Iijima et al., 2010；Oka et al., 2010）．

b. パーキンソン病の嗅覚障害の病理

PD における嗅球変性は運動障害が顕在化する以前からはじまる（Braak et al., 2003）．嗅球は神経構築変化，異所性の糸球体類似構造形成，ドパミン細胞の増加が報告されている（Huisman et al., 2004）．嗅球顆粒層のドパミンは嗅神経軸索から僧帽細胞樹状突起への神経伝達の抑制作用があり，嗅球のドパミン細胞増加は PD における嗅覚低下の一要因とされている．また，incidental Lewy body disease（生前は臨床的にパーキンソニズムを認めず，病理検査でレヴィ小体が認められる）患者において，嗅球に加え梨状皮質，扁桃体にレヴィ小体が観察されている（Sengoku et al., 2008）．

c. 嗅覚障害と脳構造・脳活動との関連

嗅覚機能と MRI 画像における眼窩前頭皮質，梨状皮質などの中枢嗅覚野の萎縮，嗅球の体積減少，嗅溝の深さ短縮との関連性や，fMRI における扁桃体，海馬，前頭葉眼窩面，中側頭回の活動低下が報告されている（飯嶋，2011）．嗅覚神経伝達にはドパミン，アセチルコリン，ノルエピネフィリン，セロトニンなどの複数の神経伝達物質が関与している．認知症のない PD において，嗅覚機能と海馬・扁桃体のアセチルコリンエステラーゼ活性，言語性記銘力検査のスコアとの有意な正相関（Bohnen et al., 2010）や，梨状皮質および扁桃体の代謝低下（Baba et al., 2012）が報告され，嗅覚障害と辺縁系のコリン系障害や記憶障害との関連性が示唆された．また，重度嗅覚障害をもつ PD 群では認知機能障害がなく運動症状が軽度の時期から前頭前野・扁桃体・帯状回などの萎縮や後頭葉〜頭頂葉の脳代謝異常を呈し，3 年後には認知機能・運動機能の悪化を認めており，重度の嗅覚低下は PD の認知症発症の予測因子になりうる可能性が示唆された（Baba et al., 2012）．

d. パーキンソニズムを呈する疾患における嗅覚機能

パーキンソニズムを呈する疾患には，多系統萎縮症（multiple system atrophy；MSA），進行性核上性麻痺（progressive supranuclear palsy；PSP），皮質基底核変性症（corticobasal degeneration；CBD），DLB，血管性パーキンソニズム（vascular parkinsonism；VP）などがあり，嗅覚障害はこれらの疾患の鑑別に有用である（表 6.3）．嗅覚機能は MSA，PSP では軽度の低下を認めるも PD に比し保たれており，CBD で

6.2 神経変性疾患と嗅覚 *173*

表 6.3 神経変性疾患における嗅覚障害

疾患	嗅覚障害
パーキンソン病	＋＋＋
レヴィ小体型認知症	＋＋＋
レム睡眠行動異常症	＋＋
アルツハイマー型認知症	＋＋
多系統萎縮症	＋
進行性核上性麻痺	±〜＋
皮質基底核変性症	±〜＋
認知症を伴う筋萎縮性側索硬化症	＋〜＋＋
遺伝性パーキンソニズム（PARK8, G2019S）	＋＋
遺伝性パーキンソニズム（PARK8, I2020T）	－
遺伝性パーキンソニズム（PARK2）	－
血管性パーキンソニズム	－

＋＋＋重度，＋＋中等度，＋軽度，±時に，－なし

は正常から軽度の低下であり，高度低下例は認知機能障害の影響が示唆されている（Kikuchi et al., 2011；Suzuki et al., 2011；Doty, 2012）．また，60〜70歳台の VP では嗅覚機能は比較的保たれる（Iijima et al., 2016）．PD と MSA，PSP との比較では，MRI での嗅球と嗅索の体積は PD 群で有意に小さく，OSIT-J，MRI 画像，MIBG 心筋シンチグラフィーによる交感神経変性を組み合わせた評価により PD 診断の特異度が上昇する（Sengoku et al., 2015）．

6.2.2 軽度認知症・認知症における嗅覚障害

認知症とは一度発達した認知機能が後天的な障害によって持続的に低下し，日常生活や社会生活に支障をきたすようになった状態で，その中核症状は記憶障害と認知機能障害（失語・失認・失行・遂行機能障害）からなり，周辺症状は不安，焦燥，抑鬱，徘徊，不眠，幻覚・妄想，暴言・暴力などがある．認知症の原因疾患は多岐にわたり，本邦では AD がもっとも多く，次いで脳血管性認知症で，その他に早期から幻視を伴う DLB などがある．

a. アルツハイマー型認知症の嗅覚障害の特徴

AD では第一次嗅覚野である嗅内野皮質から神経原線維変化がはじまることから（Braak & Braak, 1991），臨床的には早期から嗅覚機能が障害される（Murphy, 1999；Doty, 2012；Rahayel et al., 2012）．AD の嗅覚障害の特徴は同定機能が早期から障害され，認知機能低下に伴いさらに低下し，嗅覚閾値は同定機能に遅れて低下する点である（Mesholam et al., 1998）．日本人 AD 患者を対象とした Jimbo et al.（2011）の研究では，OSIT-J の得点は認知症のない対照群に比し AD 群で有意に低下し，内訳では墨汁，材木，バラ，ヒノキ，ニンニクで差異を認めた．また OSIT-J の得点は認知症スクリーニングテストであるミニメンタルステート検査（Mini-Mental State Examination；MMSE）お

およびアルツハイマー病評価尺度（Alzheimer's Disease Assessment Scale；ADAS-cog）と相関し，重度の AD でより嗅覚低下を示した．

ADとの鑑別疾患としてDLBがあげられる．DLBの中核症状は認知機能の動揺，幻視，パーキンソニズム症状で，DLBにおける嗅覚障害は早期から顕著で，ADに比し程度がより強いとされている（Williams et al., 2009；Sato et al., 2011）．

b. アルツハイマー型認知症の嗅覚機能と脳活動との関連

嗅覚同定機能と MRI 画像の海馬・海馬傍回の体積との相関，においを提示した際の早期 AD 患者の第一次嗅覚野における fMRI の BOLD 信号の低下（Kesslak et al., 1991），第一次嗅覚野，海馬，島のBOLD信号と UPSIT スコア，MMSE，臨床的認知症評価（Clinical Dementia Rating；CDR）などのスコアとの相関が報告され，嗅覚機能と認知機能および記憶に関与する脳領域との関連が示された（Wang et al., 2010）．図6.2 に自験例を示す．81 歳の男性，物忘れの自覚8か月後の MMSE は 26 点（満点 30 点，23 点以下は認知症の疑い）と正常範囲内であったが，OSIT-J の正答数は 4 点と低く，脳血流SPECTでは前頭葉から頭頂葉，後部帯状回の血流低下を認めた．3 年後には MMSE は 19 点に低下し認知症を発症し，脳血流低下の進行を認めた．

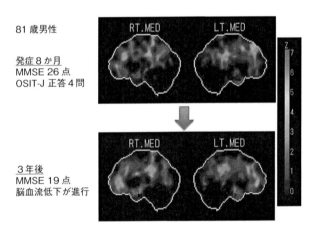

図 6.2　脳血流 SPECT の経時変化
物忘れを自覚してから8か月後（上），および3年後（下）の脳のSPECT検査結果（飯嶋，2015）．白い部分は血流低下部位を示す．［口絵7参照］

c. 軽度認知症

軽度認知症（mild cognitive impairment；MCI）は正常老化と認知症との間にある状態で，その病理・病態像はさまざまであり，臨床症状が記憶障害のみに限定される健忘性（amnestic）MCI の一部は AD に進展するとされている．MCIからAD へ移行する患者の背景には，嗅覚同定機能低下，言語性記憶能力低下，海馬の体積低下，嗅

内野皮質の体積低下，髄液 Aβ42 低下などがあげられている（Devanand et al., 2008；Vos, 2013；Doty & Kamath, 2014；Growdon et al., 2015）．健忘性 MCI 群と健常者群との嗅覚同定機能の比較では，健忘性 MCI 群が有意に低得点であり，低下例の一部がのちに AD と診断されている（Devanand et al., 2008）．また，認知症のない高齢者で嗅覚同定検査を施行し5年間の追跡調査をした結果，嗅覚機能が平均以下では MCI に移行する危険率が50%増加していた（Wilson et al., 2007）．日本人 MCI 220 例の検討では，重度の嗅覚同定機能低下群では正常群に比し言語性および視覚性記憶の低下を認めた（Makizako et al., 2014）．

6.2.3 レム睡眠行動異常症

レム睡眠行動異常症（REM behavior disorder；RBD）はレム睡眠時に筋緊張抑制が障害されることにより，夢体験と一致した激しい異常行動を示す睡眠時随伴症である．特発性 RBD における嗅覚機能の検討では，UPSIT, Sniffin's sticks test, OSIT-J による嗅覚障害が報告された（Miyamoto et al., 2009；Doty, 2012）．嗅覚異常の病態機序については十分に解明されていないが，拡散テンソル画像で嗅上皮，嗅球近傍の異常がとらえられている（Unger et al., 2010）．

RBD はさまざまな神経変性疾患で認められ，PD で15〜60%，MSA で90%，DLB で86%，AD で7%，PSP で11%に合併し，PD，DLB では発症前から出現する．特発性 RBD を5年間経過観察した結果，嗅覚障害を呈する RBD でレヴィ小体病を発症したことから，嗅覚障害の評価はレヴィ小体病の予測因子として有用である（Mahlknecht et al., 2015）．

6.2.4 筋萎縮性側索硬化症

筋萎縮性側索硬化症（amyotrophic lateral sclerosis；ALS）は骨格筋の収縮活動を司る運動ニューロンの変性により生じる筋萎縮症で，病理所見では異常リン酸化した TDP-43 タンパクが主成分である特徴的なユビキチン陽性封入体を認める．ALS では，まれに臨床的に嗅覚障害が観察されることがある（Barresi et al., 2012；Doty, 2012；Takeda et al., 2015）．Takeda et al.（2015）は孤発性 ALS の剖検脳における嗅覚関連領域の TDP-43 病理評価から，TDP-43 病理の局所密度・出現率は歯状回，海馬でもっとも高く，第一次嗅覚野の前嗅核，梨状葉，扁桃体周囲皮質では中等度で，嗅球および眼窩皮質ではもっとも低かったことを明らかにした．ALS 患者の嗅覚障害は認知機能低下と相関し，嗅覚関連領域において中枢（海馬）から末梢（嗅球）へ進展することが示唆された．

6.2.5 神経疾患における嗅覚機能評価の展望

高齢化に伴い神経変性疾患の AD や PD 患者は増加の一途をたどっている．神経変性疾患の根本治療はいまだ確立していないが，早期に診断し治療介入を開始することで，病気の進行抑制，介護負担の軽減，医療費削減などが期待できる．

神経変性疾患において，嗅覚機能評価は非侵襲的であり，早期診断，鑑別，臨床予後の評価に有用である．今後，これらの知見が普及し，より簡便にできる嗅覚検査法の開発が望まれる．　　　　　　　　　　　　　　　　　　　　　　　　　　[飯嶋　睦]

引 用 文 献

Ansari, K. A., & Johnson, A. (1975). Olfactory function in patients with Parkinson's disease. *Journal of Chronic Diseases, 28,* 493-497.

Baba, T., Kikuchi, K., Hirayama, K., Nishio, Y., Hosokai, Y., Kanno, S., ... Takeda, A. (2012). Severe olfactory dysfunction is a prodromal symptom of dementia associated with Parkinson's disease：A 3 year longitudinal study. *Brain, 135,* 161-169.

Barresi, M., Ciurleo, R., Giacoppo, S., Cuzzola, F. V., Celi, D., Bramanti, P., & Marinoet, S. (2012). Evaluation of olfactory dysfunction in neurodegenerative diseases. *Journal of the Neurological Sciences, 323,* 16-24.

Bohnen, N. I., Müller, M. L., Kotagal, V., Koeppw, R. A., Kilboum, M. A., Albin, R. L., & Frey, K. A. (2010). Olfactory dysfunction, central cholinergic integrity and cognitive impairment in Parkinson's disease. *Brain, 133,* 1747-1754.

Braak, H., & Braak, E. (1991). Neuropathological staging of Alzheimer-related changes. *Acta Neuropathologica, 82,* 239-259.

Braak, H., Del Tredici, K., Rüb, U., de Vos, R. A., Steur, E. N. J., & Braak, E. (2003). Staging of brain pathology related to sporadic Parkinson's disease. *Neurobiology of Aging, 24,* 197-211.

Devanand, D. P., Liu, X., Tabert, M. H., Pradhaban, G., Cuasay, K., Bell, K., ... Pelton, G. H. (2008). Combining early markers strongly predicts conversion from mild cognitive impairment to Alzheimer's disease. *Biological Psychiatry, 64,* 871-879.

Doty, R. L. (2012). Olfaction in Parkinson's disease and related disorders. *Neurobiology of Disease, 46,* 527-552.

Doty, R. L., & Kamath, V. (2014). The influenced of age on olfaction：A review. *Frontiers in Psychology, 5,* 20.

Growdon, M. E., Schultz, A. P., Dagley, A. S., Rebecca, E., Amariglio, R. E., Hedden, T., ... Marshall, G. A. (2015). Odor identification and Alzheimer disease biomarkers in clinically normal elderly. *Neulorogy, 84,* 2153-2160.

Huisman, E., Uylings, H. B., & Hoogland, P. V. (2004). A 100% increase of dopaminergic cells in olfactory bulb may explain hyposmia in Parkinson's disease. *Movement Disorders, 19,* 687-692.

飯嶋 睦 (2011). 嗅覚障害と神経変性疾患——嗅覚検査と画像—— 脳, *21*(14), 367-371.

飯嶋 睦 (2015). 認知症と嗅覚障害 *Progress in Medicine, 35*(4), 693-695.

6.2 神経変性疾患と嗅覚 177

Iijima, M., Kobayakawa, T., Saito, S., Osawa, M., Tsutsumi, Y., Hashimoto, S., & Iwata, M. (2008). Smell identification in Japanese Parkinson's disease patients : Using the Odor Stick Identification Test for Japanese subjects. *Internal Medicine, 47,* 1887-1892.

Iijima, M., Kobayakawa, T., Saito, S., Osawa, M., Tsutsumi, Y., Hashimoto, S., & Uchiyama, S. (2011). Differences in odor identification among clinical subtypes of Parkinson's disease. *European Journal of Neurology, 18,* 425-429.

Iijima, M., Osawa, M., Momose, M., Kobayakawa, T., Saito, S., Iwata, M., & Uchiyama, S. (2010). Cardiac sympathetic degeneration correlates with olfactory function in Parkinson's disease. *Movement Disorders, 25,* 1143-1149.

Iijima, M., Osawa, M., Uchiyama, S., & Kitagawa, K. (2016). Odor identification function differs between vascular Parkinsonism and akinetic-type Parkinson's disease. *Journal of Alzheimer's Disease & Parkinsonism,* 6 : 1. doi : 10.4172/2161-0460.1000207.

Izawa, M. O., Miwa, H., Kajimoto, Y., & Kondo, T. (2012). Combination of transcranial sonography, olfactory testing, and MIBG myocardial scintigraphy as a diagnostic indicator for Parkinson's disease. *European Journal of Neurology, 19,* 411-416.

Jimbo, D., Inoue, M., Taniguchi, M., & Utakami, K. (2011). Specific feature of olfactory dysfunction with Alzheimer's disease inspected by the odor stick identification test. *Psychogeriatrics, 11,* 196-204.

Kesslak, J. P., Nalcioglu, O., & Cotman, C. W. (1991). Quantification of magnetic resonance scans for hippocampal and parahippocampal atrophy in Alzheimer's disease. *Neurology, 41,* 51-54.

Kikuchi, A., Baba, T., Hasegawa, T., Sugeno, N., Konno, M., & Takeda, A. (2011). Differentiating Parkinson's disease from multiple system atrophy by [123I] meta-iodobenzylguanidine myocardial scintigraphy and olfactory test. *Parkinsonism & Related Disorders, 17,* 698-700.

Mahlknecht, P., Iranzo, A., Högl, B., Frauscher, B., Müller, C., Santamaría, J., ... Seppi, K. ; Sleep Innsbruck Barcelona Group (2015). Olfactory dysfunction predicts early transition to a Lewy body disease in idiopathic RBD. *Neurology, 84,* 654-658.

Makizako, M., Makizako, H., Doi, T., Uemura, K., Tsutsumimoto, K., Miyaguchi, H., & Shimada, H. (2014). Olfactory identification and cognitive performance in community-dwelling older adults with mild cognitive impairment. *Chemical Senses, 39,* 39-46.

Mesholam, R. I., Moberg, P. J., Mahr, R. N., & Doty, R. L. (1998). Olfaction in neurodegenerative disease : A meta-analysis of olfactory functioning in Alzheimer's and Parkinson's disease. *Archives of Neurology, 55,* 84-90.

Miyamoto, T., Miyamoto, M., Iwanami, M., Suzuki, K., Inoue, Y., & Hirata, K. (2009). Odor identification as an indicator of idiopathic REM sleep behavior disorder. *Movement Disorders, 24,* 268-273.

Murphy, C. (1999). Loss of olfactory function in dementing disease. *Physiology & Behavior, 66,* 177-182.

Oka, H., Toyoda, C., Yogo, M., & Mochio, S. (2010). Olfactory dysfunction and cardiovascular dysautonomia in Parkinson's disease. *Journal of Neurology, 257,* 969-976.

Rahayel, S., Frasnelli, J., & Joubert, S. (2012). The effect of Alzheimer's disease and Parkinson's disease on olfaction : A meta-analysis. *Behavioural Brain Research, 231,* 60-74.

Sato, T., Hanyu, H., Kume, K., Takada, Y., Onuma, T., & Iwamoto, T. (2011). Difference in olfactory dysfunction with dementia with Lewy bodies and Alzheimer's disease. *Journal of the American Geriatrics Society, 59,* 947-948.

Sengoku, R., Matsushima, S., Bono, K., Sakuta, K., Yamazaki, M., Miyagawa, S., … Iguchi, Y. (2015). Olfactory function combined with morphology distinguishes Parkinson's disease. *Parkinsonism & Related Disorders, 21,* 771-777.

Sengoku, R., Saito, Y., Ikemura, M., Hatsuya, H., Sakiyama, Y., Kanemaru, K., … Inoue, K. (2008). Incidence and extent of Lewy body-related α-synucleinopathy in aging human olfactory bulb. *Journal of Neuropathology & Experimental Neurology, 67,* 1072-1083.

Suzuki, M., Hashimoto, M., Yoshioka, M., Murakami, M., Kawasaki, K., & Urashima, M. (2011). The odor stick identification test for Japanese differentiates Parkinson's disease from multiple system atrophy and progressive supra nuclear palsy. *BMC Neurology, 11,* 157.

Takeda, T., Iijima, M., Uchihara, T., Ohashi, T., Seilhean, D., Duyckaerts, C., & Uchiyama, S. (2015). TDP-43 pathology progression along the olfactory pathway as a possible substrate for olfactory impairment in amyotrophic lateral sclerosis. *Journal of the Neuropathology & Experimental Neurology, 74,* 547-556.

Unger, M. M., Belke, M., Menzler, K., Heverhagen, J. T., Keil, B., Stiasny-Kolster, K., … Knake, S. (2010). Diffusion tensor imaging in idiopathic REM sleep behavior disorder reveals microstructural changes in the brainstem, substantia nigra, olfactory region, and other brain regions. *Sleep, 33,* 767-773.

Vos, S. J., Xiong, C., Visser, P. J., Jasielec, M. S., Hassenstab, J., Grant, E. A., … Fagan, A. M. (2013). Preclinical Alzheimer's disease and its outcome: A longitudinal cohort study. *The Lancet Neurology, 12,* 957-965.

Wang, J., Eslinger, P. J., Doty, R. L., Zimmerman, E. K., Grunfeld, R., Sun, X., … Yang, Q. X. (2010). Olfactory deficit detected by fMRI in early Alzheimer's disease. *Brain Research, 1357,* 184-189.

Williams, S. S., Williams, J., Combrinck, M., Christie, S., Smith, A. D., & McShane, R. (2009). Olfactory impairment is more marked in patients with mild dementia with Lewy bodies than those with mild Alzheimer disease. *Journal of Neurology, Neurosurgery & Psychiatry, 80,* 667-670.

Wilson, R. S., Schneider, J. A., Arnold, S. E., Tang, Y., Boyle, P. A., & Bennett, D. A. (2007). Olfactory identification and incidence of mild cognitive impairment in older age. *Archives of General Psychiatry, 64,* 802-808.

6.3 味 覚 障 害

6.3.1 味覚障害の疫学

a. 頻 度

味覚障害の有病者数についての統計は少ない．1994年のアメリカ国立衛生研究所のアンケート調査（対象8万人）の結果では，アメリカで110万人（人口1000人あたり5.5人）と推定されている（Hoffman et al., 1998）．日本では，1990年と2004年に日本口腔・

咽頭科学会が会員の医師に対して行った調査（村野他, 1992；Ikeda et al., 2005）があり，日本における患者数をそれぞれ14万人，23万人と推定している．

b. 患者像と動向

病院での臨床統計では，受診患者は女性が男性の2倍近くであり，高齢者に多い（図6.3, 6.4）．患者数は徐々に増加しており，高齢者人口の増加によると思われる．その理由は，単に加齢による機能低下のみではなく，高齢者には種々の合併症やそれに伴う多種類の薬剤の常用などの味覚障害の危険因子が介在しているためと推測される（愛場, 2011）．

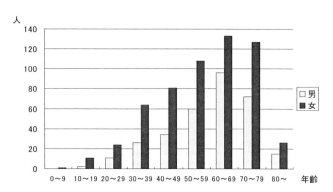

図6.3 味覚外来患者の年齢性別頻度（1999〜2009年，大阪市立総合医療センター，総数891名；男性316名，女性575名）

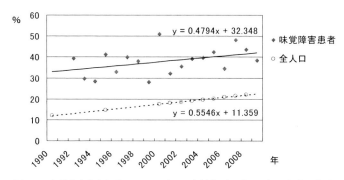

図6.4 味覚障害患者と全人口における，高齢者（65歳以上）の割合の年次変化（愛場, 2011）

6.3.2 味覚障害の症状

味覚障害（dysgeusia）の症状を分類すると，①部位的障害，②量的障害，③質的障害，に分けられる．①は，主として顔面神経，舌咽神経の障害により口腔内の特定の領域の

味覚が障害されるものである．②は，味をまったく感じない（味覚脱失；ageusia），薄く感じる（味覚減退；hypogeusia），といった症状である．③には，以下のような症状がある．

1）自発性異常味覚（phantogeusia, gustatory hallucination）：口の中には何もないのに特定の味が持続するという症状．その性質は，苦味，塩味，甘味，酸味，渋味，金属味など多彩である．

2）異味症・錯味（parageusia, gustatory distortion）：感じられるべき味が本来の味と異なった味になるという症状．

3）解離性味覚障害（dissociated dysgeusia, specific hypogeusia）：特定の味質だけがわかりにくいという症状．

4）悪味症（cacogeusia）：何を食べても嫌な味になるという症状．

5）風味障害，おいしさの障害：嗅覚障害のために味覚が障害されたように感じるという症状を風味障害と呼ぶ．「おいしさ」に影響する因子には，味覚以外に，嗅覚（におい），温度感覚，触覚（舌触り），視覚（色，つや，形）などの感覚のほか，内部環境（低血糖，脱水，塩分欠乏），外部環境（気温，雰囲気），さらには経験，習慣，満足度，嗜好性など多くの因子が関与している（鳥居・二宮，2002）．

このような質的異常を訴える患者は，味覚機能の低下をきたしていることが多いが，自覚症状とろ紙ディスク検査結果は一致しないことが多く（冨田，2002），異常味覚の症状の客観的評価は困難である．

異常味覚発生の機序としては，以下のようなものが考えられる．

1）全身状態・体内環境：体液中の糖分，電解質の濃度や，代謝産物，薬物などの影響，栄養素の欠乏などによる嗜好性の変化．

2）口腔内環境：唾液の量と性質，細菌叢の変化，歯牙の状態など．

3）味覚受容器：味細胞における受容体は味質により異なる．また修飾物質と呼ばれる感受性を変化させる種々の物質も存在する（井元，2002）．

4）味覚伝達神経：味細胞と味神経の関係は複雑で，多くの単一味細胞は複数の味質に応答し，1本の神経は複数の味細胞に接続する．味細胞の数が減ると味質の判別が鈍化し，異味症や解離性味覚障害の原因となりうる．

5）中枢神経：いくつかの脳内生理活性物質は，食物に対するおいしさ，まずさ，食欲と関係する（山本，2003）．感情や薬物などでこれらが変化しうる．

6）心理的・精神的要因：精神的ストレスでは苦味，酸味，甘味の感受性の低下が起こるが，肉体的ストレスでは酸味のみ低下が起こるとされている（中川，1997）．異常味覚・異常嗅覚の患者は35%にうつがあり，うつ患者の40%は，重症度，予後，薬物療法とは無関係に不快な味を訴えるといわれる（Schiffman, 1991）．

6.3 味覚障害

6.3.3　味覚障害の原因

味覚障害の原因には，以下のようなものがある．

a.　亜鉛欠乏

1970年代前半に，亜鉛欠乏が味覚障害を引き起こし，亜鉛投与によりそれが改善することが発見された．亜鉛は必須微量元素のひとつであるが，生体内では炭酸脱水酵素やDNAポリメラーゼ，RNAポリメラーゼをはじめとして，多くの酵素活性に関与している．動物実験でも，亜鉛欠乏により味細胞の形態的変化やターンオーバー時間の延長が報告されている（池田他，2006）．

b.　薬剤

味覚障害の原因のうち薬剤性の占める割合は，筆者の調査では，15.9％（うち因果関係が確実なものは1.9％）であるが，施設により4.0％から21.7％と報告に幅がある．味覚障害をきたす薬剤を表6.4に示す（愛場，2014）．また厚生労働省ホームページでも公開されている（重篤副作用疾患別対応マニュアル「薬物性味覚障害」：http://www.pmda.go.jp/files/000145452.pdf）．

抗潰瘍薬などによる急性発症の障害では，因果関係は比較的明らかであるが，降圧剤などのように長期に服用する薬剤によりもたらされるものは，因果関係が不明確なことが多い．癌の化学療法に起因する味覚障害の頻度は，単独では56.3％，放射線併用では76％といわれている（Hovan et al., 2010）．

発症メカニズムについては不明な点が多い．Doty & Bromley（2004）は，①化学物質のレセプターまでの運搬の障害（唾液分泌障害など），②レセプター周囲での化学的環境の変化（唾液の成分など），③レセプターでの受容機構への影響（協働，拮抗），④神経細胞膜での電位発生の障害（Caイオンチャネルへの影響など），⑤神経伝達物質への影響（シナプスでの再取り込みの障害など），⑥脳内神経ネットワークでの高次機能の変化，などをあげている．

抗腫瘍薬や亜鉛をキレートする薬剤は，味細胞の再生を阻害しているのではないかと考えられる．チオール基（-SH），カルボキシル基（-COOH），アミノ基（-NH$_2$）などの配位基があり，5員環，6員環キレートをつくる構造式をもっているものは，亜鉛キレート作用により味覚障害を起こすリスクが高いとされている（冨田，2011）．チオプロニン，カプトプリル，チアマゾール，ペニシラミン，レボドパ，フロセミドなどがその代表的な薬剤である．

c.　全身疾患

糖尿病，腎障害，肝障害，甲状腺機能障害などが味覚障害の原因となることがある．また，鉄欠乏性貧血では赤く平らな舌となり，味覚障害を伴う．ビタミンB$_{12}$欠乏による悪性貧血に伴うハンター舌炎や，ニコチン酸欠乏症であるペラグラも味覚障害の原因となる．

表 6.4　味覚障害をきたす薬剤（愛場，2014 より抜粋，改変）
外用薬など一部省略した．下線は嗅覚障害も報告されている．

薬効分類名	一般名
肝臓疾患用剤	チオプロニン
去痰剤	フドステイン
血圧降下剤・血管拡張剤	アラセプリル，アラニジピン，カプトプリル，カンデサルタンシレキセチル，シラザプリル，シルニジピン，ニプラジロール，バルサルタン，ペリンドプリルエルブミン，マレイン酸エナラプリル，リシノプリル，ロサルタンカリウム，塩酸イミダプリル，塩酸キナプリル，塩酸セリプロロール，塩酸テモカプリル，塩酸デラプリル，塩酸ベナゼプリル，塩酸マニジピン，酒石酸メトプロロール，トラピジル，ベシル酸アムロジピン
血管収縮剤・片頭痛治療薬	安息香酸リザトリプタン
解毒剤	D-ペニシラミン，エデト酸カルシウム二ナトリウム，ジメルカプロール，ホリナートカルシウム，メシル酸デフェロキサミン，メスナ，レボホリナートカルシウム，塩酸トリエンチン
解熱消炎鎮痛剤	アクタリット，アルミノプロフェン，イブプロフェン，インドメタシンファルネシル，ジクロフェナクナトリウム，スリンダク，チアプロフェン酸，マレイン酸プログルメタシン，メロキシカム，モフェゾラク，ロベンザリットニナトリウム
高脂血症用剤	アトルバスタチンカルシウム，シンバスタチン，フェノフィブラート，プラバスタチンナトリウム，フルバスタチンナトリウム，ベザフィブラート，ガンマオリザノール
抗腫瘍剤	シクロフォスファミド，塩酸ピラルビシン，エトポシド，ドセタキセル水和物，パクリタキセル，塩酸イリノテカン，酒石酸ビノレルビン，硫酸ビンクリスチン，硫酸ビンデシン，硫酸ビンブラスチン，レバミゾール，カペシタビン，カルモフール，テガフール，テガフール・ウラシル，テガフール・ギメラシル・オテラシル配合剤，ドキシフルリジン，フルオロウラシル，メトトレキサート，エキセメスタン，オキサリプリチン，カルボプラチン，シスプラチン，ソブゾキサン，フルタミド，メシル酸イマチニブ，塩酸ファドロゾール水和物，塩酸ミトキサントロン，三酸化ヒ素
ホルモン・抗ホルモン剤	チアマゾール，プロピオチオウラシル，レボチロキシンナトリウム，ダナゾール，ミトタン，酢酸ナファレリン，酢酸ブセレリン，酢酸リュープロレリン，酒石酸プロチレリン
抗てんかん剤	カルマバゼピン
抗パーキンソン剤	メシル酸ペルゴリド，レボドパ，レボドパ・カルビドパ，レボドパ・塩酸ベンセラジド，塩酸セレギリン
骨格筋弛緩剤	ダントロレンナトリウム
抗リウマチ薬	オーラノフィン，ブシラミン
習慣性中毒用剤	シアナミド
抗ウイルス剤	アシクロビル，アンプレナビル，エファビレンツ，エムトリシタビン・フマル酸テノホビルジソプロキシル，ガンシクロビル，サキナビル，ザナミビル水和物，ザルシタビン，ジダノシン，ジドブジン，ジドブジン・ラミブジン，ネビラピン，バルガンシクロビル塩酸塩，フマル酸テノホビルジソプロキシル，ホスカルネットナトリウム水和物，メシル酸サキナビル，メシル酸デラビルジン，メシル酸ネルフィナビル，リトナビル，ロピナビル・リトナビル，硫酸アタザナビル，硫酸インジナビルエタノール付加物

6.3 味覚障害 183

表6.4 続き

薬効分類名	一般名
抗原虫剤，抗真菌剤，ハンセン病治療薬	*イセチオン酸ペンタミジン*，*グリセオフルビン*，ポリコナゾール，イトラコナゾール，フルコナゾール，ホスフルコナゾール，*塩酸テルビナフィン*，クロファジミン
抗菌剤・抗生物質	エノキサシン，*オフロキサシン*，ガチフロキサシン水和物，*シプロフロキサシン*，スパルフロキサシン，トシル酸トスフロキサシン，ノルフロキサシン，プルリフロキサシン，リネゾリド，レボフロキサシン，塩酸ロメフロキサシン，*塩酸テトラサイクリン*，塩酸デメチルクロルテトラサイクリン，*塩酸ドキシサイクリン*，塩酸ミノサイクリン，アモキシシリン，アモキシシリン・クラブラン酸カリウム，イミペネム・シラスタチン，セフォジジムナトリウム，セフジニル，セフタジジム，塩酸セフェピム，硫酸セフピロム，*アジスロマイシン水和物*，*クラリスロマイシン*，ロキシスロマイシン，サラゾスルファピリジン
消化性潰瘍用剤	オメプラゾール，ファモチジン，ランソプラゾール，レバミピド，ランソプラゾール・アモキシシリン・クラリスロマイシン
止しゃ剤・整腸剤・その他の消化器官薬	塩酸ロペラミド，インフリキシマブ，クエン酸モサプリド，塩酸セビメリン水和物
催眠鎮静剤・抗不安剤	クアゼパム，トリアゾラム，ロフラゼプ酸エチル
精神神経用剤，ALS治療薬	アモキサピン，ゾテピン，フマル酸クエチアピン，マレイン酸トリミプラミン，*塩酸アミトリプチン*，*塩酸イミプラミン*，*塩酸クロミプラミン*，塩酸トラゾドン，*塩酸ノルトリプチリン*，塩酸マプロチリン，塩酸ミルナシプラン，リルゾール
抗ヒスタミン剤	メキタジン
アレルギー用薬	イブジラスト，エバスチン，ザフィルルカスト，セラトロダスト，トシル酸スプラタスト，フマル酸ケトチフェン，プランルカスト水和物，ラマトロバン，*ロラタジン*，塩酸アゼラスチン，塩酸エピナスチン，塩酸オロパタジン，塩酸セチリジン
抗血小板薬	塩酸サルポグレラート，塩酸チクロピジン
生物学的製剤	*インターフェロンアルファ*，インターフェロンベータ
泌尿生殖器官用薬	クエン酸シルデナフィル，ナフトピジル，塩酸タムスロシン，塩酸プロピベリン
鎮けい剤	*バクロフェン*
痛風治療剤	アロプリノール
糖尿病用剤	アカルボース，ナテグリニド，ボグリボース，塩酸メトホルミン
不整脈用剤	*塩酸アミオダロン*，塩酸エスモロール，*塩酸プロパフェノン*，塩酸メキシレチン，酢酸フレカイニド
利尿剤	*アセタゾラミド*，フロセミド
麻薬，麻酔薬	プロポフォール，塩酸オキシコドン
他に分類されない医薬品	アレンドロン酸ナトリウム水和物，イプリフラボン，エタネルセプト，エチドロン酸二ナトリウム，ゾレドロン酸水和物，タクロリムス水和物，ミゾリビン，リセドロン酸ナトリウム水和物，*ニコチン*

d. 口腔疾患
舌炎，口腔カンジダ症などの炎症，シェーグレン症候群などの口腔乾燥症，頭頸部癌の放射線治療によっても起こる．

e. 末梢神経障害
顔面神経（鼓索神経，大錐体神経）が障害される場合には，ベル麻痺，ラムゼイ-ハント症候群，中耳疾患（真珠腫性中耳炎など），外傷，聴神経腫瘍などがある．舌咽神経が障害されるのは，頸静脈孔症候群や球麻痺が代表的である．中耳手術，扁桃摘出術，直達喉頭鏡下の手術などの術後に発症することがある．

f. 中枢神経障害
脳血管障害，脳腫瘍，頭部外傷，神経変性疾患などにより発症する．

g. 心因
うつ，神経症，転換ヒステリーなどでみられる．心理的ストレスと味覚障害の関連性を明確に証明するのは困難なことが多い．

h. 遺伝
偽性副甲状腺機能低下症，ターナー症候群，ライリー-デイ症候群（家族性自律神経失調症），嚢胞性線維症など，いくつかの遺伝性疾患で味覚障害が出現することもある．

i. 特発性
明らかな誘因，原因の不明な症例をいう．実際には頻度は高く，筆者の統計では57.6%に上る（愛場，2011）．

実際の臨床例においては，複数の原因が合併することが多い．図6.5は，「味覚障害」とその原因に関しての複雑な相関関係を示した図である．偏った食生活などの生活習慣は，亜鉛などの微量元素やビタミンの不足から味覚障害を引き起こすとともに，高血圧，糖尿病，腎障害といった全身的疾患の原因になる．これらの生活習慣病は，それ自体が味覚障害の原因となるのみならず，その治療に用いられる薬剤も味覚障害を惹起する．

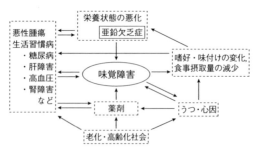

図6.5 味覚障害の悪循環

6.3 味 覚 障 害　　　185

味覚障害は，食事の嗜好の変化を起こし，栄養バランスを崩す原因になるとともに食事の楽しみを奪って，うつなどの精神的影響をきたし，それがまた食生活の悪化に繋がる．高齢者人口の増加は，こういった悪循環の構図に輪をかけている．

コラム 2 ● 神経変性疾患と味覚

　神経変性疾患のうち，頻度が高いアルツハイマー型認知症（AD）やパーキンソン病（PD）では，早期から嗅覚障害が生じることが知られており，早期診断のためのバイオマーカーとして注目されている（Berg, 2008）．一方，味覚がどうなるかを検討した報告は少なく，現在のところ，十分に解明されていない．これまで，軽度から中等度の AD または PD 患者を対象に味覚機能を検討したいくつかの報告があり，味覚機能も低下すると考えられているが，結果にばらつきがあり，その理由として，これらの疾患で生じる味覚機能の低下が高度なものではなく，検討症例数や使用した味覚検査の検出感度に影響を受けることが考えられる．

　AD 患者に対する検討には，甘味，塩味，酸味，苦味のいずれも感受性が低下するという報告（Steinbach et al., 2010；Ogawa et al., 2017）や，うま味の感受性は低下するという報告（Schiffman et al., 1990）がある一方で，苦味は低下しないという報告（Schiffman et al., 1990）や，軽度 AD 患者を対象とした検討では，甘味，酸味は低下しないという報告（Koss et al., 1988）がある．また，軽度認知障害（MCI）（Steinbach et al., 2010）や多発性脳梗塞による認知症（Schiffman et al., 1990）でも同程度の味覚低下を認め，AD 患者に特異的なものではなく，認知障害に伴い出現する可能性がある．MCI は AD への年間移行率が 10〜15% と高く，AD の前段階として臨床上重要であるが，味覚障害は，健常者と MCI, AD を区別する指標となる可能性がある．

　PD 患者に対する検討では，甘味，酸味，塩味，苦味いずれも低下するという報告（Cecchini et al., 2014）やこれらの低下は女性例でのみ認めるという報告（Kim et al., 2011）がある．一方，味質溶液による定性定量検査では味覚閾値の変化は認めなかったが，より詳細に味覚閾値を検出できる定量検査である電気味覚検査を行うことで味覚閾値の上昇を検出できたという報告（Sienkiewicz-Jarosz et al., 2005）がある．PD 患者で味覚低下を訴える割合は 9〜13% 程度（Sienkiewicz-Jarosz et al., 2005；Kashihara et al., 2011）であるが，自覚的症状がない程度の軽度の味覚低下であるため，実際にはもっと多くの PD 患者が潜在的な味覚障害を合併している可能性がある．AD で味覚障害が生じる機序として，早期から神経原線維変化が生じる海馬や扁桃体が，延髄弧束核から視床を経由し眼窩前頭皮質に投射する味覚中枢経路に含まれるためと考えられている．一方，病早期の PD では，弧束核や眼窩前頭皮質が障害されることはなく（Braak et al., 2002），どのような機序で味覚障害が生じるのか不明である．長期間の嗅覚障害は味覚に影響し，軽度の味覚低下を引き起こすことが報告されており（Landis et al., 2010），嗅覚障害による間接的な作用であるかもしれない．　　　　　　　　　　　　　　　[小河孝夫]

引用文献

Berg, D. (2008). Biomarkers for the early detection of Parkinson's and Alzheimer's disease. *Neurodegenerative Diseases, 5*(3-4), 133-136.

Braak, H., Del Tredici, K., Bratzke, H., Hamm-Clement, J., Sandmann-Keil, D., & Rüb, U. (2002). Staging of the intracerebral inclusion body pathology associated with idiopathic Parkinson's disease (preclinical and clinical stages). *Journal of Neurology, 249*(3), iii 1-iii 5.

Cecchini, M. P., Osculati, F., Ottaviani, S., Boschi, F., Fasano, A., & Tinazzi, M. (2014). Taste performance in Parkinson's disease. *Journal of Neural Transmission, 121*(2), 119-122.

Kashihara, K., Hanaoka, A., & Imamura, T. (2011). Frequency and characteristics of taste impairment in patients with Parkinson's disease：Results of a clinical interview. *Internal Medicine, 50*(20), 2311-2315.

Kim, H. J., Jeon, B. S., Lee, J. Y., Cho, Y. J., Hong, K. S., & Cho, J. Y. (2011). Taste function in patients with Parkinson disease. *Journal of Neurology, 258*(6), 1076-1079.

Koss, E., Weiffenbach, J. M., Haxby, J. V., & Friedland, R. P. (1988). Olfactory detection and identification performance are dissociated in early Alzheimer's disease. *Neurology, 38*(8), 1228-1232.

Landis, B. N., Scheibe, M., Weber, C., Berger, R., Brämerson, A., Bende, M., ... Hummel, T. (2010). Chemosensory interaction：Acquired olfactory impairment is associated with decreased taste function. *Journal of Neurology, 257*(8), 1303-1308.

Ogawa, T., Irikawa, N., Yanagisawa, D., Shiino, A., Tooyama, I., & Shimizu, T. (2017). Taste detection and recognition thresholds in Japanese patients with Alzheimer-type dementia. *Auris Nasus Larynx, 44*(2), 168-173.

Schiffman, S. S., Clark, C. M., & Warwick, Z. S. (1990). Gustatory and olfactory dysfunction in dementia：Not specific to Alzheimer's disease. *Neurobiolgy of Aging, 11*(6), 597-600.

Sienkiewicz-Jarosz, H., Scinska, A., Kuran, W., Ryglewicz, D., Rogowski, A., Wrobel, E., ... Bienkowski, P. (2005). Taste responses in patients with Parkinson's disease. *Journal of Neurology, Neurosurgery & Psychiatry, 76*(1), 40-46.

Steinbach, S., Hundt, W., Vaitl, A., Heinrich, P., Förster, S., Bürger, K., & Zahnert, T. (2010). Taste in mild cognitive impairment and Alzheimer's disease. *Journal of Neurology, 257*(2), 238-246.

6.3.4 味覚障害の診断

味覚障害の診断には，前述の各種の原因を想定して問診および検査を進めることになる（池田他，2006）．

a. 問　診

ポイントは，病悩期間，発症時の状況（感冒，歯科治療，頭部外傷，薬剤服用，心理的ストレスのエピソードなど），随伴症状（嗅覚障害，口腔症状など），合併症（肝障害，腎障害，糖尿病，消化器疾患，胃切除の既往，シューグレン症候群など），薬剤使用の有無などである．

b. 理学的所見

舌炎，特に悪性貧血や鉄欠乏性貧血でみられる赤い平らな舌や，舌苔，口内乾燥などの口腔内病変に注意する．

c. 検体検査

尿・血液一般,肝・腎機能,血糖値,亜鉛,鉄,銅を測定する.血清亜鉛値は検査施設により基準値が異なるが,一般的には 70 μg/dl 未満を低値とする.しかし血液の中に存在する亜鉛量は,全身の亜鉛量の 0.1% 以下ときわめて微量であり,さらに血清中の亜鉛量は全血液中の亜鉛量の 10〜20% にすぎない.また,食事の影響や日内変動もみられるため,血清亜鉛値は必ずしも全身の亜鉛栄養状態を十分に反映するものではないことにも留意する.

d. 味覚機能検査

味覚機能評価法として,現在日本の臨床現場で用いられているのは,電気味覚検査,ろ紙ディスク検査および全口腔法検査である.簡便な味覚検査法として食塩味覚閾値判定ろ紙(ソルセイブ®,アドバンテック東洋(株))も使用できる.これらは自覚的検査であり,客観的評価のためには他覚的味覚検査法が望まれるが,いまだに研究段階にある.

i) 電気味覚検査

舌を陽極の直流電流で刺激すると金属味と酸味の混じったような独特の味がする.電気味覚計として,リオン TR-06 型®(リオン(株))などがある.直径 5 mm のプローブ(陽極)を検査部位に押し当てて通電し,左右の鼓索神経,舌咽神経,大錐体神経領域の計 6 か所で閾値を測定する(図 6.6).

支配神経の領域ごとに検査することができるため,顔面神経や舌咽神経の障害の診断に有用であり,手技も容易で比較的短時間で検査できる.しかし,基本味質に関する閾値などの情報は得られず,三叉神経刺激で引き起こされる一般体性感覚との区別が難しい場合もある.

ii) ろ紙ディスク検査

検査キットとして,テーストディスク®(三和化学(株))が市販されている.甘味,塩味,

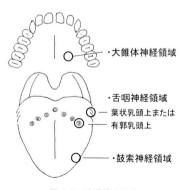

図 6.6 味覚検査部位

酸味，苦味の4種類，各5段階の濃度の味液があり，直径5mmの円形のろ紙に味液を浸して測定部位（図6.6）に置き，感じた味を答えてもらう．濃度番号2が正常者の中央値，3が正常者の上限である．4で認知した場合は軽度の，5で認知した場合は中等度の，5でも認知できない場合は高度の味覚減退とする．

味質ごとに，また神経領域ごとに検査できる点で優れているが，定量性は十分とはいいがたい面もある．

iii) 全口腔法

ろ紙ディスク法の濃度番号5でも認知できない場合は，番号1から順に口腔全体で含んだ場合に味覚が認知できるかを判定する．

6.3.5 味覚障害の治療

味覚障害の治療の原則は原因に基づく治療である．しかし，原因不明例が多いこと，自発性異常味覚，異味症のような病態の解明されていない症状もあること，また障害程度の客観的評価の困難さもあって，いまだに十分なエビデンスのある治療法が確立されているとはいいがたい．

a. 亜鉛内服療法

特発性・亜鉛欠乏性味覚障害については，亜鉛内服療法（愛場，2012）が基本である．ランダム化比較二重盲検試験も行われており（Yoshida et al., 1991；酒井他，1995；Heckmann et al., 2005；Sakagami et al., 2009），プラセボとの有意差が報告されているが，プラセボでも改善率が比較的高く，自然寛解も多い可能性が考えられる．

亜鉛の量は1日あたり亜鉛として少なくとも25mg以上の投与が推奨されるが，1日あたり50mg以上の投与の場合，過剰投与による弊害に注意が必要である．少なくとも2か月程度は投与を続けることが必要であるが，治療開始後6か月を超えても改善がみられないと効果は期待しにくくなる．

b. 薬剤性味覚障害の治療

対策は原因薬剤の中止であるが，薬剤と味覚障害の因果関係の証明は簡単にはできない．慢性疾患に使われているために中止の困難な薬剤が多く，治療には苦慮する．悪性腫瘍の治療すなわち化学療法剤や放射線治療に伴う味覚障害に対して，有効性が確実に証明されている治療法はない（Hovan et al., 2010）．

c. 疾患性の味覚障害の治療

疾患性の味覚障害の治療については以下のように考えられる（池田他，2006）．亜鉛欠乏の関与する場合は亜鉛も投与する．

1) 末梢神経障害：ビタミンB群，循環改善薬など．
2) 中枢神経障害：出血，梗塞，変性疾患などの各病態に応じた治療．
3) 全身疾患に伴う味覚障害：各基礎疾患の治療．鉄欠乏性貧血に伴う舌炎では鉄剤．

ハンター舌炎ではビタミン B_{12}.

4) 口腔・唾液腺疾患に伴う味覚障害：口内炎などではビタミンB群，ステロイド外用薬など．口腔カンジダ症では，抗真菌薬の含嗽や内服．口腔乾燥を伴う場合は唾液分泌促進薬や人工唾液など．

5) 心因性味覚障害：心身・精神医学的治療．

6) 風味障害：嗅覚障害の治療． ［愛場庸雅］

引 用 文 献

愛場 庸雅（2011）．味覚障害患者の動向　口腔・咽頭科，*24*(2)，135-140.

愛場 庸雅（2012）．味覚障害の治療法とその効果　口腔・咽頭科，*25*(1)，11-16.

愛場 庸雅（2014）．薬剤と味覚・嗅覚障害　日本医師会雑誌，*142*(12)，2631-2634.

Doty, R. L., & Bromley, S. M. (2004). Effects of drugs on olfaction and taste. *Otolaryngologic Clinics of North America*, *37*, 1229-1254.

Heckmann, S. M., Hujoel, P., Habiger, S., Friess, W., Wichmann, M., Heckmann, J. G., & Hummel, T. (2005). Zinc gluconate in the treatment of dysgeusia：A randomized clinical trial. *Journal of Dental Research*, *84*, 35-38.

Hoffman, H. J., Ishii, E. K., & MacTurk, R. H. (1998). Age-related changes in the prevalence of smell/taste problems among the United States adult population. Results of the 1994 disability supplement to the National Health Interview Survey (NHIS). *Annals of the New York Academy of Sciences*, *855*, 716-722.

Hovan, A. J., Williams, P. M., Stevenson-Moore, P., Wahlin, Y. B., Ohrn, K. E., Elting, L. S., ... Brennan, M. T. (2010). A systematic review of dysgeusia induced by cancer therapies. *Supportive Care in Cancer*, *18*(8), 1081-1087.

Ikeda, M., Aiba, T., Ikui, A., Inokuchi, A., Kurono, Y., Sakagami, M., ... Tomita, H. (2005). Taste disorders：A survey of the examination methods and treatments used in Japan. *Acta Oto-laryngologica*, *125*, 1203-1210.

池田 稔・愛場 庸雅・井之口 昭・黒野 祐一・阪上 雅史・西元 謙吾（2006）．味覚障害の原因，味覚障害の診断，味覚障害の治療　池田 稔（編）　味覚障害診療の手引き（pp. 13-25, 26-36, 37-43）金原出版

井元 敏明（2002）．味覚の生理学　*JOHNS*，*18*，885-890.

村野 健三・原口 兼明・渡辺 荘郁・内園 明裕・松永 信也・古田 茂…大山 勝（1992）．味覚障害臨床の診療側の現状 —— 味覚障害臨床の現状 —— 　口腔・咽頭科，*4*，31-40.

中川 正（1997）．ストレスと苦味　佐藤 昌康・小川 尚（編）　最新 味覚の科学（pp. 83-89）朝倉書店

Sakagami, M., Ikeda, M., Tomita, H., Ikui, A., Aiba, T., Takeda, N., ... Yotsuya, O. (2009). A zinc-containing compound, Polaprezinc, is effective for patients with taste disorders：Randomized, double-blind, placebo-controlled, multi-center study. *Acta Oto-laryngologica*, *129*, 1115-1120.

酒井 文隆・吉田 晋也・遠藤 壮平・冨田 寛（1995）．味覚障害に対するピコリン酸亜鉛の効果 —— 二重盲検法による有効性の検討 —— 　日本耳鼻咽喉科学会会報，*98*，1135-1139.

Schiffman, S. S. (1991). Drugs influencing taste and smell perception. In T. V. Getchell, R. L.

Doty, L. M. Bartoshuk, & J. B. Snow, Jr. (Eds.), *Smell and taste in health and disease* (pp. 845-862). New York : Raven Press.

冨田 寛 (2002). 味覚障害の臨床 ── とくに自発性異常味覚と特発性味覚障害 ── 脳の科学, *24*, 1049-1059.

冨田 寛 (2011). 薬剤性味覚障害 味覚障害の全貌 (pp. 316-345) 診断と治療社

鳥居 邦夫・二宮 くみ子 (2002). 味の栄養生理学的役割 *JOHNS*, *18*, 895-902.

山本 隆 (2003). おいしさと脳内生理活性物質 阪上 雅史 (編) 耳鼻咽喉科診療プラクティス 12 嗅覚味覚障害の臨床最前線 (pp. 203-205) 文光堂

Yoshida, S., Endo, S., & Tomita, H. (1991). A double-blind study of the therapeutic efficacy of zinc gluconate on taste disorder. *Auris Nasus Larynx, 18*, 153-161.

07　臭気環境分野への応用

7.1　臭気公害の現状と対策

7.1.1　悪臭苦情の発生状況

　自宅やオフィスにおいて嫌な臭気が漂ってくる場合，それが許容限度を超える強さや頻度になると苦情となる．一般的に，苦情は身近な自治体である市区町村に持ち込まれる．公害等調整委員会（2014）の調査によると，2013年度のわが国における悪臭苦情の件数は，典型7公害（大気汚染，水質汚濁，土壌汚染，騒音，振動，地盤沈下，悪臭）の中で大気汚染，騒音に次ぎ3番目に多い．

　環境省（2014）が臭気対策の基礎資料とするため実施している悪臭防止法施行状況調査結果から，図7.1に1975年度から2012年度までの全国の悪臭苦情件数の推移とその内訳を示した．1975年度には18039件の苦情があったが，そのうちもっとも苦情件数が多かったのは畜産農業で，5646件と全体の31％程度を占めていた．また，この時期は化学工場や製造工場に対する苦情も多かった．当時産業公害の発生源として問題となっていたのは，化製場（魚腸骨処理場，獣骨処理場など），畜舎，クラフトパルプ工場，石油精製工場などである．これらの産業における悪臭問題は比較的大規模で，事業場から数キロメートル先まで被害が及ぶ場合もあった．

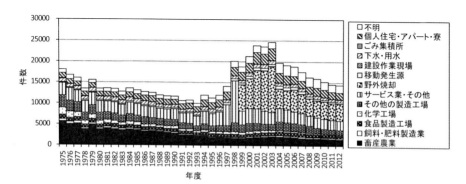

図 7.1　悪臭による苦情件数の推移とその内訳（環境省悪臭防止法施行状況調査より作成）

192 第7章 臭気環境分野への応用

その後，悪臭防止法などの整備も行われ，これらの産業に係る苦情は徐々に減少し，悪臭苦情件数は1993年度には9997件とはじめて1万件を割った．しかし，苦情件数はその後再び増加に転じ，1997年度からは苦情件数が急増した．この年は，ごみ焼却炉から排出されるダイオキシンが社会問題化した年である．

ダイオキシンは，当時マスコミによって「史上最強の猛毒物質」などとセンセーショナルに報道されたため，人々がダイオキシンに対して非常に敏感になったと考えられる．このことは，ダイオキシンが物の燃焼によって非意図的に生成される物質であり，急増した悪臭苦情が野外焼却に係るものであることからわかる．野外焼却を除くと，近年苦情が多いのはサービス業・その他，個人住宅・アパート・寮である．2012年度の総苦情件数14411件のうち，野外焼却（4038件）に次いで苦情が多いのはサービス業・その他で2209件，個人住宅・アパート・寮が1606件であるのに対し，畜産農業は1460件と減少している．以上のように，現在の悪臭公害は，以前の産業型と異なり，生活に関連する身近な悪臭が問題になっていることがわかる．

表7.1には，2012年度のサービス業・その他に係る苦情件数の内訳を示した．もっとも多いのは飲食店で，2209件中764件と約35%を占めている．次に多いのは自動車修理工場が132件，食料品店が124件である．すなわち，飲食店や食料品店など，一般には良いにおいであると思われるものが，悪臭苦情の大きな原因となっていることがわかる．

環境省が作成した「飲食業の方のための『臭気対策マニュアル』」によると，飲食店の中でも苦情が多いのは，焼肉・ホルモン店の肉を焼くときのにおいや油煙，惣菜・弁

表7.1 2012年度のサービス業・その他に係る苦情件数の内訳（環境省，2014）

業種	件数	業種	件数
飲食店	764	下水処理場	19
自動車修理工場	132	愛がん動物販売店	18
食料品店	124	ガソリンスタンド	14
クリーニング店・洗濯工場	74	駐車場	14
公衆浴場	73	学校	13
その他の販売店	72	美容院・理髪店	12
廃品回収業	55	不法投棄	10
資材置場	45	火葬場	6
ごみ焼却場	42	自動車解体業	4
医療機関	36	魚網洗浄・乾燥所	4
一般事業所	30	写真屋・現像所	3
旅館・ホテル	27	し尿処理場	2
運送業	25	プロパンガス詰め替え所	2
清掃業	22	と畜場	1
倉庫	20	へい獣取扱場	1
廃棄物最終処分場	19	その他	526
計			2209

当屋の製造工程から出る排水のにおい，ラーメン店でのスープを煮込むにおい，焼き鳥店での焼き鳥を焼くにおいや油煙，居酒屋のさまざまな調理のにおい，中華料理店のニンニクや油のにおいとなっている．このほか，苦情の原因となっているものとして，ファストフード・レストラン，水産食品加工，和食料理店，イタリアン・ピザ，うなぎ蒲焼，うどん，お好み焼き，たこ焼き，カレー，とんかつ，喫茶店（コーヒー），天ぷらなどがあげられており，ありとあらゆる食品のにおいが苦情の原因となる．これは，食事をしに行ったときや，あるいは通りすがりに飲食店のにおいを嗅ぐと良いにおいに感じるが，近隣に住む人にとっては，頻繁にそのにおいを嗅がされたり，あるいは洗濯物ににおいがついたりすることが起こると，我慢できなくなる場合が生じるためである．特に最近はマンションの1階や，周りがビルに囲まれているような場所に飲食店があると，調理の排気がマンションの上階や近隣の住居に直接侵入するような場合があり，苦情の原因となる．街中にあるレストランの排気ダクトを注意深く観察すると，ダクトが建物の外壁をくねくねと這って屋上に排気されている例を見ることができるが，これは排気が近隣の住居などを直撃しないための対策である．

7.1.2 悪臭防止法による臭気対策

悪臭公害とは，健康被害をもたらすというよりは，生活環境を損ない，主に感覚的・心理的な被害を与える感覚公害であり，結果は苦情として現れる．したがって，臭気対策の目標は苦情件数を減らすことにある．しかし，においに対する人の感受性はさまざまであり，生活習慣や健康状態によっても影響される．また，一般に悪臭物質は非常に低濃度でもにおうため，拡散によって広範囲に影響を与えることもあり，必ずしも発生源の特定は容易ではない場合もある．また，悪臭発生者と被害者の人間関係が悪化すると心理的な要因が大きくなり，必ずしも悪臭の程度とは関係のない要因が絡んでくると解決が困難になる場合もある．

悪臭苦情を減らすため，わが国では1971年に悪臭防止法が制定された．当時の悪臭防止法の基本構成は，悪臭の原因となる悪臭物質の特定，規制地域の指定，規制基準の設定，悪臭物質を排出する事業者に対しての規制基準の遵守の義務づけ，これに違反する事業者に対する改善勧告・改善命令などの措置などであった．当時，悪臭物質の規制により対策を進めることになったのは，人間の嗅覚を用いて臭気を評価する官能試験法（嗅覚測定法）の精度や普及が機器分析法に比べて不十分であったためである．しかし，感覚公害である悪臭を規制するための基準値は基本的に人間の嗅覚によるものでなければならない．そこで，悪臭防止法においては，臭気の感覚量の評価尺度として臭気強度を用い，あらかじめ調香師など官能試験に熟練した者により臭気強度と物質濃度との関係（永田他，1980）をしっかり把握しておけば，現場ではモニターやパネル（嗅覚を用いて臭気の有無を判定する者）などによる官能試験をしなくても機器を用いた物質濃度

第7章　臭気環境分野への応用

表 7.2　特定悪臭物質とその主な発生源（におい・かおり環境協会，2012）

物質	主な発生源
アンモニア	畜産農業，鶏糞乾燥場，複合肥料製造工場，でんぷん製造業，化製場，魚腸骨処理場，フェザー処理場，ごみ処理場，し尿処理場，下水処理場など
硫化水素	畜産農業，クラフトパルプ製造業，でんぷん製造業，セロファン製造業，ビスコースレーヨン製造業，化製場，魚腸骨処理場，フェザー処理場，ごみ処理場，し尿処理場，下水処理場など
メチルメルカプタン，硫化メチル，二硫化メチル	クラフトパルプ製造業，化製場，魚腸骨処理場，ごみ処理場，し尿処理場，下水処理場など
トリメチルアミン	畜産農業，複合肥料製造工場，化製場，魚腸骨処理場，水煮かん詰製造業など
アセトアルデヒド	アセトアルデヒド製造工場，酢酸製造工場，酢酸ビニル製造工場，クロロプレン製造工場，たばこ製造工場，複合肥料製造工場，魚腸骨処理工場など
プロピオンアルデヒド，ノルマルブチルアルデヒド，イソブチルアルデヒド，ノルマルバレルアルデヒド，イソバレルアルデヒド	塗装工場，その他の金属製品製造工場，自動車修理工場，印刷工場，魚腸骨処理工場，油脂系食料品製造工場，輸送用機械器具製造工場など
イソブタノール，酢酸エチル，メチルイソブチルケトン，トルエン，キシレン	塗装工場，その他の金属製品製造工場，自動車修理工場，木工工場，繊維工場，その他の機械製造工場，印刷工場，輸送用機械器具製造工場，鋳物工場など
スチレン	スチレン製造工場，ポリスチレン製造工場，ポリスチレン加工工場，SBR 製造工場，FRP 製品製造工場，化粧合板製造工場など
プロピオン酸	脂肪酸製造工場，染色工場，畜産事業場，化製場，でんぷん製造工場など
ノルマル酪酸，ノルマル吉草酸，イソ吉草酸	畜産事業場，化製場，魚腸骨処理場，鶏糞乾燥場，畜産食料品製造工場，でんぷん製造工場，し尿処理場，廃棄物処分場など

の測定により対応できるものとした．特定の物質濃度ではさまざまな臭気物質が混合している臭気全体の感覚量を表すことはできないが，当時は産業悪臭が主であったため，特定の悪臭物質を規制すれば，他の悪臭物質も同時に削減されると考えられた．たとえばクラフトパルプ工場では硫化水素を規制すれば同時に他の物質も削減されることが想定されていた．悪臭防止法制定当初においては，アンモニア，硫化水素など5物質の臭気物質濃度による規制基準が定められた．その後，逐次規制物質が追加され，現在，表7.2に示す22物質が特定悪臭物質として指定されている．

臭気強度については，表7.3に示す6段階臭気強度表示法が採用された．規制基準値としては，事業場の敷地境界線における基準値（第1号規制基準）のほか，煙突などの気体排出口における基準値（第2号規制基準），排出水における基準値（第3号規制基準）が定められた．第1号規制基準は，事業場から隣接する地域への臭気を規制するもので，臭気強度2.5から3.5の間に相当する物質濃度とし，地域の実情に応じて定められるこ

7.1 臭気公害の現状と対策 195

表 7.3 6段階臭気強度表示法

臭気強度	表現
0	無臭
1	やっと感知できるにおい（検知閾値濃度）
2	何のにおいであるかわかる弱いにおい（認知閾値濃度）
3	楽に感知できるにおい
4	強いにおい
5	強烈なにおい

表 7.4 9段階快・不快度表示法

快・不快度	表現
+4	極端に快
+3	非常に快
+2	快
+1	やや快
0	快でも不快でもない
-1	やや不快
-2	不快
-3	非常に不快
-4	極端に不快

ととした．臭気強度 2.5 とは臭気強度 2（何のにおいであるかわかる弱いにおい）と 3（楽に感知できるにおい）の中間，3.5 とは 3 と 4（強いにおい）の中間である．

なお，臭気公害は人間の嗅覚を通して不快感を与えるものであることから，物質濃度や臭気強度と快・不快度との関係も調べられている（永田他，1981）．快・不快度としては，表 7.4 に示す 9 段階快・不快度表示法が用いられている．

物質濃度による規制は，畜産やクラフトパルプ工場，塗装業などの産業からの悪臭については有効であるが，飲食店などから排出される，特定悪臭物質が含まれないにおいやさまざまな物質が多数混合している複合臭については必ずしも有効ではない．そのため，一部の地方自治体では，国に先行して条例により臭気濃度による規制を実施してきた．ここで，臭気濃度とは，あるにおいを無臭空気で希釈したときにちょうどにおいがなくなるときの希釈倍数である．臭気強度はにおいの強さの程度を判定するため個人差が大きいのに対し，臭気濃度はにおいの有無を判定するため比較的ばらつきが小さい．環境省においても，特定悪臭物質では対応できない飲食店などのサービス業などに対する苦情が相対的に大きくなってきたことや臭気濃度測定法が十分な精度をもって確立されてきたことから，1995 年に嗅覚測定法に基づく臭気指数規制を導入した．臭気指数とは次の式で定義される数値である．

$$臭気指数 = 10 \times \log（臭気濃度）$$

ここで，臭気濃度ではなく臭気指数が規制基準値として採用されたのは，臭気指数は

196 第7章　臭気環境分野への応用

表 7.5 臭気強度に対する臭気
指数（環境省，2002）

臭気強度	臭気指数
2.5	10～15
3.0	12～18
3.5	14～21

臭気濃度に比べてその数値が人間の嗅覚に近いためである．人間の嗅覚は，視覚や聴覚と同様に，感覚量は刺激量の対数に比例する（ウェーバー–フェヒナーの法則[1]）．たとえば臭気濃度 1000 と 2000 とでは 2 倍異なっているが，人間の嗅覚はそれほどの違いは感じない．これを臭気指数にすると 30 と 33 となり，こちらのほうが実際の人間の感覚に近くなる．また，この式において臭気濃度の対数を 10 倍しているのは，小数点をなくしてわかりやすくするためである．臭気指数による規制基準値は，物質濃度規制基準値と同様に，事業場の敷地境界線における基準値（第 1 号規制基準），気体排出口における基準値（第 2 号規制基準），排出水における基準値（第 3 号規制基準）が定められている．臭気指数と臭気強度との関係は，全国の自治体が 1983 年から 1992 年に実施した測定結果から表 7.5 のように求められている．ここで，たとえば臭気強度 2.5 に対応する臭気指数は 10～15 と開きがあるが，これは業種によってにおいの質が異なるためである．自治体は，臭気指数 10～21 の範囲で，地域の実情に応じて第 1 号規制基準値を設定する．

　臭気指数の測定には，嗅覚測定法のひとつであり，わが国で岩崎他（1978）により開発された三点比較式臭袋法と，三点比較式フラスコ法が用いられている．三点比較式臭袋法は，6 人以上のパネルが，3 つの袋の中のにおいを嗅ぎ，においの入っている 1 つの袋をあてるもので，無臭空気により徐々に希釈していき，においの入っている袋が嗅ぎあてられなくなったときの希釈倍数を求めるものである．三点比較式フラスコ法は，排出水の臭気指数を測定する方法で，三点比較式臭袋法の袋のかわりに三角フラスコを，無臭空気のかわりに無臭水を用いる方法である．

　これらの測定は，正常な嗅覚をもつ人により実施される必要があることはいうまでもない．そのため，パネルやオペレーターはパネル選定試験に合格している必要がある．パネル選定試験とは，一定濃度の 5 種類の基準臭（β-フェニルエチルアルコール，メチルシクロペンテノロン，イソ吉草酸，γ-ウンデカラクトン，スカトール）についてそのにおいを検知できるかどうかで判定するものである．これらの基準臭は，もともとは耳鼻科などでの嗅覚測定用基準臭として検討されていたもので，色や味と異なりにおいには原臭というものがないため，安定な物質でなるべく幅広いにおいが選ばれた．

---

1)　心理学でいうフェヒナーの法則と同じ．

悪臭防止法に基づく悪臭の測定は，基本的に市町村などの自治体が行うことになっている．しかし，現実には自治体の職員に精確に悪臭測定を実施できる専門性が必ずしもあるわけではない．そのため，悪臭の測定を管理・統括する責任者として臭気判定実務従事者（臭気判定士試験および嗅覚試験に合格しており，臭気判定士免状の交付を受けている者）が悪臭防止法において規定されている．自治体は，悪臭測定を民間の分析機関に委託する場合，臭気判定実務従事者が測定を実施する機関に委託しなければならない．臭気判定実務従事者は，臭気指数測定だけでなく，パネル選定試験，臭気のサンプリングも責任をもって実施する．

7.1.3 臭気対策の実際

a. 原因の解明

臭気対策を検討する場合，第一に，悪臭がどこからどの程度発生して周辺にどの程度影響を与えているかを把握する必要がある．臭気の発生源を把握するためは，先入観をもたずに事業場やその周辺をくまなく調べることが重要である．思わぬところに発生源が見つかる場合もある．また，臭気はある特定の作業や時間帯に発生することが多いため，調査の時期や時間帯にも注意する必要がある．また，臭気の強さの定量的な把握のためには，臭気濃度あるいは臭気指数の測定を行うことも有効である．さらに，1つの事業場内に複数の発生源がある場合には，その臭気の強さと発生するガス量によって影響の程度が異なるため，次の式で求められる臭気排出強度を算出してみることも重要である．

臭気排出強度＝臭気濃度×排出ガス量

すなわち，臭気濃度が低くても排出ガス量が多かったり，排出ガス量が少なくても臭気濃度が高ければ影響が大きいということである．

また，対策のためには，臭気濃度だけでなく臭気物質濃度も重要な情報となる．特に，複数の悪臭発生源がある場合の寄与率の推定や，脱臭装置の選定には，臭気物質濃度のデータがあると有効である（藤倉，2015）．たとえば，ある臭気ガスに含まれる臭気成分について，各成分の閾希釈倍数を以下の式によって求めれば，このもっとも大きい成分が主たるにおいの原因であると推定できる．

閾希釈倍数＝臭気物質濃度（ppm）/嗅覚閾値濃度（ppm）

これは，物質濃度が高くても嗅覚閾値濃度も高ければにおいは強くないが，物質濃度が低くても嗅覚閾値濃度が非常に低ければその成分のにおいは強いということである．嗅覚閾値のデータは，永田他（1990）によって223成分の値が測定されているが，たとえばアンモニアが1.5 ppmなのに対し硫化水素は0.00041 ppmと，物質によって濃度差が非常に大きいため，物質濃度だけでにおいを判断せず，必ず嗅覚閾値も参照することが重要である．

b. 臭気発生要因の改善

臭気の発生源を把握したあと，最初に行うべき対策は，臭気を発生させない方法を考えることである．すなわち，臭気を発生しない原材料への転換，臭気を発生させない工程の採用などがある．たとえば，ドライクリーニングや塗装，印刷などの業種では，芳香族化合物の含有量の多い有機溶剤が臭気の原因となるが，これを芳香族含有量の少ない溶剤へ転換することは臭気対策となる．また，有機溶剤のように揮発性の物質の排出量を削減するためには，こまめに容器の蓋をすることも有効である．これは簡単なことではあるが意外に面倒であるため，作業者が極力簡単に行えるように工夫することが重要である．また，近年はドライクリーニングの溶剤回収装置付き乾燥機やウェスからの溶剤回収装置なども普及している．これらの溶剤揮発抑制対策は同時にコスト削減にもつながることから積極的に行われることが望ましい．

化製場など原材料が腐敗により臭気を発するような場合には，腐敗が進まないよう原料貯蔵室の温度管理を行うことが有効である．また，一般に加熱工程では臭気が発生しやすいため，温度を過度に上げないことも重要である．

近年は，資源循環の観点から，家畜排泄物や廃食品などのコンポスト化も多く試みられているが，一部の施設では悪臭問題も起きている状況にある．コンポスト化においては，嫌気性になると不快な臭気成分が発生するため，通気条件などを工夫し好気性に保つことが重要となる．コンポスト化のような複雑な微生物系を扱う場合には，何よりもそれに関する正しい理解を事業者がもつことが必要である（中崎，2015）．

このほか，都市部ではニンニクを炒めたり，スープの仕込みなど，飲食店の排気も悪臭苦情の原因となるが，あらかじめ苦情の発生しない場所で調理した材料を使用するのもひとつの方法である．

また，いずれの業種においてもダクトやフィルターなどに汚れがたまって悪臭を発する場合も多いため，日常の清掃により設備を清潔に保つことが重要である．

c. 建屋からの臭気の漏洩対策

ごみ焼却施設や食品リサイクル工場などの大規模な施設では，臭気を発するピット内の空気を常に吸引し陰圧にすることで，臭気の漏れを防ぐことができる．吸引した空気は焼却炉の燃焼用空気に使うことで脱臭も可能である．一方，町工場など小さな施設では窓やシャッターを閉めることで臭気の漏洩を防ぐことが可能ではあるが，これは作業環境の悪化につながるため，作業者の健康被害など，別の問題を引き起こす可能性がある．このような場合は，臭気を吸引して周辺に影響のない場所に排出するか，脱臭処理をする必要がある．また臭気の吸引については，少ない風量で漏れなく吸引できればランニングコストをおさえられるため，フードの形状や位置，ファンの能力に注意することが重要である．

d. 大気拡散による対策

悪臭を感覚公害としてとらえた場合，悪臭を空気で薄めることも対策としては有効な手段である．悪臭の濃度が薄まれば感覚量も小さくなるため，問題は解決するからである．飲食店やコーヒーの焙煎店，ドライクリーニング店などは，住宅地に隣接していたり，高いビルに囲まれていたりして，その排気が直接苦情者の家屋などに侵入し苦情を引き起こすことが多い．このような場合は，排気ダクトの取り回しを工夫して，できるだけ臭気を拡散させて影響を小さくすることが対策のひとつとなる．臭気を拡散させる方法として，具体的には以下のようなものがある．第一に，排出口の高さであるが，周辺の建物よりも高くすることができれば拡散が進むため良い．次に，排出口の向きであるが，これは上向きにしたほうが拡散が進む．しかし，向きについては，雨除けのため，横向きや下向き，あるいは陣笠といって上向きの排出口の上に傘のような板を取り付ける場合も多いが，これらは拡散を妨げるため，臭気対策の観点からは必ずしもすすめられない．ただし，苦情者へ直接排気がいかないよう，苦情者の家とは逆方向に横向きの排出口を設けるなどの工夫は有効である．また，排気速度も速いほうが臭気の拡散が進むが，ファンの能力を上げなくてはならず，排気量，ダクト径，コストとのバランスをとることが重要である．

e. 作業時間の見なおし

ある特定の工程が悪臭苦情を引き起こしている場合，その作業時間を見なおし，苦情が発生しないような時間帯に作業を行うことが考えられる．たとえば，日中ではなく夜間に作業を行うことが考えられるが，夜間には騒音の問題も起きやすくなるため，注意が必要である．

f. 脱臭装置の導入

以上のようなさまざまな臭気対策を考えてもなお問題が残る場合には，脱臭装置の導入が必要となる．脱臭の原理は，表7.6に示したように多数あり，複数の原理を組み合

表7.6 主な脱臭方法の原理

脱臭方法	原理
直接燃焼法	臭気成分を800℃程度の高温で燃焼処理する
触媒燃焼法	白金などの触媒を用い，300℃程度の比較的低温で臭気成分を酸化分解する
蓄熱燃焼法	蓄熱材を用いてより省エネルギーで臭気成分を燃焼処理する
吸着法	活性炭などの吸着剤に臭気成分を吸着させ脱臭する
洗浄法	臭気成分を吸収する液体（水や酸，アルカリ）に臭気ガスを吸収させる
生物脱臭法	微生物の働きにより臭気物質を分解する
消・脱臭剤法	消臭剤，脱臭剤が臭気成分と反応して脱臭するものと，芳香剤によって臭気を隠ぺい（マスキング）するものがある
オゾン脱臭法	オゾンを発生させて臭気成分を分解する

わせて脱臭する場合もある．脱臭装置は，その維持管理が非常に重要で，一般にイニシャルコストだけでなくランニングコストもかなりかかる場合がある．たとえば，触媒燃焼法であれば触媒の交換，吸着法であれば吸着剤の交換や再生，消・脱臭剤法であれば薬剤の補充は必須である．また，臭気濃度をどれだけ下げられるかという脱臭効率も重要であるが，人間の感覚量は臭気濃度の対数に比例することから，脱臭効率が90％だとしても臭気の強さとしては半分くらいしか減らないように感じられる場合もある．よって，脱臭装置の導入にあたっては事前に慎重な検討が重要である．脱臭装置についての情報は，環境省のウェブサイトやにおい・かおり環境協会のウェブサイト（脱臭ナビ）にもあるので必要に応じ参照されたい．

g. 近隣住民とのコミュニケーション

悪臭問題がこじれると，苦情者はにおいが強くなくても被害感を訴えるようになる場合がある．いったんこのような状況になると，解決が困難になる．臭気を排出する事業者は，苦情を発生させないため，あるいは問題を解決するために，行政とも協力して近隣住民との良好なコミュニケーションを図ることが重要である．　　　　　［上野広行］

引 用 文 献

岩崎 好陽・福島 悠・中浦 久雄・矢島 恒広・石黒 辰吉 (1978)．三点比較式臭袋による臭気の測定 (1) ── 発生源における測定 ──　大気汚染学会誌, *13*, 246-251.

藤倉 まなみ (2015)．悪臭防止行政の変遷 ── 臭気判定士制度に至る経緯 ──　第56回大気環境学会年会講演要旨集, 124.

環境省 (2002)．臭気対策行政ガイドブック平成14年4月

環境省 (2011)．飲食業の方のための『臭気対策マニュアル』

環境省 (2014)．平成24年度悪臭防止法施行状況調査

公害等調整委員会 (2014)．平成25年度公害苦情調査 ── 結果報告 ──

永田 好男・石黒 智彦・長谷川 隆・竹内 教文・古川 修・仲山 伸次・重田 芳廣 (1981)．悪臭物質の濃度と不快度の関係に関する検討　日本環境衛生センター所報, 76-82.

永田 好男・竹内 教文 (1990)．三点比較式臭袋法による臭気物質の閾値測定結果　日本環境衛生センター所報, 77-89.

永田 好男・竹内 教文・石黒 智彦・長谷川 隆・仲山 伸次・重田 芳廣 (1980)．悪臭物質の濃度と臭気強度との関係　日本環境衛生センター所報, 75-86.

中崎 清彦 (2015)．コンポスト化における臭気の発生と微生物の働き　におい・かおり環境学会誌, *46*, 14-19.

におい・かおり環境協会 (編)(2012)．ハンドブック悪臭防止法 六訂版　ぎょうせい

7.2　悪臭の表現・分類

日常生活臭の表現や分類については1.2節で述べたが，本節では，悪臭の表現の特徴や悪臭の分類について述べる．ここでいう悪臭とは臭気公害に関連するにおい物質，特

に悪臭防止法で定められた特定悪臭物質やその関連臭気が提示するにおいや現場臭気などを指す.

7.2.1 悪臭物質に対する表現は多様で個人差が大きい

臭気の規制は悪臭を発する化学物質の物理的濃度や,臭気指数によって行われている(7.1 節参照).これらの基準は感覚強度に対応させた値(悪臭防止法で悪臭物質の許容範囲とされた臭気強度 2.5〜3.5. 7.1 節参照)であるが,臭気への苦情は強度だけでなくそれがどんなにおいかというにおいの質(略してにおい質,悪臭に対しては臭気の質,略して臭気質ともいう)の不快性に負うところが大きい.たとえば,同じ感覚強度でも糞便のにおいは革のにおいより不快である.臭気質と快不快度の関連が強いことは,臭気質と臭気強度の評定から快不快度を推定するニオイプロフィール加算法(斉藤他,1988)が提案されていることからも察することができる.にもかかわらず,1980 年代まで悪臭の臭気質に関する報告は少なく,筆者の知るところでは,悪臭公害調査をもとに,悪臭を発生する事業所の種類と周辺住民が申し立てる臭気質との関係を述べた日本環境衛生センターの報告(重田,1980)ぐらいであった.

筆者らは,臭気公害にかかわるさまざまな臭気の閾値,感覚強度,快不快度,臭気質を調べた一連の研究(たとえば斉藤他,1985)の中で,悪臭防止法で定められた特定悪臭物質やその関連物質,さまざまな官能基をもつ単体におい物質,さらに現場臭気などを含む 41 種類の臭気(表7.7)について,あらかじめ準備した 121 のにおいの記述語へのあてはまり度を評価させた.単体悪臭物質は可能な限りオルファクトメータ(坂口他,1981)で提示し,一部はにおい瓶で提示した.実験参加者は,現場臭の多くを現場に行って嗅いだが,そのうちの 1 つは養鶏場の臭気を一晩ポリマービーズに吸着させ,オルファクトメータに移して提示した.また,あらかじめ用意された記述語リストの中に適切な記述語がない場合は新たに記述語をつけ加えることも許された.追加された項目は記述語リストに加えられ,他の実験参加者にも提示された.ほとんどの臭気は高濃度から順に閾値に達するまでの多段階の濃度で一人ずつ順に提示されたため,後の臭気質の解析で用いられた臭気強度を 2.5〜3.5 に感じる濃度の実験では,追加された記述語が全実験参加者に提示されていた.新たに追加された項目は 83 項目で,追加された記述語には「○○ミルクキャラメルを食べすぎたときのニオイ」や「古い型の列車に乗り込んだときの座椅子や車体のニオイ」など実験参加者の個人的な体験に基づくものが含まれていた.最終的には 180 項目の多様な記述語が 41 の臭気の質の記述として用いられた.その結果,1 つの臭気には平均で 22.4 項目が選ばれ,悪臭の臭気質表現の多様性が示された(斉藤他,1997).

一方,全員が同じ記述語を選んだ臭気は,唯一,現場臭の「鶏小屋」で,全員が記述語「とり小屋のニオイ」を選んだ.実験参加者は鶏小屋のにおいという共通の認識があ

202 第7章 臭気環境分野への応用

表7.7a 実験に用いた単体におい物質（斉藤他，1997）

分類	におい物質
含硫黄化合物	メチルメルカプタン[注]，硫化メチル，二硫化メチル
アルデヒド類	ホルムアルデヒド，アセトアルデヒド
ケトン類	アセトン，メチルイソブチルケトン，メチルエチルケトン
エステル類	酢酸メチル，酢酸エチル，酢酸 n-プロピル，酢酸 n-ブチル
脂肪酸類	蟻酸，酢酸，プロピオン酸，イソ吉草酸
脂肪族アルコール類	エチルアルコール，n-プロピルアルコール，イソプロピルアルコール，n-ブチルアルコール，イソブチルアルコール
芳香族アルコール類[*]	フェノール，o-クレゾール，m-クレゾール，p-クレゾール，2,6 キシレノール
インドール類[*]	インドール
アミン類	アンモニア，トリメチルアミン，トリエチルアミン
芳香族炭化水素類	ベンゼン，スチレン，トルエン，キシレン

[*] におい瓶で提示．他はオルファクトメータで提示．
注) メチルメルカプタンのみはベンゼンに溶かしたものをオルファクトメータで提示．

表7.7b 実験に用いた現場臭（斉藤他，1997）

分類	内容
生ごみ	タマネギなどの野菜くずをビニール袋に入れてゴムで閉じておき，1週間後に袋の口を開けたときのにおい
鶏小屋（前室）	畜産試験場で臭気分析のためにつくられた鶏小屋の前室に入ってにおいを嗅ぐ
鶏小屋（臭気採集口）	鶏小屋の臭気採集口に近づいてにおいを嗅ぐ
鶏小屋	鶏小屋に入ってにおいを嗅ぐ
堆肥場	畜産試験場の堆肥場に近づいてにおいを嗅ぐ
牛小屋	畜産試験場の牛小屋に近づいてにおいを嗅ぐ
収集した鶏小屋[a]	鶏小屋の臭気採集口から約15時間かけて，鶏小屋のにおいをポリマービーズに吸着させ，それを加熱してオルファクトメータのガスタンクに移したにおい

a) 農林省畜産試験場（現在の農研機構畜産研究部門）のご厚意により養鶏場から収集された臭気をオルファクトメータで提示．他は現場で嗅いだ．

るため，当然の結果であるが，他の現場臭では全員が選んだわけではなかった．その理由として，実験参加者はにおいそのものを評価するよう教示されていたので，たとえ現場（たとえば牛小屋）にいても，その現場のにおいがその実験参加者がイメージする「牛小屋のにおい」と一致しない場合は選ばないと考えられる．また，同じ臭気をオルファクトメータで提示した「収集した鶏小屋」では，全員が共通に選んだ記述語はなく，半数以上が共通に選んだ記述語もなかった．ここで「収集した鶏小屋」の臭気はオルファクトメータに移す過程で加熱されるため，臭質が現場臭とまったく同じとはいえなかったが，このことを勘案しても，嗅覚以外の情報がない場合のにおいの質表現は，多種多様で個人差が大きいことがわかる．

7.2 悪臭の表現・分類

表7.8 硫化メチルに対して選ばれた記述語

選んだ実験参加者の人数	選ばれた記述語
全員	なし
過半数	なし
2人以上半数未満	嫌悪臭，生ぐさい（魚臭い），くどい，吐き気のしそうな，モヤモヤとしたニオイ，ねぎのくさったような，海苔のつくだ煮，どぶ臭い，青のりの臭い
1人のみ	腐敗臭，野菜の腐ったような，刺激性の，干し草のような，にんにくのような，ゴム臭，汗のような（汗くさい），硫黄のような，油っぽい，かびくさい，蒸したような，重い，窒息しそうな，むせるような，屋台でのガスバーナー（アセチレンガス），キノコのような，とろろ昆布のニオイ，動物園のたぬき小屋，ニラのような，魚ではない生ぐさい，豚肉をゆでたような，味噌のような，味噌煎餅のような，とり小屋のニオイ，パルプ工場のニオイ，くつ下の蒸れたような，血なま臭い，タバコ臭，磯（海藻）のような，乾物臭，動物のような，硫酸のような，かまぼこ様の，都市ガスのような，おしめのような，ちくわの天ぷらのような

注）記述語の表記は，実験参加者によって追加されたものも含め，実験で用いられたものを原則，そのまま示す．

次に，過半数の人が選んだ記述語は，約半数の 23 臭気に対して 1 臭気あたり 1～4 項目で，平均すると 1 臭気あたり 1.3 項目にすぎなかった．次に 2 人以上半数までが選んだ項目は，40 臭気に対して 1 臭気あたり 1～22 項目で，平均すると 1 臭気あたり 8.4 項目と増えた．さらに，1 人だけが選んだ記述語は 1 臭気あたり 3～36 項目で，平均すると 1 臭気あたり 13.8 項目と増加した．例として，あまりなじみのない硫化メチルについて，全実験参加者が選んだ項目，過半数が選んだ項目，2 人から半数未満の人が選んだ項目，1 人だけが選んだ項目を表 7.8 に示す．

以上，臭気公害に関連したにおい物質や現場臭の記述語による質の評定において，実験参加者の間で共通の項目が選ばれることは少なく，臭気質の感じ方や表現方法に大きな個人差があることがわかった．これは，実験参加者がにおいを嗅いだときに，これまでに蓄積されたさまざまなにおいの記憶と照合し，関連づけるものに個人差があるためと考えられる．たとえば，実験参加者 1 人だけによって追加された記述語の中には，「魚の焼いた残りが網について，それが数日後に焦げているニオイ」のように個人的な体験を示すものがある．このことは私たちがにおいを記憶するときに，嗅覚以外の多くの他の情報を同時に取り込んで記憶していることを示す．そして，においの質の判定では，そのとき取り込んだ視覚情報や体験が一緒に引き出される．つまり，においと共存した嗅覚以外の情報は，においの質，さらににおいの快不快を決めるのに重要な働きをしているといえる．

また，ここで用いた臭気が悪臭物質を中心とした単体臭であったため，具体的なイメージとしてとらえにくかったことも，個人差が大きかった一因と考えられる．このように

個人差の大きい質の判定をどう扱っていくかも臭気対策における今後の課題であろう.

7.2.2 悪臭の分類

臭気公害に関連した悪臭を分類するため,斉藤他(1985)は,臭気強度が2.5〜3.5と評価された単体臭および現場臭気のにおい質のデータに数量化3類を適用した.その結果,第1軸には,一方に悪臭の中でも比較的不快でない「アルコール臭」や「シンナー臭」が位置し,他方に不快な「腐敗臭」や「生ぐさ臭」が位置する「快-不快」の次元が抽出された.第2軸には「酸味臭」の次元,第3軸には「刺激の強さ」に関する次元が抽出された.これら3つの次元は,これまでに悪臭だけでなくにおい全体を対象とした解

表7.9 悪臭の類型(斉藤,2017)

類型	臭気(源)
1 腐敗臭	生ごみ
2 生ぐさ臭	トリメチルアミン,硫化メチル,トリエチルアミン
3 青海苔臭	硫化メチル
4 ニンニク臭	二硫化メチル
5 鶏糞臭	鶏小屋,鶏小屋(前室)
6 土壌臭	鶏小屋(臭気採集口)
7 焦げ臭	収集した鶏小屋
8 蒸らしたにおい	トリメチルアミン
9 干し草のにおい	堆肥場
10 糞便臭	牛小屋,アンモニア
11 酸味臭	酢酸
12 アンモニア臭	アンモニア
13 シンナー臭	酢酸ブチル,ホルマリン,ベンゼン,酢酸エチル,アセトアルデヒド,メチルイソブチルケトン,アセトン,スチレン,トルエン,メチルエチルケトン,エチルアルコール
14 アルコール臭	イソブチルアルコール,n-ブチルアルコール,イソプロピルアルコール,n-プロピルアルコール
15 消毒用クレゾール臭	インドール,m-クレゾール
16 正露丸のにおい	o-クレゾール,フェノール,2,6-キシレノール,p-クレゾール
17 汗のにおい	イソ吉草酸
18 魚の腐った	魚腸骨処理場,飼料工場,水産加工場
19 卵の腐った	セロファン工場,レーヨン工場,汚染された湖や運河
20 獣の腐った	フェザー工場,皮革工場
21 獣の焦げるような	獣骨処理場,フェザー工場,野犬焼却炉
22 ゴムの焼けるような	ゴム工場,廃品回収業

注)縦に結んだ類型は空間上の位置が相対的に近いことを示す.

析でもよく抽出されてきたものである．ただ，今回の結果では各軸の寄与率は小さく3軸あわせても22.9%で，3軸で全データの1/4弱しか説明していない．このことは臭気公害に関連した臭気質の評価が多様でかつ個人差が大きいことからくると思われる．

次に，1〜5軸までの空間（寄与率35.3%）に広げて，評価に用いられた記述語がどのようにグループ分けされているかみると，表7.9の点線上段に示す17分類があげられた．これら17分類と冒頭にあげた日本環境衛生センターの重田（1980）が，実際の悪臭現場からの臭気質表現として得た13項目を比較すると，重田は現場臭のみ，斉藤らは単体臭を主とした臭気であったが，13項目中8項目が共通していた．そこで，重田（1980）の13項目の中で17分類と重なりのなかった5項目を表7.9の点線の下に記した．これらは1980年代までの臭気公害にかかわる臭気の主な分類といえよう（斉藤，2017）．

7.2.3 環境臭気の臭気質評価のための記述語の選定

筆者らは，日常生活臭を大まかに分類すると「花・食品」「悪臭」「草木」「化学的なにおい」の4類型に，さらに細かく表現すると9, 12, 18, 19の類型になることを示した（1.2節参照）．この類型はにおい全般に対しての類型であるので，悪臭に関する記述語を細分化することによって，提示された悪臭のより詳細な質の評価が可能になる．斉藤・綾部（2002）は，悪臭の臭気質評価のための記述語として表7.10に示す28項目を用いた．この場合評価者は評価にかける時間が十分にあったので，悪臭以外のにおいも含んだ28項目としたが，時間をかけられないときはさらに少ない項目にしぼることもできる．悪臭に限らず，臭気の質の評価を行う場合は，このように対象となる臭気の質を表す記述語を細分化させて複数提示することが必要である．それによって対象とされる臭気群の臭気質の多様さを適切に表現でき，識別も可能となる．このような記述語を用い

表7.10 悪臭の質の評価のための記述語（28項目）の例（斉藤・綾部，2002）

腐敗臭	家畜小屋
糞便・尿臭	蒸れた靴下
汗	口臭
生臭い	薬臭い
プロパンガス（都市ガス）	土
物が燃えるにおい	メントール
線香	草木
自動車の排気ガス	シンナー臭
のり（食品）	バター
醤油	パセリ
酢	コーヒー
甘い菓子	花香・果実香
かび	カレー
タマネギ	ゴム

た臭気質の評価とあわせて臭気濃度（7.1節参照），感覚強度，快不快度，身体部位の不快感（金村他，1989）を計測することによって，環境臭気の心理的評価を総合的に行うことができる．

　今後，環境臭気対策に，ここで示したような臭気質に関する言葉を使った計測法を取り入れることによって，より実感に近い臭気の評価が可能になることを期待する．

[斉藤幸子]

引 用 文 献

金村　早穂・斉藤　幸子・飯田　健夫（1989）．ニオイの快・不快度の直接的・間接的評価法の検討　人間工学，*25*，77-86．

斉藤　幸子・綾部　早穂（2002）．環境臭気におけるにおいの質の評価のための記述語の選定——記述語による日本の日常生活臭の類型から——　臭気の研究，*33*，1-12．

斉藤　幸子・飯田　健夫・坂口　豁（1985）．嗅気物質に対する嗅感覚特性　製品科学研究所研究報告，*102*，13-23．

斉藤　幸子・飯田　健夫・坂口　豁・児玉　廣之（1997）．悪臭の質の記述の特徴　臭気の研究，*28*，32-43．

斉藤　幸子・飯田　健夫・山村　光夫・金村　早穂（1988）．ニオイプロフィール加算法による公害臭気の不快度の計測　第22回味と匂のシンポジウム論文集，*22*，25-28．

坂口　豁・飯田　健夫・斉藤　幸子（1981）．減圧/加圧式オルファクトメータ　第15回味と匂のシンポジウム論文集，*15*，60-63．

重田　廣芳（1980）．官能試験方法の概要　重田　廣芳（編）　悪臭と官能試験（pp.111-116）　悪臭公害研究会

参 考 文 献

斉藤　幸子（2013）．悪臭と日常生活臭を表現する　におい・かおり環境学会誌，*44*，363-379．

斉藤　幸子（2017）．においの表現と分類　斉藤　幸子・井濃内　順・綾部　早穂（編）　嗅覚概論——臭気の評価の基礎——第2版（pp.127-159）　におい・かおり環境協会

コラム3●かおり風景100選を訪ねて

　かぐわしい香りは，食べ物をおいしくするし，食欲も増加させてくれる．また，植物の香りなど私たちの身の周りの香りも，毎日の生活を豊かにしてくれるし，季節感を感じることもできる．

　近年では，快適な香り環境を育てていこうという新しい取組みが進められている．環境省では2001年，選考委員会を設け全国から応募のあった600件の中から100か所を選び，「かおり風景100選」を決定した．選ばれた100か所をみると，当然ながら，香りを放

つ樹木・草花の香りもあるが，酒・醤油などの製造業の香り，湯けむり・風などの自然の香りが含まれている．

筆者は，この100選の選考に携わった関係もあり，選ばれた100か所を，その後，暇をみては訪ね歩いている．現在100か所のうち半分程度の場所を訪ねた．訪ねると，どこの場所でも素晴らしい香りに驚かされる．神奈川県の「鵠沼，金木犀の住宅街」は10月初旬に町中が金木犀の素晴らしい香りで包まれる．群馬県の「草津温泉「湯畑」の湯けむり」（図7.2）は，香りだけで何か癒される感じがする．

しかし，かおり風景100選の場所を訪ねるのは結構難しく，訪ねる時期が問題になる．栃木県の「那須八幡のつつじ」の香りを嗅ぐには，6月の中旬に行かなくてはならない．山形県の「大石田町そばの里」の香りを楽しむには，花の咲く9月か，新そばの香りがする10月末から11月に訪ねる必要がある．100選のうち，半分程度が植物に関係した香りなので，訪ねる時期を念頭におかなくてはならない．

最近の私たちは，五感の中でも視覚や聴覚は一生懸命使うが，嗅覚はあまり使わなくなったといわれている．五感のひとつである嗅覚をもっと使う必要はないだろうか．そのためには，ときどきは私たちの身の周りの香りを楽しみたいものだ．

100選に選ばれた場所は環境省のホームページにも記載されている． ［岩崎好陽］

図7.2 草津温泉「湯畑」の湯けむり

7.3 においセンサおよびにおい識別装置を用いた臭気対策

7.3.1 成分分析によるにおいの客観評価の課題

においの客観評価としては，その構成成分と濃度で表現することが多く，成分による表現は重要ではあるが，それだけでは下記の理由により不都合が生じることがある．

においを有する成分の総数は40万種類といわれているが，においには，光の3原色のように，それらのにおいだけを組み合わせればすべてのにおいが表現できるといういわゆる原臭がまだ見つかっていない．一方，コーヒーなど食品のにおいは，500成分ほど含まれているが，2次元GC-MSが利用されるようになり，1次元GC-MSではピーク

が重なっていた成分も分離可能になった結果，繊維などのあまり複雑でないにおいでもその揮発成分が100成分を超えることが珍しくないことが明らかになってきた．その中の有臭成分も100成分程度存在することが普通であり，たとえば古いトイレのにおいはトリメチルアミン臭，ビルピットのにおいは硫化水素などといわれるが，それは，それらの成分だけが存在するのではなく，その成分のにおいが支配的であるということになる．

このことは，原臭がまだ見つかっていない状況で，ヒトの嗅覚は，他の五感からすれば非常に多い（約390個）といっても有臭成分数に比べるとはるかに少ない嗅覚受容体を利用してにおいの特徴抽出をうまく行っていることを意味する．その一例が，天然香料などのにおいを研究している埼玉大学の長谷川らの最近の乳香に関する報告に示される（長谷川他，2012）.

長谷川らは，大抵のにおいが複合臭であり，複合臭の場合，すべての有臭成分が全体のにおいに寄与しているのではなく一部の複合成分が全体のにおいを支配しているという結果を得ている．乳香については図7.3に示すように，全体のにおいをヘキサン抽出し，沸点により3つのグループに分けると，グループCが乳香のにおいとなり，それ以外のグループAとグループBについては，それだけが存在すれば別のにおいであり，乳香の中に含まれているときには，全体のにおいに埋もれてしまうという．さらにグルー

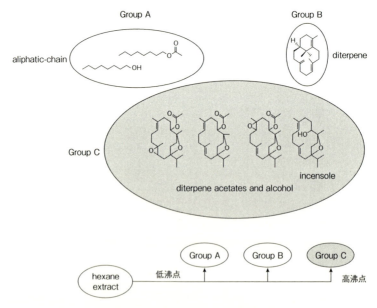

図7.3　乳香からのにおい選択結果

プCを構成するどの成分も単体では脂肪臭しかせず，乳香を想像できなかったと報告している．

以上をまとめると，においの要因成分が1成分として特定されるのは，カビ臭のように単一成分で非常に閾値が低い場合か，ビルピットの悪臭のようにほとんどが単一成分（硫化水素）である場合で，におい全体としては特殊な場合となる．また複合臭の場合には，全体のにおいを支配する複合成分と，全体のにおいに関与してないにおい成分が存在し，場合によっては，全体のにおいを支配している複合成分が合わさったときのにおい質と，それを構成している個々のにおい成分のにおいとはまったく異なる場合があるということになる．

このことは，以前から香料メーカーなどでは，全体のにおいに利いている複合成分を絞り込むために，不要と思われる成分を1つずつ減らしていって最低限必要な成分群に絞り込むというオミッション法が行われてきたこととも呼応している．また，Snitz et al.（2013）は，複合臭間のにおいの官能的な近さ度合いを，におい成分の物理化学的なパラメータを用いて算出する試みを行っているが，複合臭に含まれる個々の成分間の距離関係を平均化してもまったく官能とはあわないが，先にその複合臭を1つのベクトルとしてまとめて，そのベクトル間角度でにおいの類似性を表現すれば，官能と非常に高い相関が得られたことを報告しており，この結果も長谷川らの結果を支持すると考えられる．

7.3.2 においセンサ素子とにおい識別装置

嗅覚を模倣したにおいセンサは，個々のガスに対してその濃度に対応した出力が得られる以外に，前項に示した嗅覚レセプターの特性を再現しないといけない．その場合，簡易的に対象とするにおい質を絞って1素子のにおいセンサを利用する場合もあるが，基本的には嗅覚レセプターが400個弱も存在することから複数個のセンサが必要となる．

a. においセンサ素子の種類

においセンサ素子としては，表7.11に示すように，大きく3つの種類に分けられる．検出部（sensor）そのものに特長がありそれが名前になっているもの，信号変換および増幅部（transducer）に特長があるもの，そして両者が一体になったものであり，その原理と特長を表7.11にまとめた．歴史的には，金属酸化物半導体センサがはじめににおいセンサとして応用され，次に導電性高分子センサと水晶振動子センサが実用化された．その後MSセンサが実用化され，MSセンサはいくつか変遷を辿り，現状はPTR-MS，DART-MSなどが利用されている．さらにGCセンサが実用化され，導電性高分子と水晶振動子は，水蒸気への応答が大きいためにあまり使われなくなった．MIBセンサは主に危険ガスセンサとして実用化されている．SAWデバイスは一時GCセンサの

第7章　臭気環境分野への応用

表7.11　においセンサ素子の種類

分類	方式	原理
一体化したもの	金属酸化物半導体センサ	金属酸化物とにおいガスの酸化還元反応を抵抗値変化として取り出す
	導電性高分子センサ	導電性高分子とにおいガスの酸化還元反応を抵抗値変化として取り出す
	MS センサ	においガスを GC で分離せず,直接 MS でイオン化し,質量を測定する
	GC センサ	においガスの分離は少し犠牲にしてファースト GC にかけクロマトパターンを出力とする
	MIB センサ	イオンモビリティを検出原理とする
変換部に特長があるもの	水晶振動子センサ	水晶振動子上に検出膜を配置し,そこに吸着したにおいガスの質量変化を振動数の変化として読み取る
	SAW デバイスセンサ	SAW デバイス上に検出膜を配置し,そこに吸着したにおいガスの質量変化を表面弾性波の速度変化として読み取る
	カンチレバー式センサ	カンチレバー上に検出膜を配置し,そこに吸着したにおいガスの質量変化を表面弾性波の速度変化として読み取る
	FET 型センサ	ゲート部に検出部を設け,においを検知したときの電位変化をソース,ドレイン電流として読み取る
	カーボンナノチューブセンサ	カーボンナノチューブの近傍に検出部を配し,その抵抗値の変化を読み取る
検出部に特長があるもの	人工嗅覚受容体センサ	生化学的な方法でヒトの受容体タンパクを作成し,それを検出部とする
	嗅細胞模倣センサ	ヒトの嗅細胞を忠実に模倣した受容体のみならず嗅覚細胞膜まで人工的に作成し,それを検出部とする

検出器として利用されていた.ここにきて物質・材料研究機構が開発したカンチレバータイプで高感度化したセンサ（Yoshikawa et al., 2011）が注目されているが,どのような検出膜をつけるかがキーとなると思われる.カーボンナノチューブはそれだけでもにおいセンサとして検討されていたが,最近は人工嗅覚受容体を検出部として多数研究されている.FET 型センサはそれ自身に増幅能力があるため,最近研究での利用が増えてきている.前項から考えるとヒトの嗅覚受容体そのものを利用するのが理想であるため,最近,人工嗅覚受容体を用いたセンサや嗅細胞模倣センサの研究が進み,人工嗅覚受容体タイプの中には 70 日程度安定に使えるものも出てきている（Lee et al., 2012）.

MS センサ,GC センサ,MIB センサはにおいセンサというよりは全揮発物のリアルタイムモニターとしての意味合いが強い.ここでは,においを評価するセンサに限定し,においの強さを求める酸化物半導体素子を 1 個用いたにおいセンサ（図 7.4,福井・高田,2003）を紹介する.これはにおい質ごとにヒトの嗅覚感度と校正されたセンサを用いて

図7.4 においセンサの一例

においの強度を臭気指数相当値として求めるもので,においを測定する環境とできるだけ近いところで無臭を測定することによりバックグラウンド補正を行っている.におい質が変わると感度が変わるので再校正が必要となる.

b. におい識別装置（におい識別センサ）

嗅覚を実際に模倣するためには,複数のセンサが必要になるが,ヒトの嗅覚受容体が400個弱あっても,実際に嗅覚が400次元で感じているかというとそうではなく,15～30次元という説もある.たとえばMeister（2015）は異なったにおい質の物質20成分を混合するとにおい物質の組合せをどのように変えてもすべて同じにおいになってしまう,すなわちolfactory whiteが存在することから20次元ではないかとしている.

におい識別装置は複数のセンサを利用することでにおいの強さだけでなくにおい質の情報も得られるのが特長といえる.におい識別装置の一例(図7.5)を紹介する.これは,酸化物半導体センサを10種利用し,直接センサににおいガスを作用させる信号といっ

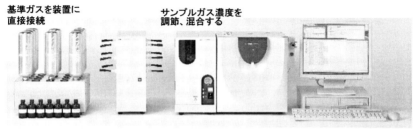

図7.5 におい識別装置（Kita & Toko, 2014）

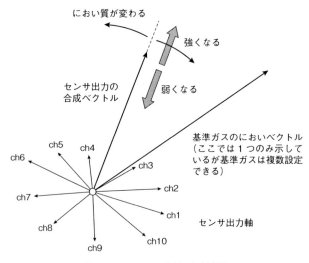

図 7.6　におい識別装置の解析方法

たん捕集管ににおいガスを濃縮後，水蒸気を除去してセンサに作用させる信号の両方を同じサンプルにおいて測定するようにしており，10個のセンサを20個のように利用している．

それらのセンサ信号を要素とするベクトルからにおいの強さとにおいの質を求めており，においを複合臭のままでベクトルで表しており，これは前項で紹介したSnitz et al. (2013)の結果と呼応している．具体的には図7.6に示すようにセンサ出力でできるベクトルの方向でにおい質情報を，長さでにおいの強さ情報を得ている．この考え方だけでは，においの強さと質の変化分しか求まらず，またにおい質（ベクトルの方向）ごとにそのベクトルの長さとにおいの強さの係数が違ってくるので，図7.6に示すようににおいの質とにおいの強さがわかったいくつかの基準臭のデータをもとに，未知のにおいの質と強さを求めている．その具体的方法として，すべてのにおい空間の代表として設定された9種の基準ガス（芳香族系，エステル系，アルデヒド系，有機酸系，アミン系，硫黄系，炭化水素系，アンモニア，硫化水素）と比較してにおいの強さと質を絶対値として表示できるスタンダードモードとユーザーが指定した基準ガスを利用するユーザーモードがある．この原理を用いて装置自身がにおいの質を判定するとともに，そのにおいの質に対するベクトル長からにおいの強さを求めている．スタンダードモードを用いた結果であるが，図7.7のようにそれぞれ閾値が異なるにおいであっても装置のみで臭気指数相当値が求まり，官能試験による結果ともおおむね一致する．ここで，においの質については，基準ガスとの近さ度合（類似度）か，基準ガスが混合されてできていると仮定した場合の混合量（寄与している基準ガスの強さ）で表現される．

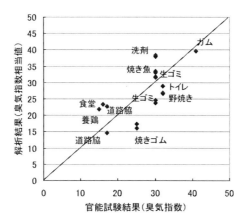

図 7.7 におい識別装置での臭気指数相当値と官能評価の臭気指数

7.3.3 におい識別装置の応用

7.3.1 項から，複合臭の場合，乳香のにおいのように，ある複合成分群が支配的で，その他の複合成分群は隠れてしまうことがある．このような場合には，におっている複合成分群のみに注目した解析が必要になってくる．におい識別装置の場合，これを行う方法としてユーザーモード（におい質基準）とユーザーモード（におい強度基準）がある．

ユーザーモード（におい質基準）の応用として，Fujioka et al. (2015) は，フランスで開発されたワインの官能評価基準とされている 51 の基準臭セット（Le Nez du Vin）を使う方法を提唱している．これは，表 7.12 に示した 51 種の複合臭とサンプルのにおいとの類似度（％）を装置で求めることにより，サンプルのにおい質を表現するものである．図 7.8 はある赤ワインの結果であるが，類似度のパターンでにおい質が判定できる．この基準臭セットはワイン以外にも適用でき，藤岡らはコーヒー，お茶などにも適用している．

一方，ユーザーモード（におい強度基準）は，繊維業界の消臭試験の ISO に採用されている（ISO-17299-5）．これは，組成が定められた模擬汗臭，模擬加齢臭，模擬排泄物臭それぞれについてサンプルバッグに入れ，そこに消臭機能が付加された繊維を入れることによりにおいがどれくらい減少するかを求めるもので，複合臭を各成分に分けずに，複合臭のまま消臭率が評価できることから ISO に採用されている．

この ISO の場合は，その複合臭しか系内に存在しないが，他のにおいが存在する中で，ある複合臭を切り出して解析することもできる．その一例を図 7.9 に示す．

これは，北関東のある駅舎内にある男子トイレの小便器上方の鼻の位置にサンプリングチューブの先端を配置し，そのチューブをにおい識別装置まで配管し，小便器利用者にとっての「トイレ全体のにおい」を 10 分間隔で測定したものである．今回基準ガス

表 7.12 Le Nez du Vin の 51 種の基準臭

1	アプリコット	18	エゾネギ	35	ヘーゼルナッツ
2	アカシア	19	マルメロ	36	クルミ
3	アーモンド	20	野バラ	37	オレンジ
4	パイナップル	21	干し草	38	シャクヤク
5	アニス	22	シダ	39	松
6	サンザシ	23	イチゴ	40	西洋ナシ
7	バナナ	24	キイチゴ	41	こしょう
8	バター	25	煙	42	ピーマン
9	カカオ	26	ゼラニウム	43	リンゴ
10	シナモン	27	クローブ	44	プルーン
11	コーヒー	28	タール	45	バラ
12	キャラメル	29	ヨウ素	46	硫黄
13	カシス	30	マスカット	47	タイム
14	サクランボ	31	ミント	48	ライム
15	キノコ	32	メルカプタン	49	トリュフ
16	オーク	33	蜂蜜	50	スミレ
17	レモン	34	ムスク	51	酢

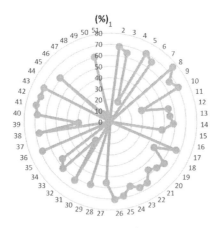

図 7.8 Le Nez du Vin を用いた赤ワインのにおい質の
分析結果(番号は表 7.12 に対応)
基準臭 51 種のうちどのにおいと類似度(%)が高いか
を確認することで,この赤ワインの香調が調べられる.

として,スタンダードモードでの 9 種のものを利用しなかったのは,トイレの各場所におけるにおいが,どれくらい不快の原因になっているのかを調べるためであった.基準とした複合臭は,「小便器排出口」などのサンプリング場所の名前で示し,トイレ内で

7.3 においセンサおよびにおい識別装置を用いた臭気対策　　　　　　　　　　215

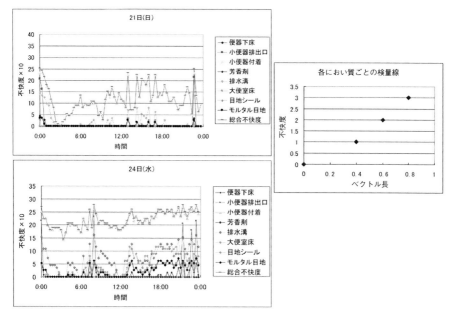

図 7.9　トイレ臭の測定［口絵 8 参照］

　発生しているにおい種について，におい質の異なるものは見落とさないようにサンプリングを行った．ここで右図に示すように，8 種の基準臭に対してベクトル長と不快度との関係式を 12 名の官能評価で求め検量線を作成した．これらの基準臭を用いて，測定各時点での総合不快度に対して，どこでサンプリングしたにおいがどれくらい臭いのかについて，不快度で表示できることになる．3 週間にわたり測定し，上段が日曜日の典型的な結果で下段が平日の典型的な結果である．どの時間帯においても総合不快度に対して小便器付着臭（トリメチルアミン臭；古くなった尿のにおい）が支配的であるのがわかる．また平日のラッシュ時である朝 7 時頃および夜の 3 回（21 時半，22 時半，23 時頃）において小便器排出口臭（アンモニア臭）がピーク値となっており，男子小便器の利用者が増加し，通常軽いためすぐに拡散するアンモニア臭が拡散するまでに検出されたものと思われる．また全体を通じて日曜日の午前 3 時頃だけほぼ無臭となった．
　最後に，悪臭を芳香剤でマスキングしたときの例を示す．悪臭（汚泥臭）に芳香剤を 0.3, 3, 30 mg 加えることにより，においの総量は増加するので図 7.10 のようにベクトル長はそれに応じて長くなる．また芳香剤を混合していくことによりにおい質も変化するため，ベクトルの方向も徐々に芳香剤のほうに傾いていく．
　ここで，この結果から悪臭の方向のみを切り出すという操作（図 7.10 で悪臭のみの方向の三角形と重なった部分を切りとる操作）を行うことにより，元の悪臭方向と適当

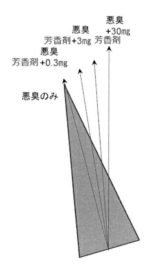

図 7.10 悪臭が影響する角度範囲（三角形部）と混合臭の測定ベクトル

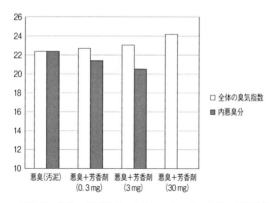

図 7.11 におい識別装置によるマスキングの定量の解析結果

な角度範囲で重なる部分が悪臭の占める領域となる．この適当な角度範囲は，悪臭と芳香剤の閾値濃度の比率により定まるが，今回は，30 mg でほぼ悪臭が消えたということからパラメータを決めている．

図 7.11 が最終的な解析結果となるが，「全体の臭気指数」とは，スタンダードモードでの結果である．スタンダードモードで解析すると，悪臭と芳香剤のにおいがそのまま加算された結果になってしまっているのがわかる．これに対して，「内悪臭分」とは，今回切りとった悪臭影響領域分だけを求めたものであり，マスキングの様子が反映されている．

7.3.4 においセンサ研究の今後の展望

　においとはヒトが感じている嗅覚を定量化するものなので，複合臭という概念が必要になってくると思われる．複合臭の場合にはここで述べてきたように成分に分離して分析する手法と成分には分けないで全体として嗅覚がどう感知しているかを分析する手法の2通りで調べていく必要がある．複合臭のままでの分析は一見乱暴のようにも思えるが，かえって合理的である可能性が高く，今後の発展が期待される．　　　　［喜多純一］

引 用 文 献

福井 清・高田 義（2003）．半導体センサ（1）　川崎 通昭・中島 基貴・外池 光雄（編著）　アロマサイエンスシリーズ21　6. におい物質の特性と分析・評価（pp. 223-236）　フレグランスジャーナル社

長谷川 登志夫・山田 英夫・玉田 祥平・鶴岡 丈司（2012）．香気素材と製油　*AROMA RESERCH, 13*(4), 340-346.

Kita, J., & Toko, K. (2014). Fragrance and flavor analyzer using odor deviation map. *Sensor and Materials, 26*(3), 149-161.

Fujioka, K., Tomizawa, Y., Shimizu, N., Ikeda, K., & Manome, Y. (2015). Improving the performance of an electronic nose by wine aroma training to distinguish between drip coffee and canned coffee. *Sensors, 15*, 1354-1364.

Lee, S. H., Kwon, O. S., Song, H. S., Park, S. J., Sung, J. H., Jang, J., & Park, T. H. (2012). Mimicking the human smell sensing mechanism with an artificial nose platform. *Biomaterials, 33*, 1722-1729.

Meister, M. (2015). On the dimensionality of odor space. *eLife, 4*, e07865.

Snitz, K., Yablonka, A., Weiss, T., Frumin, I., Khan, R. M., & Sobel, N. (2013). Predicting odor perceptual similarity from odor structure. *PLOS Computational Biology, 9*(9), 1.

Yoshikawa, G., Akiyama, T., Gautsch, S., Vettiger, P., & Rohrer, H. (2011). Nanomechanical membrane-type surface stress sensor. *Nano Letters, 11*(3), 1044-1048.

08 食品産業・香粧品産業などへの応用

8.1 連続強度評定による飲料の後味の評価

　食品の風味特性にはさまざまな味や香りが関与しており，どのような特性がその食品をもっとも特徴づけるかは食品ごとに異なる．これを的確に把握して食品の開発に活かすために，官能評価という方法がよく用いられている．ひとくちに官能評価といっても，方法は多岐にわたる．たとえば，専門性の高いパネルによる定量的記述分析法（Stone et al., 1974）では，最初に言葉出しや言葉の意味に関する確認を行い，パネルの評価精度が一定レベルに達しているかを見極めた上で定量的な評価を実施しているため，食品の特徴を表す多くの詳細な情報を得ることができる（今村，2012）．

　ヒトが感じる食品の風味は，その食品がもつさまざまな特性の加減乗除の結果を反映しており，食品を味わった瞬間から時々刻々と変化する．このような時間依存的な風味の変化を評価するために用いられる計測方法のひとつに，連続強度評定がある（Lee & Pangborn, 1986）．この方法では，時間の経過に伴って，評価したい風味特性（たとえば甘味，苦味，香り）に対する感覚強度がどのように変化していくかを記録する．すなわち，着目したい風味特性について，食品が口腔に入って風味を感じはじめてから消えるまでの動的な変化を追うことができるため，実際に飲食した際に感じる変化を可視化しやすい．しかし，この連続強度評定で同時に測定できる特性は1つあるいは2つとされており，一般的には評定の訓練を受けていないパネルによる実施は困難であると考えられてきた．

　食品を開発する際，社内の訓練パネルによる官能評価の結果から，その食品の特徴を把握することは有益な作業である．また，想定購買層（ターゲット）となる消費者が，開発した食品の風味をどのようにとらえるかについて検討することも非常に重要である．

　筆者らは産業技術総合研究所と共同で，評定の訓練を受けていない消費者パネルでも連続強度評定が可能な装置を開発し，消費者が知覚する風味特性の変化を調査した．本節では，商品開発に活用する目的で連続強度評定を実施した事例として紹介したい．

8.1.1 コーヒーの風味

コーヒー飲料[1] は，年間およそ 9000 億円という市場規模が指し示すとおり，日本国内においてもっともよく飲まれている飲料である（株式会社総合企画センター大阪，2015）．コーヒー飲料の製造工程は，おおまかにはコーヒー豆の焙煎，焙煎豆からの抽出，容器充填・殺菌から成り立っている．これらの各工程で成分に変化が生じ，風味に大きな影響を及ぼす．特に焙煎は，コーヒー生豆にコーヒーらしい香りと味を与え，コーヒーの個性や複雑な風味を引き出す重要な工程である（中林他，1995；Frank et al., 2006）．焙煎による化学反応に伴って生じる香気成分を含めると，コーヒー飲料の製造過程で新たに生成される成分は数千種類にも及ぶといわれている（Grosch, 1998）．

味や香りに関与する成分を多数含むコーヒーは，非常に複雑な風味を呈している．コーヒーを味わう場面を時間軸に沿って考えてみると，飲用する前の時点で，鼻腔を通じて前鼻腔香（orthonasal aroma）が知覚される．続いて，口腔内にコーヒーを含むと，酸味や甘味，苦味といった 5 基本味に属する味質のほか，渋味や収斂味といった基本味以外の感覚も知覚される．さらに，飲用中から嚥下後にかけ，喉の奥を通じて鼻から抜ける後鼻腔香（retronasal aroma）が知覚される．これら多数の風味特性を感じながら味わうコーヒーにおいて，後味や余韻を楽しむという側面を忘れてはならない．

後味は，食品の風味を表現する言葉として広く用いられており，コーヒーの風味を評価する際に着目すべき風味特性のひとつであるといえる．コーヒーの世界においても，たとえばスペシャルティコーヒー協会によるコーヒーの判定・評価の概要には「後味の印象度」という項目がある（全日本コーヒー商工組合連合会，2012）．ところが，後味は複合的な風味からなるため，後味という言葉によって表現される風味特性は食品間で異なると考えられる．換言すれば，食品ごとの風味特性を考慮した上で，後味を定義する必要がある．そこで本節では，コーヒー飲料を嚥下したあとに知覚される複合的な感覚のうち，代表的な苦味と後鼻腔香について評定を行った事例を紹介したい．

筆者らがコーヒー飲料の後味について調べたいと考えた背景には，コーヒーの健康価値を引き出すために開発した新製法（ナノトラップ製法）があった．この製法では，コーヒー豆の焙煎によって発生する酸化成分ヒドロキシヒドロキノン（hydroxy-hydroquinone；HHQ）を吸着ろ過処理し，選択的に低減するという工程が導入されている．これまでに数多くの研究（Chikama et al., 2006；Yamaguchi et al., 2008；長尾他，2009；Ota et al., 2010）において，この製法で得られたコーヒー抽出液に含まれるポリフェノール（クロロゲン酸）を有効成分とする健康効果が報告されてきた．この製法によるコーヒー飲料は，後味がすっきりと感じられるという特徴的な風味を有している．このような特徴を活かしつつ，より風味の良いコーヒー飲料に仕上げるためのヒントを

---

1) 本節での「コーヒー飲料」は，原料にコーヒーを含み，容器（缶，紙，ペットボトルなど）に充填・殺菌された製品の総称として用いた．

得るべく，吸着ろ過を施したコーヒー飲料と施していないコーヒー飲料を用い，苦味と後鼻腔香に対する感覚強度の時間変化を比較した．本節では，Gotow et al. (2015b) によって報告された結果の一部について紹介する．

8.1.2 コーヒー飲料の苦味と後鼻腔香に対する連続強度評定
a. 実験方法
i) 実験参加者と実験サンプル

実験参加者は85名（男性44名，女性41名，平均年齢±標準偏差（SD）＝21.32±1.34歳）であった．実験材料として，コーヒー抽出液に吸着ろ過処理を施したサンプル（缶コーヒーA）および吸着ろ過処理を施していないサンプル（缶コーヒーB）を用いた．

ii) 連続強度評定装置

この実験では，官能評価の訓練を受けていない一般の消費者に連続強度評定を行ってもらうという点と，比較的時間変化が早いコーヒー飲料の後味について評価を行うという点に対応するために図8.1に示す装置を開発した（小早川・後藤，2014；Gotow et al., 2015a, 2015b）．

この装置の構成と測定方法の要点は，以下のとおりである．アルミニウム製の箱の中にロードセルとバネを固定し，バネの先端にヒモとリングを結びつけた．このリングが実験参加者の操作部になっており，ヒモの先端にあるリングを下方に引っ張る，または

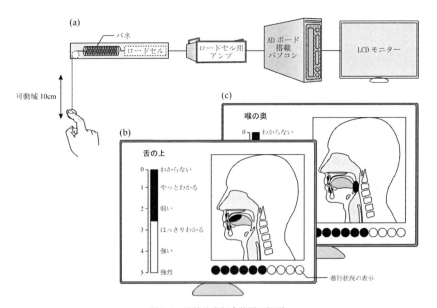

図8.1　連続強度評定装置の概要

力を緩めてバネの張力で上方に引き戻されることを利用して，指の動きという軽い動作で評定を行うことが可能であった．リングの位置の情報は，張力としてバネを経由してロードセルに伝わり，電圧として出力された．出力された電圧は，パソコンに内蔵されたA/D変換ボードによって，感覚強度の尺度に対応するデジタル値として1ミリ秒ごとに記録された．

感覚強度の評定には0〜5の尺度（斉藤, 1994）を用い，リングが完全に引き戻されている状態を「わからない（0）」，ストッパーが作用するまで最大限に引っ張った状態を「強烈（5）」とした．また，実験参加者の正面に液晶ディスプレイを設置し，評定値をリアルタイムで表示することにより，感覚強度の視覚フィードバックを行った．

iii) 手続き

最初に，質問紙法により，日常生活における缶コーヒーの摂取量，実験サンプルとした2種類のコーヒー飲料に対する嗜好性について尋ねた．嗜好性の評定には0〜6の尺度（0：とても嫌い，6：とても好き）を用いた．続いて，各コーヒー飲料の苦味および後鼻腔香について，0〜5の尺度（0：わからない，5：強烈）を用いて連続強度評定を行った．

連続強度評定は，実験室内に設置した小部屋で1人ずつ，2セッション実施した．あるセッションでは嚥下後に舌上に残る苦味に対する感覚強度，別のセッションでは嚥下後の後鼻腔香に対する感覚強度について評定を行った．その際に，図8.1にあるような頭部の模式的な断面図を使って，評定で注意を向ける場所をそれぞれ示した．2つのセッションの間には約30分の休憩を設け，評定順序は実験参加者間でカウンターバランスをとった．口腔内の状態を実験参加者間で均質にするため，評定の最初に，無塩クラッカーを十分に咀嚼してから飲み込み，続いて10 mLのミネラルウォーターを口腔に行き渡らせてから嚥下するよう教示した．その後，実験参加者は5 mLのコーヒー飲料を口に含み，そのままの状態を保ちつつ息を吸って止め，嚥下のタイミングを統制する指示に従った．評定時間は，各コーヒー飲料につき，嚥下から300秒間とした．

b. 結　果

i) 缶コーヒーの摂取頻度に基づく実験参加者の分類

本実験に協力した85名における缶コーヒーの摂取頻度の分布は，1日1本以上が3名，2〜3日に1本ぐらいが8名，1週間に1本程度が26名，1週間に1本未満が48名であった．この結果に基づき，1週間に1本以上摂取している37名を高消費群，1週間に1本未満の摂取であった48名を低消費群に分類し，このあとの解析を進めることにした．

ii) 実験サンプルに対する嗜好性

高消費群と低消費群の間で，実験サンプルとして用いた2種のコーヒー飲料に対する嗜好性の差異を検討するため，コーヒー飲料ごとに対応のないt検定を実施した．その結果，吸着ろ過処理を施したサンプルA（高消費群の評定値（平均±SD）：2.70±1.30,

低消費群：1.93±1.41) では有意差がみられた ($t(83) = 2.61$, $p = 0.011$) 一方，吸着ろ過処理を施していないサンプル B (高消費群：2.44±1.55，低消費群：2.41±1.41) では有意差があるとはいえなかった ($t(83) = 0.11$, $p = 0.914$)．これらの結果から，サンプル A においては，高消費群のほうが低消費群よりも有意に高い嗜好性を示すことがわかった．

iii) コーヒー飲料の苦味および後鼻腔香に対する感覚強度の時間変化

高消費群と低消費群の間で，コーヒー飲料の苦味および後鼻腔香に対する感覚強度の時間変化が異なるかについて検討するため，嚥下の 2.5 秒後から 295.5 秒後までを 5 秒ごとに分けて 59 の時間枠に分割し，各時間枠における感覚強度の平均を算出した．この平均値を用いて苦味および後鼻腔香の感覚ごと，コーヒー飲料ごとに，群を被験者間要因とし，時間を被験者内要因とした二要因分散分析を行った．

各コーヒー飲料における群ごとの苦味および後鼻腔香に対する感覚強度の時間変化を図 8.2 に示す．苦味については，サンプル A における群の主効果 ($F(1, 83) = 4.34$, $p = 0.040$)，時間の主効果 ($F(58, 4814) = 186.95$, $p < 0.001$)，B における群の主効果

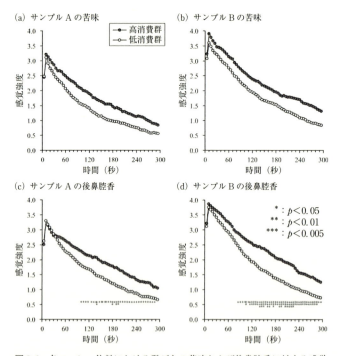

図 8.2 各コーヒー飲料における群ごとの苦味および後鼻腔香に対する感覚強度の時間変化 (Gotow et al., 2015b を改変)

$(F(1, 83) = 4.23, p = 0.043)$，時間の主効果（$F(58, 4814) = 235.82, p < 0.001$）が有意であった．以上の結果から，サンプル A と B の苦味に対する感覚強度については，高消費群のほうが低消費群よりも有意に高く推移することがわかった．

次に，後鼻腔香について比較してみると，サンプル A における群の主効果（$F(1, 83)$ $= 4.03, p = 0.048$），時間の主効果（$F(58, 4814) = 158.09, p < 0.001$），群×時間の交互作用の効果（$F(58, 4814) = 3.19, p < 0.001$），B における群の主効果（$F(1, 83) = 8.23$, $p = 0.005$），時間の主効果（$F(58, 4814) = 237.88, p < 0.001$），群×時間の交互作用の効果（$F(58, 4814) = 3.02, p < 0.001$）が有意であった．交互作用の効果について単純効果の検定を行ったところ，サンプル A では 35 の時間枠（時間枠の中央値：110〜115 秒および 125〜275 秒）における群の単純主効果および両群における時間の単純主効果，サンプル B では 43 の時間枠（85〜295 秒）における群の単純主効果および両群における時間の単純主効果が有意であった（図 8.2(c)，(d)）．以上の結果から，後鼻腔香に対する感覚強度については，高消費群のほうが低消費群よりも有意に高い値を示す時間帯が観察された．

8.1.3 より良い商品開発のために

消費者にとってより良い商品をつくるためには，開発段階において，どのような対象者に使ってもらいたいのかを熟考する必要がある．このような取組みの一環として，筆者らはコーヒー飲料の苦味と後鼻腔香に対する連続強度評定を実施した．その結果，日常生活における缶コーヒーの摂取量の違いが，コーヒー飲料を嚥下したあとの苦味と後鼻腔香の知覚に影響を及ぼすことがわかった．この結果をふまえつつ，さらなる検証を重ね，風味の改良を経て「ヘルシアコーヒー」の発売に至った．

コーヒー飲料は，今なお変化の大きい市場である．商品形態（たとえば，容器）も移り変わり，ここ数年では，開閉可能なボトル缶タイプが少しずつ規模を拡大してきている（株式会社富士経済，2015）．プルタブタイプの缶とは異なり，ボトル缶タイプは開口部が広いため，飲用前の前鼻腔香もコーヒー飲料の風味に影響を及ぼすと考えられる．商品に応じて検証内容を変えながら，対象としたい消費者の感度や嗜好性と，つくりたい商品の設計が合致するような商品開発を行うことが重要である． ［森谷愛美］

引 用 文 献

Chikama, A., Yamaguchi, T., Watanabe, T., Mori, K., Katsuragi, Y., Tokimitsu, I., ... Kitakaze, M. (2006). Effects of chlorogenic acids in hydroxyhydroquinone-reduced coffee on blood pressure and vascular endothelial function in humans. *Progress in Medicine*, *26*, 1723-1736.

Frank, O., Zehentbauer, G., & Hofmann, T. (2006). Bioresponse-guided decomposition of roasted coffee beverage and identification of key bitter taste compounds. *European Food Research and Technology, 222*, 492-508.

Gotow, N., Moritani, A., Hayakawa, Y., Akutagawa, A., Hashimoto, H., & Kobayakawa, T. (2015a). Development of a time-intensity evaluation system for consumers：Measuring bitterness and retronasal aroma of coffee beverages in 106 untrained panelists. *Journal of Food Science, 80*, S1343-S1351.

Gotow, N., Moritani, A., Hayakawa, Y., Akutagawa, A., Hashimoto, H., & Kobayakawa, T. (2015b). High consumption increases sensitivity to after-flavor of canned coffee beverages. *Food Quality and Preference, 44*, 162-171.

Grosch, W. (1998). Flavour of coffee. A review. *Nahrung, 42*, 344-350.

今村 美穂 (2012). 記述型の官能評価/製品開発における QDA 法の活用　化学と生物, *50*, 818-824.

株式会社富士経済 (2015). 2015 年 食品マーケティング便覧

株式会社総合企画センター大阪 (2015). 2015 年 飲料総市場マーケティングデータ

小早川 達・後藤 なおみ (2014). 消費者パネルによるコーヒー飲料の風味特性に対する連続強度評定　日本味と匂学会誌, *21*, 167-178.

Lee, W. E. III, & Pangborn, M. (1986). Time-intensity：The temporal aspects of sensory perception. *Food Technology, 40*, 71-78, 82.

長尾 知紀・落合 龍史・渡辺 卓也・片岡 潔・小御門 雅典・時光 一郎・土田 隆 (2009). コーヒー飲料の継続摂取による肥満者の内臓脂肪低減効果　薬理と治療, *37*, 333-344.

中林 敏郎・篠島 豊・本間 清一・中林 義晴・和田 浩二 (1995). コーヒー焙煎の化学と技術　弘学出版

Ota, N., Soga, S., Murase, T., Shimotoyodome, A., & Hase, T. (2010). Consumption of coffee polyphenols increases fat utilization in humans. *Journal of Health Science, 56*, 745-751.

斉藤 幸子 (1994). 嗅覚の測定方法　大山 正・今井 省吾・和氣 典二 (編)　新編 感覚・知覚心理学ハンドブック (pp. 1371-1382)　誠信書房

Stone, H., Sidel, J. L., Oliver, S., Woolsey, A., & Singleton, R. C. (1974). Sensory evaluation by quantitative descriptive analysis. *Food Technology, 28*, 25-34.

Yamaguchi, T., Chikama, A., Mori, K., Watanabe, T., Shioya, Y., Katsuragi, Y., & Tokimitsu, I. (2008). Hydroxyhydroquinone-free coffee：A double-blind, randomized controlled dose-response study of blood pressure. *Nutrition, Metabolism & Cardiovascular Diseases, 18*, 408-414.

全日本コーヒー商工組合連合会 (2012). コーヒー検定教本

8.2　生活複合臭の分析と芳香消臭剤開発

8.2.1　芳香消臭剤の歴史

　今日では「芳香消臭剤」というと，スーパーやドラッグストアで多くの製品が並びひとつのカテゴリーを形成しているが，その歴史を紐解いていくと 1952 年に発売された製品が最初といわれている（矢田，2015）．現在店頭に並んでいる芳香消臭剤製品の仕様や香りについては，調査や分析などの設計から芳香効果や消臭効果の評価までさまざ

まな過程を経て決定する.

本節では，生活のさまざまな場面での気になるにおいの分析結果について解説し，実際の製品開発事例もあげながら，芳香剤・消臭剤の製品開発について紹介する.

8.2.2 生活環境の変化と生活複合臭

a. 芳香剤市場の状況

上述した日本ではじめての芳香剤が発売されてから，「トイレ用」など用途別に芳香剤が提案されるようになった．また，香調の嗜好の多様性が進む反面，香りを使用せずに気になるにおいに対処する無香料タイプの製品，いわゆる消臭剤が1995年に発売された．この流れは，整髪料や化粧品など他分野でも同様であり，現在でも一定層に無香料タイプの製品が受け入れられている.

b. 生活環境の変化

生活環境は刻一刻と変化をしており，1900年代と比べると住環境レベルは向上したといえる．さらに，社会や文化の変化の影響も受け，消費者の意識も時代とともに変化している.

まず，消費者の意識の変化も読み取れる生活環境のうち「トイレ」「部屋」「介護環境」について，過去から現在までを振り返りながら説明する．また，居住空間ではないが「車」も芳香消臭剤の使用場所のひとつであり，特徴的であることからあわせて紹介する.

i) トイレ

トイレは芳香剤が登場した1950年代と比べると大きく環境が変化した場所のひとつであり，それは「水洗化」「男性小便器の減少」というキーワードによって説明できる．水洗化が進みはじめた1960年代は，まだトイレの臭気は強かったため，防臭剤や消臭剤としてパラジクロロベンゼンや片脳油といった強い香りで対処する製品が主体であった．また，トイレの近くにキンモクセイが植えられていた家も多く，その名残からキンモクセイの香りの芳香剤が1980年代は好評を博していた．その後，水洗化が進み，さらに独立して設けられていた男性小便器が減少し，強い臭気を強い香りでマスキングするのではなく，さまざまな香りを楽しみながらトイレを爽やかにするという意識へと変化している．設備面ではタンクレス便器や温水洗浄便座の普及が2000年代に急速に進み，トイレ空間は用を足すだけでない快適な居住空間へと大きく進化を遂げているといえるだろう.

ii) 部屋

トイレと同様に，部屋の環境も確実に時代とともに変化をしている．部屋の環境変化については「間取り」「核家族化」「24時間換気」という建築学や社会学に関連するキーワードがふさわしいであろう．戦後の大量住宅供給の折には，西山夘三が提唱した「食寝分離」という思想で集合住宅設計が進み，ダイニングキッチンが普及し，間取りの変

化が起こった（渡辺・高阪, 2005）. そして, 現在では主流となっている LDK という広い空間の誕生へとつながっている.

一方で, 昔のような3世代同居から核家族化が進み, 共働き家庭では日中窓を開けての換気ができない環境へと変化しており空気がこもりやすくなっている. トイレほど顕著ではないが部屋でも消臭ニーズは強く, 液体の置型芳香剤やスプレータイプの布用消臭剤が市場を拡大させた. 近年では, 社会問題となったシックハウス対策のため, 建築基準法で24時間換気設備の設置が義務づけられ, 室内の空気が完全にこもらないような住宅設計が進んでいる.

iii) 車

車内は数平方メートルという比較的狭い閉鎖空間であり, 快適性に対するニーズのある生活空間のひとつといえる. セダンタイプが主流であった1980年代に比べ, 最近ではやや空間の狭いコンパクトカーや比較的空間の広いワンボックスカーも多く普及してきた. 一方, 普通乗用車や小型乗用車の総台数は減少傾向にあり, そのかわりに伸びているのが軽自動車である. この傾向は, 生活の多様化や使用目的の変化によって, 必要となる乗用車のタイプが変わった結果と考えられる. 一方, ドライブスルーや道の駅の増加などの社会的な変化も進み, 車内空間が居住空間に近づいている傾向にある. こうした背景から, 居室と同様に置型芳香剤や布用スプレータイプの消臭剤が売上を伸ばしており, 消臭ニーズを読みとることができる.

iv) 介護環境

2015年現在, 要介護者人口は約550万人で2025年には700万人を超えると予測されている. 介護は在宅系介護サービスと施設系介護サービスに大別される. 在宅系介護サービスは介護を必要とする人に対して, 自宅で自立支援を行うことを目的として行われる介護である. これらの施設においては, 介護者と被介護者の嗜好の違いへの配慮からか, 無香タイプの消臭剤のニーズが高い傾向にある. 今後は要介護者人口の伸びを施設では対処しきれず, 在宅介護の場面が増えると予想されており, 新たな使用シーンにおけるニーズがうまれると予想される.

c. 生活複合臭の分析

以上のように生活空間や生活環境とその変化を紹介してきたが, 実際の臭気はどのようなもので構成されているのであろうか. におい物質の分析は, 分析機器および分析技術の発達により, より詳細に空間中の分子を分析できるようになり, 低濃度ながら臭気に寄与している成分の同定なども進んでいる（下田, 2001）.

生活空間における臭気は単一成分であることはなく, さまざまな成分の混合物である. これらを「生活複合臭」と呼び, 以下ではその臭気分析結果について紹介する.

i) トイレ

トイレで気になるにおいは発生元や発生タイミングの異なる臭気の複合臭であり, 大

きく排便臭と尿臭の2種類に分類することができる．排便臭は，排便直後の臭気発生が主となり，分析の結果，硫化水素，メチルメルカプタン，プロピルアルデヒド，ピリジンなどが検出されている（Sato et al., 2002）．

一方で，尿臭は一過性ではなく継続的に発生する複合臭であり，その原因は尿の飛び散りなどによるアンモニアやトリメチルアミンの発生である（亀田・坂本，2013）．尿臭は特に多数の利用者のある公衆トイレでは深刻であり，一般家庭の場合には，男性が洋式便器で立って用を足すことも一因となっているだろう．ただし，便や尿の臭気は食事や医薬品の摂取によって大きく変わることがある（田原他，2012）．

ii) 部屋

他人の家などを訪問時に「その家独特のにおい」がする経験は多くの人が共感している．このにおいの正体は生活習慣の中で発生する多様な臭気の複合物であることが予想される．一般的な家族構成の5家庭のリビング空間で検出される臭気成分を分析した結果，トリメチルアミン，硫化メチル，酢酸，n-吉草酸，カプロン酸，アセトアルデヒド，ヘキサナール，ヘプタナール，ノナナール，2-ノネナールが検出されたと報告されている（中村他，2014）．また，検出された物質濃度を臭気指数換算し，寄与率を算出した結果，アルデヒド類が全体の64.9〜85.5%を占めており，次いで脂肪酸（構成はほぼ酢酸である）が5.8〜24.9%を占めていることがわかった（図8.3）．アルデヒド類は，リビングのソファやじゅうたんに付着した生活者の汗や皮脂，キッチンの換気扇やグリルに付着した調理時の油汚れからの発生と考えられる．生活臭と呼ばれる家庭内臭気はこのような場所から恒常的に発生している可能性が示唆され，消臭剤による対処だけでなくこまめな掃除によるにおい発生源の除去が必要であると考えられる．

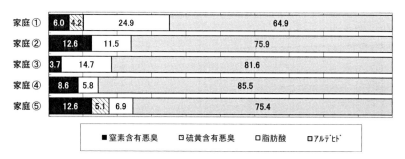

図8.3　異なる5家庭のリビング臭へのにおい物質の寄与度

iii) 車

車内の臭気は内装材料（ウレタンやゴム），走行環境の外気，ガソリン臭，乗員の体臭，エアコンのエバポレーターへの吸着物質，車内での喫煙・飲食など，さまざまな原因から発生する揮発性成分が組み合わさることで複雑に構成される複合臭であり，居住空間

とは異なる独特の臭気を放つ．新車の臭気分析結果ではエチルベンゼン，アセトアルデヒド，プロピルアルデヒド，プロピルアミンなど，合計200以上の化合物が検出されているが，各化合物の構成バランスや閾値に依存して臭気強度やにおいの質が変化することが報告されている（佐藤，1998）．

iv）介護環境

介護におけるにおいの問題は臭気という物質的問題にはとどまらず，介護者の心的ストレスや要介護者の尊厳にかかわる問題であり，適正な対処が強く求められている．光田他（2000）は高齢者施設において，施設職員を対象に「施設内各所の臭気強度」と「居室の臭気源」に関するアンケート調査を実施している．強いにおいを感じる場所は，汚物処理室と便所であったが，主たる生活空間である居室も6段階臭気強度表示法（7.1節参照）で半数が2以上の評価をしていた．また居室においては他の施設内各所よりも多種類の臭気源が回答された．各臭気成分の寄与率について報告された事例はまだなく，複合臭気としてトータルでの対策が必要である．

8.2.3 芳香消臭剤の製品開発

芳香消臭剤の製品開発の現場では，このような臭気分析の結果を用いて対象悪臭を設定し，消臭効果を評価している．消臭試験に悪臭を再現した模擬臭や実際の悪臭を用いるなど，消臭効果をいかに効果的に発揮させるかは製品開発の醍醐味のひとつともいえ，各メーカーがしのぎを削っている．画一的な消臭手法というものはなく，環境の変化や消費者の変化に常に目を向け，消費者のニーズに応じて，最適と考えられる製品設計を行うことが求められる．

ここでは，代表的な消臭の手法とそれに用いられる技術を紹介する．

a．化学的消臭

化学的消臭とは，さまざまな化学反応によって臭気物質を無臭性あるいは不揮発性の異なる物質に変化させる技術である．たとえば，トイレの臭気であるアンモニアを消臭したい場合には，酸性物質を消臭剤として用い中和反応を起こす．次の反応式はその代表的な例である．

$$NH_3 + R\text{-}COOH \rightarrow R\text{-}COONH_4$$

中和反応が進みにくいアルデヒドなどの臭気には，カルボニル化合物のアミンとの縮合反応を利用するなど，さまざまな化学反応を利用して消臭効果を発揮させる．以下の反応式はそのひとつの例である．

$$R\text{-}NH_2 + R'\text{-}CHO \rightarrow R\text{-}N\text{=}CH\text{-}R'$$

こうした単一の成分に対する化学的消臭効果は検知管やガスクロマトグラフィーなどの機器で定量化できるが，複合臭の定量化は難しい．また，臭気によっては人間の嗅覚閾値のレベルでは検出が困難なものもある．無香料タイプの製品では次に述べる感覚的

消臭手法が使用できないため，化学的消臭が用いられる．

b. 感覚的消臭

感覚的消臭とは，臭気物質を臭気と相性のよい香りあるいは臭気よりも強い香りで感じにくくする技術である．効力の評価手順は，悪臭と香りをエアバッグ内で混合し，悪臭の感じ方がどれくらい緩和されたかを，悪臭防止法に定められる6段階臭気強度および9段階快不快度表示法（7.1節参照）で点数化し評価する．これらは主観評価となるため，個人間ないし個人内でのばらつきは付随して生じる大きな問題である．また，サンプルの評価順序や試験の前提条件など心理的なバイアスが評価に及ぼす影響は大きく，それを考慮した試験系の設計が重要である．あわせて日々の教育，定期チェックやパネラー制度の導入など評価者の嗅覚を正常に維持管理することが求められる．

近年では，嗅覚メカニズムの解明に伴い，嗅覚受容体の応答を応用し他の物質の受容体応答を阻害することで消臭するアンタゴニズム研究も進められている（Oka et al., 2004）．

ここで新しい感覚的消臭試験法の研究について紹介する．従来の方法では，前述の評価尺度を用いて評価するがその精度については課題をあげたとおりである．そこで，同じく悪臭防止法に定められる「臭気指数」（7.1節参照）に着目して評価する方法が検討されている．その手法とは，「製品による芳香空気」と「無臭空気」のそれぞれについて任意の濃度の対象臭気と混合した結果，臭気を認知できなくなるポイントの臭気指数を算出し，それらの臭気指数の差を消臭効果として数値化することで消臭効果を評価するというものである．その差が大きいほど，消臭効果が高いということになる（森本他，2012）．この臭気指数を算出する過程は煩雑となるため，希釈混合装置を用いた手法が開発されている（佐々木他，2014）．この装置を用いることで，悪臭と香りを任意の割合，かつ高精度で混合することが可能となる．臭気物質によって，臭気強度に対する臭気指数の回帰係数が変わるため，あらかじめターゲットとする臭気の臭気強度と臭気指数の検量線を作成し，消臭効果の判定基準を規定することで，感覚的消臭効果を比較的精度高く評価できるようになる．

c. 製品開発と今後の課題

最後に芳香消臭剤を開発する上での流れと留意すべき点を簡単に説明する．これまでに述べてきたように，生活空間の中ではさまざまな臭気発生源から，多種類の臭気物質が自然蒸散している．1つの消臭剤ですべての臭気に対応することは不可能であり，製品が対象とする空間における臭気の特定と寄与度の把握が重要である．これには，実際の空気を採集して分析機器を用い濃度を把握して寄与率を算出する方法と，臭気判定士が実際の空間に訪れて官能評価で臭気強度として評価する方法がある．対象とする臭気が決まれば，それと反応する消臭剤を選定することになる．しかし空間中の臭気の種類は非常に多いため化学的消臭だけでとりきることは難しい．そこで，感覚的消臭や悪臭

の選択性が比較的低い活性炭などの吸着剤を配合する（物理的消臭）など，他の消臭手法と複合的に組み合わせることで，消費者にとって消臭実感のある製品となる．

居住空間には空気が滞留する場所が存在し，悪臭物質もこのような場所に溜まりやすいことが報告されており，このことは芳香消臭剤を設置する場所によって，その効果が変わってくる可能性を示唆する（北島・橋本，2009）．メーカーは製品を提供するだけではなく，より効果的な置き方（使い方）の提案を積極的に消費者に行うことが必要である．

生活を取り巻く環境は絶えず変化を続けており，生活の中でのにおいの発生や種類も変化する．さらには消費者の清潔意識や求める消臭レベルも変化するため，今後の製品開発にはものづくりに関してだけでなくより広い視野と知識が求められる．芳香消臭剤が快適な生活をサポートするだけでなく，空間を演出する必需品として今後も愛され続けて，市場全体が発展していくことを期待したい．　　　　　　　　　　　　　　［松宗憲彦］

引 用 文 献

亀田 暁子・坂本 圭司（2013）．駅トイレの臭気対策に関する基礎研究　*JR East Technical Review, 41*, 55-58.

北島 幸太郎・橋本 仁史（2009）．他人の家はなぜ臭い？　大気環境学会 2009 年会講演要旨集，p. 153.

光田 恵・宮井 克典・吉野 博・池田 耕一（2000）．高齢者施設内の臭気に関する調査　日本建築学会東海支部研究報告集，(38)，457-460.

森本 祐輔・中村 祐子・皆川 和則・北島 幸太郎・長谷川 靖之（2012）．芳香・消臭剤の感覚的消臭試験法　日本官能評価学会誌，*16*(2)，104-109.

中村 祐子・北島 幸太郎・長谷川 靖之（2014）．生活環境の異なる家庭における室内臭気成分の実態調査　室内環境，*17*(1)，1-9.

Oka, Y., Omura, M., Kataoka, H., & Touhara, K. (2004). Olfactory receptor antagonism between odorants. *The EMBO Journal, 23*(1), 120-126.

佐々木 道香・新田 宗由記・北島 幸太郎・松宗 憲彦・長谷川 靖之・喜多 純一…樋口 能士（2014）．簡易官能評価装置を用いた芳香消臭剤の消臭試験法　におい・かおり環境学会 2014 年次大会要旨集.

佐藤 重幸（1998）．車室内空気質　豊田中央研究所 R & D レビュー，*33*(4)，15-23.

Sato, H., Morimatsu, H., Kimura, T., Moriyama, Y., Yamashita, T., & Nakashima, Y. (2002). Analysis of malodorous substances of human feces. *Journal of Health Science, 48*(2), 179-185.

下田 満哉（2001）．ニオイの分析とその評価　*SCAS NEWS*, 2001-I, 3-6.

田原 申也・佐々木 道香・坂本 光司・長谷川 靖之・佐藤 博（2012）．現代日本人の食生活が排便臭気に与える影響の解明と新規消臭剤の開発事例　*Fragrance Journal*, 2, 55-63.

渡辺 光雄・高阪 謙次（編著）(2005)．新・住居学[改訂版]――生活視点からの 9 章――　ミネルヴァ書房

矢田 英樹（2015）．芳香消臭剤の香りの変遷　におい・かおり環境学会誌，*46*(6)，382-389.

参 考 文 献

日本自動車販売協会連合会 （1985-2014）．統計データ
全国軽自動車協会連合会 （1985-2014）．統計データ

8.3 香料開発におけるフレーバーリリース分析技術の応用

8.3.1 新たなフレーバーリリース分析法の開発

食品の嗜好性を左右する風味（フレーバー）は，香りと味の複合的な刺激により形成される感覚である．香りは食品から揮発する成分（香気成分）による感覚であり，その多くは鼻で知覚される．一方，味は食品に含まれる主として水溶性の成分（呈味成分）による感覚であり，その多くは舌を中心に口腔内で知覚される．このように，フレーバーは異なる感覚器官で知覚された香気成分と呈味成分の刺激から生じる複合感覚といわれている．

馥郁とした魅力的なフレーバーを楽しむ食品にとって，香気は呈味とともに食品（製品）の価値を左右する重要な要素のひとつであり，嗜好性に優れた良質な香気を賦与することは，食品（製品）の品質向上のための重要な課題である．そのため，より魅力的なフレーバーをつくりだすために，その鍵となる香気成分やそれらの食品における化学的，あるいは感覚的な特性の解明が強く望まれている．これまでに，さまざまな食品の香気成分の解明が進み，それらの生成機構，あるいは加工や保存における変化などの面からも，その特性は，かなり明らかになってきた．しかし，食品のおいしさを満たすためには，これらの知見だけでは十分ではないことも明らかになりつつある．

食品の香気成分にとって，口に含んだ際のインパクトや飲食後の持続性など，口腔における発現特性（フレーバーリリース）も重要であり，食品における香気成分の特性をより詳細に理解し，そのコントロールを可能とするためには，個々の香気成分におけるフレーバーリリースの特性を考慮する必要がある．香気は食品から揮発した香気成分が，鼻腔上部にある嗅上皮の受容体を刺激し，その信号が大脳に達することにより発現する．したがって，口に入れられた食品の香気を感じるということは，香気成分が喉を経由して，嗅上皮に達していることを意味しており，嗅上皮に達する香気成分量やその組成を知ることは，人が飲食中に感じる香気を理解するために重要である．しかし，嗅上皮付近の香気成分を直接分析することは難しいため，鼻腔を経由して鼻から排出される香気成分を測定する方法が提案されている．これは，人が飲食中に感じる香味の強さが，食品に含まれる香気成分量よりも鼻から排出される成分量との間に良好な相関があるという Taylor et al.（1997）の実験結果に基づくものであり，すでに Nosespace（Brauss et al., 1999；Linforth et al., 1999；Taylor et al., 2000；Roberts et al., 2003；Hodgson et al., 2005；Mestres et al., 2005, 2006）や EXOM（exhaled odorant measurement）(Buettner & Schieberle, 2000) などいくつかの測定法が提案されている．Nosespace は，鼻から排出される呼気に含まれる香気成分をダイレクトに大気圧化学イオン化質量分析計（atmospheric pressure chemical ionization mass spectrometry；APCI-MS）や陽子移動反応質量分析計（proton transfer reaction mass spectrometry；PTR-MS）などに導入する方法である．この分析法は，飲食中のフレーバーリリースを連続的に観測できる利点があるものの，狭い分子量の範囲に多種多様な構造が分布する食品の香気成分を識別することが難しく，多くの研究例があるものの，その活用はモデルフレーバーを用いた研究が主体である．一方，EXOM は，Tenax などの吸着剤にトラップした香気成分を有機溶媒で脱着し，その溶液を GC-MS へ導入する方法である．この分析法は，GC-MS により複雑な組成の香気成分を分離して識別できるものの，有機溶媒での希釈を伴うため，呼気に含まれる微量な香気成分への適用はきわめて限定的である．

　このように，食品には多くの種類の香気成分が低濃度で含まれるため，これらの既存の測定法を香料開発に応用することは困難であった．そこで筆者らは，実際の食品への応用に重点をおいた新たな測定法として R-FISS（retronasal flavor impression screening system）を開発した（Kumazawa et al., 2008）．この方法は，鼻より排出された香気成分を吸着管に捕集し（図 8.4），さらに，加熱脱着装置を用いて希釈することなく香気成分を GC-MS へ導入するというものである．この測定法は，人が飲食中に感じている多くの種類の香気成分を一度に分析できるのみならず鼻から極微量しか排出されない香気成分の定量もできるという利点がある．このように，R-FISS は，人が飲食中に感じている香気の複雑な組成と成分量を知ることを可能とした．

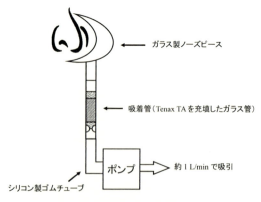

図 8.4　鼻から排出される香気成分の捕集方法（R-FISS）概略図

8.3.2 フレーバーリリースに配慮した香料の開発

R-FISS は，フレーバーリリースに配慮した香料の開発にきわめて有効である（成田・糸部，2013）．たとえば，果実を食べているときに感じている香気を R-FISS で分析した結果に基づいて開発された香料は，果汁感，フレッシュ感，軽さ，余韻といった風味を強め，果実のまるかじり感を飲料に賦与する効果を発揮した（図 8.5）．その他，ガムやチョコレートなどの菓子，チーズなどの乳製品，コーヒーなどの飲料，鰹節やゴマ，あるいは牛肉といったさまざまな食品に R-FISS を活用し，フレーバーリリースに配慮した新しい香料の開発が進められている．

以下では，香気成分のフレーバーリリース特性について R-FISS を用いて得られた新たな知見を詳しく紹介する．

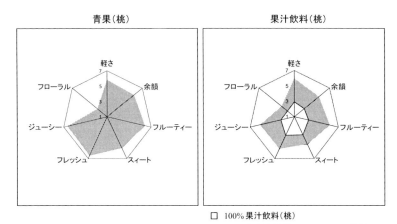

図 8.5　R-FISS の知見を活用したフルーツ香料の効果（100% 桃果汁飲料）（成田・糸部，2013）
フレーバリスト（6 名）による段階尺度法（7 段階）にて評価．

a. ガムにおけるフレーバーリリース特性

近年，ガムの香料には，嗜好性に優れた香調や力価に加えて，噛みはじめの拡散性（初発性）や優れた持続性などのフレーバーリリース特性のコントロールが強く求められる傾向にある．しかし，香料を構成する多数の香気成分について，成分ごとに異なるフレーバーリリース特性を客観的に把握し，香料開発に応用することは困難であった．そこで，ガムにおける香気成分のフレーバーリリースを R-FISS を活用して検討したところ，香気成分の種類によりフレーバーリリース特性が大きく異なることを見いだし（図 8.6），その違いを官能評価で確認した（Kumazawa et al., 2008）．さらに，さまざまな香気成分を配合したガムを用いたモデル実験の結果から，香料に使われる多種多様な香気成分のフレーバーリリース特性を推測できる可能性を見いだした．

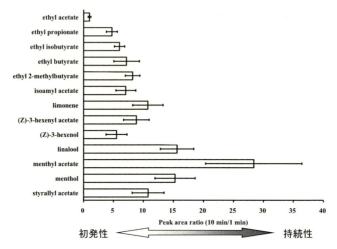

図 8.6　ガム香気成分のフレーバーリリース特性の把握（Kumazawa et al., 2008）
ガムにおける各香気成分のフレーバーリリース特性（初発性や持続性）を，ピーク面積比（10 min/1 min）の比較で評価．

b. コーヒーのフレーバーリリースにおける牛乳の影響

　飲料の香料には，乳成分の有無や甘味料の種類，あるいはアルコールの有無といった飲料組成の違いにより異なる風味を調整する機能が求められる．その一例として，コーヒーのフレーバーリリースにおける牛乳の影響を R-FISS を活用して検討したところ，香気成分の大部分は牛乳の影響を受けないものの，特定の香気成分が有意に減少することを見いだした（Itobe et al., 2015）．牛乳の存在により減少する特定の成分には，コーヒーの重要な香気寄与成分である 2-フルフリルチオールに由来する成分（フルフリルメチルスルフィド）が含まれており，牛乳の添加は，コーヒーの香ばしさを低下させることが予想された．そこで，コーヒー（牛乳を添加しない）と同等のフレーバーリリースとなるよう，牛乳を添加したコーヒーの 2-フルフリルチオール含有量を調整したところ，そのフレーバーリリースが改善され，コーヒーの香ばしさを向上できる可能性を官能評価で確認した．このように飲料組成の違いにより風味が変化する原因となる香気成分の探索にも R-FISS はきわめて有用であり，ここで得られた知見をもとに，飲料組成の違いにより生じる風味の変化を調整する機能を有する飲料用香料の開発が可能となりつつある．

8.3.3　フレーバーリリース分析とその応用における今後の課題

　食品に含まれる香気成分と飲食中に人が香気として感じる成分は，どのような関係になっているのだろうか．果たして，食品に含まれる成分が，その構造や組成を保ったま

ま嗅上皮の受容体で認識されているのだろうか．このような口腔から受容体に至るまでの香気成分の挙動は，ほとんど検討されていない未知の分野である．そこで，R-FISSを利用して，飲料に含まれる香気成分と飲用中に人が香気として感じる成分の関係をさまざまな官能基の香気成分について検討した（Itobe et al., 2009）．その結果，さまざまな食品の香気にとって重要なチオールやアルデヒドを官能基に有する香気成分は，口腔より喉を経由して鼻孔から排出されるまでの間に，その一部が変化し，各々に対応するメチルチオエーテルやアルコールを生じる現象を見いだした（図 8.7）．また，さまざまなチオールについて，鼻から排出された成分の組成を複数の人で比較したところ，チオールとメチルチオエーテルの組成比は，チオールの種類によって大きく異なり，さらに，個人差の大きい成分と小さい成分があることがわかった．すなわち，飲食中に人が感じる香気は複雑な要素から成り立っており，食品に含まれる香気成分は，構造や組成を保ったまま受容体に達するものばかりではないという可能性がある．これらの結果は，従来，香気成分の物理的な性質から議論されることが多かった食品のフレーバーリリースにおいて，香気成分の化学的な性質も考慮する必要があることを示唆している．

R-FISS をはじめとした分析技術の進歩により，食品におけるフレーバーリリース特

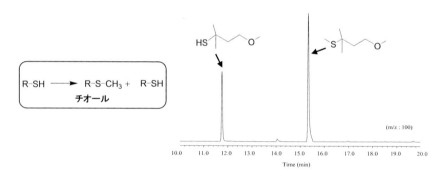

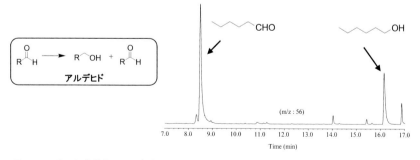

図 8.7 口腔より鼻腔を通って鼻孔から排出された香気成分（チオール，アルデヒド）のマスクロマトグラム（Itobe et al., 2009）

性は急速に解明が進みつつある. しかし, その一方で新たな疑問も生じている. たとえば, 香気成分と呈味成分の相互作用の影響である. これは, 独立した刺激で生じる香り (嗅覚) と味 (味覚) が相互に影響を及ぼす現象である. たとえば, 甘味物質や酸味物質が減少すると香気成分量が変化しなくても香気強度が低下することが観測されている (Taylor et al., 2003). 一方, 甘味物質や酸味物質の含有量が同じでも, 甘味や酸味を想起させる香気の添加により, その強度を強める効果も観測されている (國枝, 1998). こうした相互作用のメカニズムを解明することが, フレーバーリリース特性に着目した新たな食品香料の開発にもつながると考えられる. [熊沢賢二]

引 用 文 献

Brauss, M. S., Linforth, R. S. T., Cayeux, I., Harvey, B., & Taylor, A. J. (1999). Altering the fat content affects flavor release in a model yogurt system. *Journal of Agricultural and Food Chemistry*, *47*, 2055-2059.

Buettner, A., & Schieberle, P. (2000). Exhaled odorant measurement (EXOM): A new approach to quantify the degree of in-mouth release of food aroma compounds. *LWT-Food Science and Technology*, *33*, 553-559.

Hodgson, M. D., Langridge, J. P., Linforth, R. S. T., & Taylor, A. J. (2005). Aroma release and delivery following the consumption of beverages. *Journal of Agricultural and Food Chemistry*, *53*, 1700-1706.

Itobe, T., Kumazawa, K., & Nishimura, O. (2009). A new factor characterizing the in-mouth release of odorants (volatile thiols): Compositional changes in odorants exhaled from the human nose during drinking. *Journal of Agricultural and Food Chemistry*, *57*, 11297-11301.

Itobe, T., Nishimura, O., & Kumazawa, K. (2015). Influence of milk on aroma release and aroma perception during consumption of coffee beverages. *Food Science and Technology Research*, *21*, 607-614.

Kumazawa, K., Itobe, T., Nishimura, O., & Hamaguchi, T. (2008). A new approach to estimate the in-mouth release characteristic of odorants in chewing gum. *Food Science and Technology Research*, *14*, 269-276.

國枝 里美 (1998). 香料における複合的な感覚 人間工学, *34*(特別号), 94-97.

Linforth, R. S. T., Baek, I., & Taylor, A. J. (1999). Simultaneous instrumental and sensory analysis of volatile release from gelatine and pectin/gelatine gels. *Food Chemistry*, *65*, 77-83.

Mestres, M., Moran, N., Jordan, A., & Buettner, A. (2005). Aroma release and retronasal perception during and after consumption of flavored whey protein gels with different textures. 1. In vivo release analysis. *Journal of Agricultural and Food Chemistry*, *53*, 403-409.

Mestres, M., Kieffer, R., & Buettner, A. (2006). Release and perception of ethyl butanoate during and after consumption of whey protein gels: Relation between textural and physiological parameters. *Journal of Agricultural and Food Chemistry*, *54*, 1814-1821.

成田　晃浩・糸部　尊郁（2013）．R-FISS によるレトロネーザルアロマの解析と香料への応用　*AROMA RESEARCH, 14*(3)，229-233．

Roberts, D. D., Pollien, P., Antille, N., Lindinger, C., & Yeretzian, C. (2003). Comparison of nosespace, headspace, and sensory intensity rating for the evaluation of flavor absorption by fat. *Journal of Agricultural and Food Chemistry, 51*, 3636-3642.

Taylor, A. J. (2005). Aroma release and delivery following the consumption of beverages. *Journal of Agricultural and Food Chemistry, 53*, 1700-1706.

Taylor, A., Hollowood, T., Davidson, J., Cook, D., & Linforth, R. (2003). Flavour research at the dawn of the twenty-first century. *Proceedings of the 10th Weurman Flavour Symposium*, 194-199.

Taylor, A. J., & Linforth, R. S. T. (1997). Relationship between sensory time-intensity measurements and in-nose concentration of volatiles. In K. A. D. Swift (Ed.), *Flavours and fragrances* (pp. 171-182). Cambridge : Royal Society of Chemistry.

Taylor, A. J., Linforth, R. S. T., Haevey, B. A., & Blake, A. (2000). Atmospheric pressure chemical ionization mass spectrometry for *in vivo* analysis of volatile flavour release. *Food Chemistry, 71*, 327-338.

8.4　都市ガスの付臭剤の臭質に関する評価

8.4.1　付臭剤の臭質に求められる要件

　都市ガスは，一般家庭において，調理や暖房，給湯など多くの用途に広く使われているエネルギー源のひとつである．都市ガス事業者にとって，使用時はもちろんのこと，工場からパイプラインを通って使用者のもとへ送られる供給時をも含めたすべてのシーンにおける安全性の確保がもっとも重要な課題となっている．

　都市ガスの原料として用いられる天然ガスの主成分はメタンであり，本来無臭である．そこで，ガス漏洩によって生じるかもしれない爆発や中毒といった事故を未然に防止するため，天然ガスを都市ガスとして送出する際，「付臭剤」と呼ばれる独特なにおいの有臭物質を添加している．すなわち，ガス漏洩検知器よりも感度の高いヒトの嗅覚によって漏洩をいち早く発見するため，においをわざとつけているのである．付臭剤として使用する物質は，いくつかの基本的な要件を満たしている必要があり，その臭質に求められる要件としては，①生活環境に存在する臭質とは異なり，明らかにガス臭であると認識できること，②どきっとさせるインパクトをもった警告臭であること，③きわめて低い濃度で特有の臭気が認められること，④嗅覚疲労を起こしにくいこと，の4つがあげられる（村上・斉藤，1996）．

　従来，都市ガス事業者は，上記のような性質をもつ有機化合物を付臭剤として用いている．代表的な物質としては，刺激的な有機溶剤臭をもつテトラヒドロチオフェン，温泉や腐った玉ねぎのような臭質であるターシャリーブチルメルカプタン（TBM），青海苔のような臭質であるジメチルスルフィドなどの含硫黄物質があげられる．これらの物

質はどれもインパクトの強いにおいではあるが，人体には無害である．さらに，これらの物質はきわめて閾値が低いため，使用者は非常に低い濃度で十分においを感知することができる．

8.4.2　ガス臭であるとの認識

　先述した①の「生活環境に存在する臭質とは異なり，明らかにガス臭であると認識できること」という要件は，使用者が「ガスのにおいを知っている」ことを前提にしている．つまり，あるにおいが都市ガスの付臭剤としての役割を果たすためには，そのにおいを嗅いだ人が「ガスのにおい」であると認識できる必要がある．

　都市ガスの付臭剤に求められるもっとも重要な役割は，そのにおいを嗅いだ使用者に「危険を感じて通報する」という行動を起こさせることである．このような付臭剤に期待される役割を定量的に評価するため，松葉佐・五味（2006）は「通報率」という指標を導入した．「通報率」とは，人があるにおいを嗅いだときにガス会社に通報すると推定される割合を指す．実験参加者ににおいを嗅がせたあと，「このにおいがしたらガス会社に連絡しますか？」という質問を行い，全実験参加者に占める「連絡する」と回答した実験参加者の割合を「通報率」として算出した．非常に簡易的な指標ではあるが，万一のガス漏れ時における危険の認識からガス会社への通報までの行動を明確に定量化できると考えられる．

　松葉佐・五味（2006）は，都市ガスの現行の付臭剤として代表的なにおい物質のひとつである TBM と，TBM と同じ硫黄化合物であるイソブチルメルカプタン（IBM）を用いて，各におい物質に対する通報率を求めた．実験参加者51名（20〜60代，男性13名，女性38名）に対し，4段階に空気で希釈した2種類のにおい物質をそれぞれにおい袋で提示した．その後，質問紙によって，各においに対する臭気強度，ガスのにおいのイメージへのあてはまり度，このにおいがしたらガス会社へ連絡するか，の3項目を尋ねた．

　各におい物質における提示濃度と臭気強度，ガスのにおいのイメージへのあてはまり度，通報率の関係を図 8.8 に示した．TBM の通報率は，6段階臭気強度表示（斉藤，1994）において臭質がわかる程度の強さである臭気強度2（弱い）で約30%，臭気強度4（強い）で約80%だった．一方，IBM の通報率は，臭気強度4でも30%を超えなかった．また，TBM では，提示濃度が高くなるにつれて，臭気強度，ガスのにおいのイメージへのあてはまり度，通報率のいずれもが上昇した．一方，IBM に関しては，提示濃度が高くなり臭気強度が急峻な上昇を示しても，ガスのにおいのイメージへのあてはまり度と通報率は終始緩やかな上昇にとどまった．

　これらの結果より，同じ含硫黄化合物でも都市ガスの現行の付臭剤である TBM は多くの使用者にガスのにおいであると認識されているが，IBM はガスのにおいとして認

8.4 都市ガスの付臭剤の臭質に関する評価

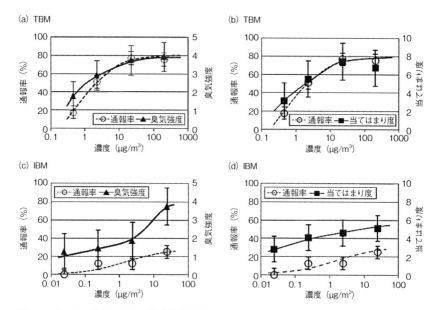

図 8.8 各におい物質における提示濃度と臭気強度，ガスのにおいのイメージへのあてはまり度，通報率の関係（松葉佐・五味，2006）
TBM における提示濃度と臭気強度，通報率の関係を (a) に，提示濃度とガスのにおいのイメージへのあてはまり度，通報率の関係を (b) に，IBM における提示濃度と臭気強度，通報率の関係を (c) に，提示濃度とガスのにおいのイメージへのあてはまり度，通報率の関係を (d) に示した．

識されていないことが示唆された．つまり，ガス臭であると認識されているという観点において，TBM は都市ガスの付臭剤の臭質に求められる要件を満たしていると考えられる．

8.4.3 嗅覚感度の低減

万一ガス漏洩が発生した場合，都市ガスの使用者にいち早く嗅覚によって危険を検知させ，ガス会社への通報につなげさせるという役割を担っている付臭剤にとって，付臭剤のにおいに対する嗅覚感度の低減は保安上憂慮すべき現象である．すなわち，あるにおい物質が付臭剤に適した臭質をもっていたとしても，そのにおいに対し，都市ガスの使用者がすぐに嗅覚感度の低減を生じてしまっては付臭剤としての役割を果たすことができない．そこで筆者らは，先述した付臭剤の臭質に求められる要件のうち，④の「嗅覚疲労を起こしにくいこと」に着目し，研究を行った．ここでいう嗅覚疲労という言葉は現在あまり使われないので，ここでは，より具体的に，臭気の強度が低下していることを表す「嗅覚感度の低減」を用いる．

嗅覚感度の低減を起こしにくいということは，そのにおいに対して順応しにくく，慣

れにくいということを示す．順応（adaptation）も慣れ（habituation）も，現象的には感覚強度が低下するという点で同じであるが,その発生機序は異なる（1.2.3項b参照）．一方，日常生活では，嗅覚の順応と慣れはあまり区別されずに使われていることが多い．従来，嗅覚は比較的順応しやすい感覚であると考えられてきた．数多くの先行研究（Ekman et al., 1967；Cain, 1974；Berglund, 1977）で，同一のにおい刺激を持続的に与えた場合，臭気強度は時間経過に伴って指数関数的に減衰すると報告されている．しかし，近年では，必ずしも指数関数的減少を示さないケースも散見されており（Berglund et al., 1978；斉藤他，2004, 2008），臭気強度の時間依存性は多様であることが示唆されている．

　臭気強度の時間依存性は，におい物質によって異なることがわかっている（Berglund et al., 1978）．このような知見をふまえると，順応しやすさもにおい物質間で異なる可能性がある．そこで，松葉佐他（2014）は，TBMと他の8種類のにおい物質の間で順応しやすさを定量的に比較した．用いたにおい物質は，TBMのほか，シクロヘキセン，イソ酪酸エチル，2-フェニルエタノール，cis-3-ヘキセン-1-オール，イソ吉草酸，2-ヘキシン，1,5-シクロオクタジエン，1-メチルピロリジンであった．

　6段階臭気強度表示（斉藤，1994）で臭気強度4（強い）程度になるよう，空気で各におい物質を希釈し，1試行につき1種類のにおいおよび空気を約4 L/minの流速で600秒間（空気20秒間→におい480秒間→空気100秒間）提示した．実験参加者は，スライドレバーを操作することにより，提示されているにおいおよび空気の臭気強度をリアルタイム，かつ連続的に評定した．

　解析には，「においスティック（OSIT-J）」（第一薬品産業(株)）を用いた嗅覚同定能力測定法（Saito et al., 2006）において嗅覚同定能力が正常であると判定された実験参加者から取得し，かつにおい提示終了の60秒後から100秒後までの40秒間の評定値が臭気強度1（やっと感知できる）未満を保った313試行の時系列データを用いた．各時系列データに対して指数関数モデルを適用し，最小二乗法によって近似したあと，実測値と近似式における理論値の間のピアソンの積率相関係数を算出した．相関係数が0.7より大きく，かつにおい提示終了までに近似式の理論値が臭気強度1を下回ったデータを「順応型」，それ以外を「非順応型」に分類した．さらに，全解析対象データに占める順応型の割合を「順応指数」として算出した．つまり，順応指数が高いほど，順応しやすいことを表している．

　実験で用いた9種類のにおい物質における順応指数は，図8.9に示すとおりである．TBMが他の8種類のにおい物質と比べて順応しやすいかについて検討するため，順応型と非順応型の時系列データを用い，8種類のにおい物質それぞれについてTBMとの間でカイ二乗検定を行った．その結果，1-メチルピロリジン以外のにおい物質はTBMとの間に有意差が認められず，1-メチルピロリジンはTBMよりも有意に順応型の時系

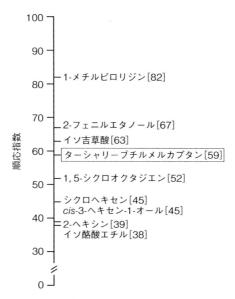

図 8.9 各におい物質における順応指数
におい物質の後ろに示したカッコ内の数字が順応指数である．値が大きいほど順応しやすいことを表す．

列データが多かった．

　都市ガスの付臭剤の臭質には，他のにおい物質と同等以上に嗅覚感度の低下を生じにくいことが求められる．松葉佐他（2014）の結果から，都市ガスの現行の付臭剤として使用されているTBMは，実験で使用した他のにおい物質と比較して著しく順応しやすいとはいえないことが示唆された．つまり，嗅覚感度が低下しにくいという観点において，TBMは都市ガスの付臭剤の臭質に求められる要件を満たしていると考えられる．

[小早川　達・松葉佐智子]

引 用 文 献

Berglund, B. (1977). Quality, intensity, and time in olfactory perception. In J. LeMagnen, & L. MacLeod (Eds.), *Olfaction and taste IV* (pp. 437-447). Information Retrieval.
Berglund, B., Berglund, U., & Lindvall, T. (1978). Olfactory self-and cross-adaptation：Effects of time adaptation on perceived odor intensity. *Sensory Processes, 2,* 191-197.
Cain, W. S. (1974). Perception of odor intensity and the time-course of olfactory adaptation. *ASHRAE Transactions, 80,* 53-75.
Ekman, G., Berglund, B., Berglund, U., & Lindvall, T. (1967). Perceived intensity of odor as a function of time adaptation. *Scandinavian Journal of Psychology, 8,* 177-186.
松葉佐 智子・五味 保城（2006）．臭気による燃料ガス用付臭剤の評価方法に関する検討　日本

味と匂学会誌, *13*, 587-590.

松葉佐 智子・後藤 なおみ・五味 保城・小早川 達（2014）．持続提示臭気に対する順応しやすさの定量化　におい・かおり環境学会誌, *45*, 38-45.

村上 恵子・斉藤 幸子（1996）．都市ガスのニオイの評価に関する研究　日本味と匂学会誌, *3*, 692-695.

斉藤 幸子（1994）．嗅覚の測定方法　大山 正・今井 省吾・和氣 典二（編）　新編 感覚・知覚心理学ハンドブック（pp.1371-1382）　誠信書房

斉藤 幸子・綾部 早穂・小早川 達（2008）．持続臭気の時間依存強度と知覚特性の関係　におい・かおり環境学会誌, *39*, 399-407.

Saito, S., Ayabe-Kanamura, S., Takashima, Y., Gotow, N., Naito, N., Nozawa, T., ... Kobayakawa, T. (2006). Development of a smell identification test using a novel stick-type odor presentation kit. *Chemical Senses*, *31*, 379-391.

斉藤 幸子・飯尾 心・小早川 達・後藤 なおみ（2004）．持続提示する臭気に対する感覚的強度の多様な時間依存性　におい・かおり環境学会誌, *35*, 17-21.

8.5　脳計測でわかること・わからないこと

　1996年，筆者らは脳から自然に発生する脳磁場（MEG）を計測することによりヒトにおける第一次味覚野の同定を行った（Kobayakawa et al., 1996）．国際誌への掲載に伴いプレス発表を行って以降，さまざまな方々からFAQ（frequently asked question）ともいうべき質問を受けるようになった．「脳を測れば消費者がその食品をおいしいと思っているかわかりますか？」というQである．この質問を受けるたび，筆者は笑顔で（"それなり"に）応対するが，内心では「またか……」と嘆息をもらしているというのが心苦しくも本音である．

　そのプレス発表から数か月後のある日，記事を目にしたカップラーメンで有名なある企業の代表取締役から直々にご招待を賜り講演の機会を得た．このときも予想を裏切ることなく先述のFAQが出たわけだが，取締役は質問に至るまでの背景も語ってくれた．生タイプ麺を採用したカップラーメンの開発中，消費者パネルを集めてアンケート調査を実施したところ，「確かにおいしいが，この設定価格（300円台）を出してまで買わない」との回答が返ってきた．パネルのネガティブな反応に気落ちしつつも，そのカップラーメンを市場に投入したところ，爆発的なヒットという嬉しい誤算となった．このような一連の顛末をふまえて取締役は「消費者パネルはきっと嘘をついていたに違いない」と考え，脳を測れば消費者パネルの嘘を見抜けるのではないかと，当時最新鋭の脳機能計測に期待したのである．

　ところでヒトの脳機能計測では何を測り，何が直接の結果として示されるのであろうか？　どのような脳機能計測法においても，何かの刺激や課題に対する脳内処理が起こった場合に，高々「その処理が脳内のどの部位で，いつ起こったのか」という情報し

か与えない．実験・研究者はその部位の活動の理由を他の論文の結果と比較することで解釈を行うことが通常である．ところがその機能が高次になればなるほど，ある脳内部位ひとつをとってもその機能は多様であり，多種多様な文献から研究者自身の仮説に合致する論文を見つけてくることは容易である．講演などで結果を聞いている聴衆は，場合によっては「高額な脳機能計測機器の結果に彩られた研究者の仮説」を真実のように聞かされているにすぎない．

上記のカップラーメンの例でも発売前に脳機能計測を実施していれば，本当に消費者パネルの「嘘」を見抜けたのだろうか．消費者パネルが集団で「嘘」をついていた，とは考えられない．では発売前に行った消費者パネルを用いたアンケート調査の結果と実際の爆発的ヒットの間に，ずれが生じた理由は何だったのか．実はアンケート調査を行った消費者パネルはほとんどが主婦だった．いわゆる学術論文に「実験協力者は無作為に集めた」と書きつつも，「真に"一般的かつ普遍的"な人選だったか？」というありがちな一例にすぎない．そのカップラーメンを食した彼女たちは，嘘をついたわけではない．「おひとり様 1 点限りの大特価商品に飛びつく」彼女たち，あるいは「もっと安いインスタントラーメンに残り物の食材を加え，おいしいラーメンを手早くつくってしまう術をもっている」彼女たちには 300 円台のカップラーメンは高すぎたのである．結局のところ，この有名カップラーメンの予想外の快進撃は，主たる購買層が主婦ではなかった，というオチだと思う．

食品や香料企業の開発部隊が上司に頻繁にいわれるセリフのひとつに「質問紙だと結果に個人差が大きく何を測っているかわからない，でも脳を測れば個人差はなくなるに違いない」がある．しかしよく考えてほしい．この個人差を生んでいるものはそもそも脳活動の結果である．では脳活動を計測するとどのような個人差がみられるのだろうか？

図 8.10 には，食塩水を用いて測定した，5 名の実験参加者の味覚誘発電位のデータを示す．この計測条件は当然，まったく同一の実験条件下で行われている．しかしながら，すべての波形において共通する特徴"を"もちつつ，実験参加者の体格，顔形と同様に豊かな個性をもっていることがわかる．またこのようなデータも日や時間帯が異なれば通常同一の波形は得られず，それぞれは日間変動，日内変動と呼ばれる．脳機能計測に携わってきた筆者の感覚では，実は脳機能計測の結果のほうが，質問紙による結果と比較しても個人差がより大きく出る．質問紙の個人差はその脳の処理の差異が生み出すものだが，脳機能計測で得られる結果はその処理の差異の上に解剖構造の個人差が加わるからである．脳波の場合は頭蓋の厚さなどの解剖構造，脳磁場であれば皮質の層構造の方向，また fMRI においてはある皮質の相対的な位置は個々人によってかなり異なり，それが結果に反映される．たとえば図 8.11 に示すように，8 名の実験参加者の中心溝をプロットし，大きさを揃えるために標準脳の座標変換を行ったところ，前後方向

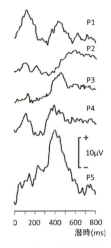
図 8.10　5 名の実験参加者の食塩水を用いた味覚誘発電位

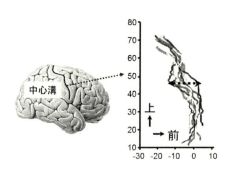
図 8.11　8 名の実験参加者の中心溝における個人差［口絵 9 参照］

に 1.5～2 cm の差がみられた．よって「脳活動計測」によって個人差は消えない．

　それならば質問紙で個人差を可能な限り小さくするにはどうしたらよいのだろうか？　筆者はこの鍵は「パネル，もしくは実験参加者が可能な限り迷わない質問項目にすること」にあると考えている．つまり質問紙が曖昧であると，質問紙に答える人たちは「この質問の意味はなんだろう？　はっきりとはわからないけれど『答えろ』といわれるから，とりあえずのスタンスで答えを書こう」となる．しかしこの「スタンス」が実験参加者の間で異なっていたら（多義的であったら），得られた結果がばらつくのは必然である．

　官能評価を含むヒトの質問紙による評定や行動計測に携わったことがない方々にとって，質問紙法は「誰でもできる実験」と思われることが多い．確かに質問紙による実験や官能評価には特殊な機器は不必要で「誰でも実施が可能である」ことは相違ない．しかし実験条件の間で，個人差をおさえ統計的な有意差を出すことはかなり難しいことである．

　筆者は行動実験と比較しても質問紙による結果だけで統計的な有意差を見いだすためには相当な実験実施スキルが必要であると考えている，換言すればぽっと出の素人には実施が不可能，ということになる．実際に筆者らの研究室において，質問紙によるデータ取得を含む実験を行う場合は，その質問の一字一句を数日にわたって吟味する．その目的は質問紙の意図が実験参加者にとって一義に定まり，たやすく理解ができるようにすることにある．

　また実験参加者に対する実験者の影響の差異（実験環境の差異と呼んでよい）を最小

8.5 脳計測でわかること・わからないこと 245

にするために，一連の実験において説明，実験方法の指示を1人の実験者が一貫して行う．さらにすべての実験参加者に対して等質に実験の手続きの教示が行えるように，パワーポイントを用いている．これらの手続きにより，実験参加者に対する「言い忘れ」を最小限にすることができる．また実験参加者が実験に可能な限り集中できる環境づくりも重要であり，そのような環境下では個人間のデータばらつきの低減を期待することができるだろう．環境を整えるにあたってのコツは「実験者が実験参加者の目線に立つ」ことであるが，意外とこれが難しい．複数の実験者が互いに実験参加者になり，意見を出しあうことが大切である．

　また，これは特定の訓練されたパネルを用いた官能評価ではあてはまらない場合もあるだろうが，大学・研究機関における行動実験や質問紙による実験においては「数は力」である．つまり実験参加者の数が多ければ多いほど御利益が大きい．実験の種類にもよるが，筆者らの経験から40～100名あたりがバランスのとれた実験参加者数であると考えている．実験参加者数が多いことのメリットは2つあると考える．ひとつは実験参加者群を条件によって分けた（たとえば予期していなかった男女差があった）場合でも統計的に頑強さを保つことができること．もうひとつはこの数で統計的に有意差がなかった場合，たぶんこれ以上増やしても有意差が出ない，という確信をもてることにある．もちろん数学的には常に「統計的有意差がない」とはいえない（いわゆる悪魔の証明）が，実験参加者の数を増やせば有意差があったかもしれない，という未練を捨てることができ，次の実験ステップに自信をもって進むことが可能になる．つまり有意差が出なかったとしても手間暇をかけた実験が無駄にならない．

　また，実験環境や調査などが，商品が使われる状況をよく考慮しているかの検討も必要である．筆者の研究で缶コーヒーを用いた実験では，実験参加者が飲む量を一定にするためにコップを用いているが，缶コーヒーのプルトップの穴と面積がほぼ同一の蓋をつけることにした．もしこの蓋がなければ，缶コーヒーと比較してコーヒーの香りが鼻により多く入る可能性があり，それが結果に影響を及ぼすことを懸念した（Gotow et al., 2014）．

　アンケート調査，または行動実験計測におけるデータは当然ばらつくが，いきなり「ハイテクっぽく見える」脳計測や生理計測に行く前に，このばらつきをおさえる工夫・努力を行う余地がまだまだあるのではないだろうか．むしろ脳計測は統計的有意差がある実験結果が出たあとに，その結果の意味づけを行い，解釈をより深める場合にはじめて有益な手法と考えたほうがよいだろう．

[小早川　達]

引 用 文 献

Gotow, N., Moritani, A., Hayakawa, Y., Akutagawa, A., Hashimoto, H., & Kobayakawa, T. (2014).

Development of a time-intensity evaluation system for consumers : Measuring bitterness and retronasal aroma of coffee beverages in 106 untrained panelists. *Journal of Food Science, 80*(6), 1343-1351.

Kobayakawa, T., Endo, H., Ayabe-Kawamura, S., Kumagai, T., Yamaguchi, Y., Kikuchi, Y., Takeda, T., Saito, S., & Ogawa, H. (1996). The primary gustatory area in human cerebral cortex studied by magnetoencephalography. *Neuroscience Letters, 212*(3), 155-158.

あ と が き

　人の味嗅覚研究は，心理学，化学，分子生物学，医学，環境科学，食品科学，香粧品科学など，幅広い分野にまたがっている．本書ではこうした分野で活躍されている先生方にご執筆いただき，読者に人の味嗅覚研究の概要をつかんでいただけるよう心がけた．この本が，味嗅覚のさまざまな課題に対して，自分の専門分野からだけでなく，広い視野をもって考えるきっかけになればうれしい．

　編者らは，人の味嗅覚について，「味・におい物質が受容器を刺激し，味嗅覚情報が神経伝達され，脳で処理され，知覚・認知に至る過程を統合的に理解し，応用研究につなげたい」という目標をもって，心理学，脳科学研究を行ってきた．しかし，「人の味嗅覚の統合的理解」に達することは容易ではなかった．第2章，第3章にあるように，受容体遺伝子や脳機能といった基礎分野にも多くの謎が残されているが，心理学的知見とのかかわりも，いくつかの謎がある．例えば，食塩の検知閾と，塩味の認知閾の濃度の間で，弱い甘味を感じることや味の混合によって生まれる白味の存在などである．白味という名前は混色で生まれる白色の類推からきているが，心理学の古い資料に4基本味を混合した時に生じると報告されている．味の四面体を提案したHenningは，白味については言及していないが4基本味全てを感じる味は存在しないため，四面体の中は空洞と述べた．編者が行った4味混合実験でも，複合味の各味の感覚強度は，基本2味か3味が強調されることが多く，4味全てが報告されることはまれである．ようやく4味全てを感じる複合味を作っても，その中ではどの味も強調されず，全体的強度は弱くおさえられた．この現象にどういう仕組みが働いているのだろうか．もしかしたら，異分野から見るともう解決しているかもしれないし，逆に異分野の研究者にヒントをあたえるものがあるかもしれない．

　実は，本書には当初「人の味嗅覚の統合的理解をめざして」という終章を設け，異分野にまたがる研究例を紹介するつもりであった．例えば一卵性双生児と二卵性双生児の知覚の違いから，人の糖や人工甘味料の甘味強度の評定に及ぼす共通の遺伝子の影響を明らかにした心理学者と遺伝学者による研究である．しかし終章は編者の力不足と紙面の都合で割愛した．共同研究の成果はいくつか報告されているが，論文だけでは，それぞれの分野が果たした具体的役割は想像の域を出ないので，ここでは編者らが行った「脳磁場計測（MEG）によるヒトの第一次味覚野の同定」研究（3.1.3項）を例に，共同研究の利点を簡単に紹介したい．その研究は計測工学，心理学，神経科学分野にまたがっており，それぞれ計測工学者は最新の脳磁場計測とデータ処理を，心理学者は実験参加

者の心理評価や反応時間計測を，神経科学者は得られたデータの分析を主に担当したが，実験や解析には全員が参加した．いずれの分野が欠けても研究は遂行できなかった．味覚刺激提示から大脳皮質で活動が起きるまでの潜時から，サルの第一次味覚野の G 野にあたるヒトの第一次味覚野の脳部位を同定した．それは神経科学者が予想していた位置より後方の頭頂葉（頭頂弁蓋部と島の移行部）にあった．彼はサルの脳研究で，サルの第一次味覚野が前頭葉（前頭弁蓋部と島の移行部）にあることをよく知っていたので，同僚にもコメントを求め，やはり同定された部位は頭頂葉であることを確信した．ヒトの第一次味覚野がサルよりも後方に移動した理由として，ヒトの場合はサルより前頭葉が発達して大きくなったため味覚野が後ろに押しやられ中心溝を越えて，頭頂葉にあるのだろうと推測された．実は視覚についても同様なことがおきている（3.1.3 項参照）．本研究はヒトの脳の味覚応答の計測のために高い時間分解能をもつ MEG を用い，計測工学・心理学・神経科学の分野の叡智を結集させることで，新しい知見を得ることができた好例といえよう．その後，同研究チームは位置分解能が MEG より高い fMRI 計測で，MEG 計測と同様，味刺激を頻繁に on-off させる刺激法を用いて，同じ部位に第一次味覚野（G 野）を同定した．

また，近年，知覚心理学で古くから扱われてきた味盲や嗅盲といわれる現象と，受容体遺伝子との関係が明らかにされたが，こうした研究テーマでも心理学分野と分子生物学分野の共同研究が期待される．編者の学生時代の友人に，皆が嫌がる汗臭いにおいを好きだと言っていた女性がいたが，今になれば，その原因が彼女の嗅覚受容体遺伝子にあったのではないかと思う．心理学では味やにおいの快不快の個人差に，体験や学習が要因となることが実証されているが，遺伝子による差異とこのような環境要因との相互作用はどのように働くのか，今後の研究に期待したい．

人の味嗅覚の統合的理解を進めるには，異分野の研究者間の気軽なディスカッションや共同研究など，分野をまたぐ緊密なコミュニケーションがますます必要になるといえよう．今後，分野の垣根を越えた研究が加速し，未知の部分が多い人の味嗅覚の全貌が明らかにされることを期待したい．

2018 年 5 月

編者記す

索　引

欧　文

AD（Alzheimer's disease）
30, 170, 173, 185
AI（agranular insular cortex）
115
ALS（amyotrophic lateral
sclerosis）175

CBD（corticobasal
degeneration）172

DLB（dementia with Lewy
bodies）170

EEG（electroencephalography）
118, 119
ENaC　69
EPL（external plexiform
layer）106
EPN（endopiriform nucleus）
115
EXOM（exhaled odorant
measurement）232

fMRI（functional magnetic
resonance imaging）39,
96, 119, 122

Gタンパク質共役型受容体
（GPCR）66, 79
G野　92
GCL（granule cell layer）106
GL（glomerular layer）105
GPCR（G-protein coupled
receptor）66, 79

IBM　238
IOS（intrinsic optical signal）
109
IPL（internal plexiform layer）
106

jnd（just noticeable difference）
18

Le Nez du Vin　213

MCI（mild cognitive
impairment）174, 185
MCL（mitral cell layer）106
MDS（multidimensional
scaling）3
MEG（magnetoencephalography）
96, 118, 120
MSG（monosodium glutamate）
3
MSA（multiple system
atrophy）172

NIRS（near infrared
spectroscopy）119
Nosespace　232

OAS（odor awareness scale）
16
Olfactory training　165
olfactory white　211
ONL（olfactory nerve layer）
105
OSIT-J（odor stick
identification test for
Japanese）17, 171

PD（Parkinson's disease）
30, 170, 185
PET（positron emission
tomography）96, 119, 121
PSP（progressive
supranuclear palsy）172
PROP　66
PTC　66
PTSD（post-traumatic stress
disorder）41

RBD（REM behavior
disorder）175
R-FISS（retronasal flavor
impression screening
system）232

SNP（single nucleotide
polymorphism）85

T1rファミリー　67
T2rファミリー　68
TBM　237
TRP（transient receptor
potential）スーパーファミ
リー　69
T＆Tオルファクトメトリー
17, 171

UPSIT（University of
Pennsylvania smell
identification test）171

あ　行

亜鉛　187, 188
亜鉛欠乏　181
悪臭　191, 200

悪臭公害 193
悪臭症 163
悪臭防止法 193
悪臭防止法施行状況調査 191
悪味症 180
味の感覚強度尺度 6
味の4面体モデル 3
味の広がり 5
味の連続体 5
味物質 52, 65
後味 219
脂味（油脂の味） 3, 4
甘味 2, 127
甘味受容体 67
甘味増強効果 45
甘味評定値 45
甘味モデル 61
アミルアセテート 111, 137
アリルイソチオシアネート 55
アルカリ味 3
アルツハイマー型認知症（AD）
　30, 170, 173, 185
アルデヒド 235
アレルギー性鼻炎 164
アロステリックモジュレーター
　68
アンジオテンシンII 72
アンドロステノン 23

硫黄味 3
イオンチャネル 67
閾値 18
異嗅症 163, 166
イソブチルメルカプタン（IBM）
　238
一塩基多型（SNP） 85
遺伝性疾患 184
遺伝的多型 5
遺伝的要因 30
イノシン酸ナトリウム 4
異味症 180

ウェーバー比 19

ウェーバー–フェヒナーの法則
　196
うま味 2, 3, 127
　──の増強効果 63
うま味受容体 67

えぐ味 53, 70
エナンチオマー 53, 60
エブネル腺 72
塩味 2
塩味受容体 69

おいしさ 180
オノマトペ 9
オフフレーバー 57
オミッション法 209

か 行

外傷性嗅覚障害 166
外叢状層（EPL） 106
海馬 39
快–不快 11
快不快 27, 137
快・不快度 195
解離性味覚障害 180
香り 236
かおり風景100選 206
化学的消臭 228
鍵化合物 58
学習 113, 148
学習された共感覚 48
ガス臭 237
ガスト尺度 6
カフェイン 157
辛味 2, 53
辛味受容体 70
顆粒細胞層（GCL） 106
加齢臭 59
感覚的消臭 229
感覚特異性飽満 95
眼窩前頭皮質 100
環境適応性 46
感度曲線 22

カンナビノイド 71
官能評価 213, 218, 244
感冒後嗅覚障害 165
岩様神経節 88

記憶 35, 48
基準臭セット 213
気導性嗅覚障害 163
キニーネ 53
機能的核磁気共鳴画像（fMRI）
　39, 96, 119, 122
基本味 2, 66
嗅覚 8
　──の中枢経路 108
　高齢者の── 16, 29, 139,
　　154
　児童の── 137, 139
　新生児の── 136
　胎児期の── 29
　中学生の── 138
　乳児の── 137
　妊娠期の── 16, 30
　幼児の── 137
嗅覚過敏 163, 168
嗅覚減退 158
嗅覚受容体遺伝子 23, 78
嗅覚受容体タンパク質 79
嗅覚障害 162
嗅覚測定法 193
嗅覚脱失 162
嗅覚低下 162, 172
嗅覚同定能力 17
嗅覚同定能力検査法 17
嗅覚受容体 208
嗅球 83, 104
嗅上皮 76
嗅神経細胞 76
嗅神経性嗅覚障害 163
嗅神経線維層（ONL） 105
嗅繊毛 77
9段階快・不快度表示法 195
嗅粘液 77
嗅皮質 107

索　　引　　　　*251*

嗅盲　78, 85, 163, 168
共感覚　35
狭義の味　2, 66
橋結合腕周囲核　90
キレート　181
筋萎縮性側索硬化症（ALS）　175
近赤外光血流計測（NIRS）　119
金属味　3, 55

グリシン　52
クリュウバー-ビューシー症候群　96
グルタミン酸ナトリウム（MSG）　3

経験的要因　30
軽度認知症（障害）（MCI）　174, 185
結節状神経節　88
健康状態　150
原臭　208
検知閾　6, 18, 85
現場臭　201

香気成分　231
広義の味　2, 66
口腔疾患　184
高次味覚関連野　100
高次味覚皮質　95
口臭　59
口唇傾向　96
構造活性相関　60
口中香　55
行動の文脈　96
後鼻腔香　219
後鼻腔性嗅覚　47, 48, 76
香料化合物　59
高齢者の嗅覚　16, 29, 139, 154
高齢者の味覚　142
5基本味　2, 52
コク味　70

鼓索神経　87
個人差　5, 30, 243
弧束核　90
コーヒーの風味　219
混合味　3

さ　行

再統合性の学習　48
再認法　36
錯味　180
三叉神経系　119
三点比較式臭袋法　196
三点比較式フラスコ法　196
酸味　2
酸味受容体　68
3野　92

塩から味　2
閾希釈倍数　197
糸球体　83, 84, 105
糸球体層（GL）　105
糸球体マップ　104
刺激性異臭症　166
刺激味　2
嗜好得点　128
自己臭症　163
示差性　38
視床後内側腹側核小細胞部　90, 92, 93
視床-皮質間反響回路　92
持続臭気　24, 26
7原香　56
シックハウス症候群　168
膝状神経節　88
質的嗅覚障害　163, 166
質問紙法　244
自伝的記憶　39
児童の嗅覚　137, 139
児童の味覚　131
自発性異臭症　166
自発性異常味覚　180
渋味　53, 70
脂肪酸　71

ジメチルスルフィド　237
臭気　191, 201
──の吸引　198
──の発生源　198
──の漏洩　199
臭気強度　193, 240
臭気指数　195, 229
臭気濃度　195
臭気排出強度　197
臭気判定実務従事者　197
臭気質表現　201
収斂味　2, 70
シュタイナー，J. E.　127
順応　24, 240
順応/慣れパターン　25
消化　72
上喉頭神経　87
消臭　228
消臭剤　224
上側頭溝　120
情動　39
小脳　122
上皮性ナトリウムチャネル（ENaC）　69
情報伝達機構　71
食育授業　135
食塩　6
食味嗜好　129
食欲　71
女性ホルモン　23
鋤鼻器　137
シール式嗜好マッピング法　127
神経性嗅覚障害　164
神経変性疾患　185
人工嗅覚受容体　210
進行性核上性麻痺（PSP）　172
新生児の嗅覚　136
新生児の味覚　126
心的外傷後ストレス障害（PTSD）　41

スカトール臭　137

ストレス　39, 180, 184

生育環境　29
性格特性　139
生活複合臭　226
性差　16
正同定率　15
精油　58
舌咽神経舌枝　87
全口腔法（検査）　133, 188
浅在性大錐体神経　87
前障　115
先入観　28
前鼻腔香　219
前鼻腔性嗅覚　48, 76
前梨状皮質　110

相対弁別閾　19
相反性シナプス　106
相反性樹状-樹状突起間シナプ
　　ス　106
僧帽細胞層（MCL）　106
咀嚼　90, 93

た　行

第一次嗅覚野　122
第一次味覚野　92, 96
ダイオキシン　192
大気拡散　199
胎児期の嗅覚　29
胎児期の味覚　126
体臭　30, 59, 136
大錐体神経支配領域　147
対数関数　23
対比効果　28
タウ尺度　6
多系統萎縮症（MSA）　172
多次元尺度構成法（MDS）　3
だしの味　3
ターシャリーブチルメルカプタ
　　ン（TBM）　237
脱臭　199
タバコ　138

短期記憶　37
単純接触効果　28
断続臭気　26
タンニン　55
ダンピング効果　49

チオール　235
中学生の嗅覚　138
中学生の味覚　133
中間神経　88
中心前3野　92
中枢性嗅覚障害　163
長期記憶　37
丁度可知差異（jnd）　18

通報率　238

呈味成分　231
鉄欠乏性貧血　181
テトラヒドロチオフェン　237
電気味覚検査　187
伝統的和食　133

同時性判断課題　46
糖代謝　72
島皮質　97, 120
特異的無嗅覚症　78
特定悪臭物質　57, 194
都市ガス　237
ドッキングスタディ　62

な　行

内因性光学的計測（IOS）　109
内叢状層（IPL）　106
慣れ　24, 240
軟口蓋　147

におい識別装置　211
においセンサ素子　209
においの閾値　18, 46, 154
においの感覚強度　23
においの記述語　8, 201
においの質　8

——の弁別能力　156
においの体験　139
においの地図　84
においの同定　15
においの同定能力　155
においの表現　8
においの文脈　28
におい物質　55, 75
苦味　2, 129
苦味受容体　68
日間変動　21, 243
日常生活臭　10, 12
日内変動　21, 243
日本人のためのスティック型嗅
　　覚同定能力検査法（OSIT-J）
　　17, 171
乳香　208
乳児の嗅覚　137
乳児の味覚　126
乳房フェロモン　137
妊娠期の嗅覚　16, 30
認知閾　18
認知症　37, 173, 185

脳機能計測　95, 242
脳磁場計測（MEG）　96, 118,
　　120
脳波計測（EEG）　118, 119

は　行

パーキンソン病（PD）　30, 170,
　　185
発達段階　29
バニラのにおい　147
パネル　242
パネル選定用基準臭　57
ばらつき　245
ハロー効果　49
ハロー-ダンピング効果　49
汎化　113
ハンター舌炎　181
判別　113

鼻腔　76
皮質基底核変性症（CBD）
　　172
非侵襲的脳機能計測　96
皮膚接触　137
肥満　130
『美味礼讃』　44

風味　47, 218, 231
風味障害　180
風味知覚　44
風味特性　218
フェニルチオカルバミド
　　（PTC）　66
フェロモン　137
不快臭　59
不快度　26
複合臭　208
付臭剤　59, 237
不斉炭素　53
ブリア=サヴァラン　44
プルースト現象　36
フレーバー　231
フレーバーリリース　231, 233
プロピルチオウラシル（PROP）
　　66
文化的背景　29
文脈依存記憶　38

ベキ関数　23
ベスト刺激カテゴリー　89
扁桃核ニューロン　96
変動臭気　26
扁桃体　40, 100
弁別閾　18

芳香消臭剤　215, 224
房飾細胞　106
傍梨状核（EPN）　115
母乳　127, 136
ボーマン腺　76

ホモゲンチジン酸　55

ま　行

マグニチュード推定法　23
マグニチュードマッチング法
　　145
マスキング　215
慢性副鼻腔炎　164

味覚　2
　　――の検知閾　6
　　高齢者の――　142
　　個人の――　5
　　児童の――　131
　　新生児の――　126
　　胎児期の――　126
　　中学生の――　133
　　乳児の――　126
　　幼児の――　127
味覚-嗅覚システム　44
味覚減退　180
味覚修飾物質　63
味覚受容体　65
味覚障害　178
味覚神経　87
味覚線維　88
味覚増強効果　46
味覚脱失　180
味覚チェック　133
味覚ニューロン　91
味覚皮質野　96
味覚皮質領域（AI）　115
味覚誘発電位　243
味覚抑制効果　46
味細胞　65
水応答　90
味噌汁の味比べ　134
味蕾　65, 87, 126

無嗅覚症　120

モンゴメリー腺　137

や　行

薬剤（薬物）性味覚障害　181,
　　188

油脂の味（脂味）　55, 70

幼児の嗅覚　137
幼児の味覚　127
羊水のにおい　136
陽電子画像法（陽電子放出断
　　層撮影）（PET）　96, 119,
　　121
4基本味説　3

ら　行

ラベルつき評定法　23
ラベルド・マグニチュード推定
　　法　23

梨状皮質　107, 108, 115
量的嗅覚障害　162

レヴィ小体　171
レヴィ小体型認知症（DLB）
　　170
レプチン　71
レム睡眠行動異常症（RBD）
　　175
連続強度評定　218, 220

6段階臭気強度表示法　194
ろ紙ディスク（法）検査　146,
　　187
ローランド弁蓋部　96, 97

わ　行

ワーキングメモリ　36

編集者略歴

さいとうさちこ
斉藤幸子
1944 年　東京都に生まれる
1967 年　東京教育大学教育学部卒業
　　　　通産省工業技術院産業工芸試験所（現・産業技術総合研究所）入所
2005 年　産業技術総合研究所退官
現　在　斉藤幸子味覚嗅覚研究所所長
　　　　博士（学術）

こばやかわ　たつ
小早川　達
1967 年　大阪府に生まれる
1994 年　東京大学大学院工学系研究科修士課程修了
現　在　産業技術総合研究所人間情報研究部門研究グループ長
　　　　博士（工学）

シリーズ〈食と味嗅覚の人間科学〉

味嗅覚の科学
　―人の受容体遺伝子から製品設計まで―　　　定価はカバーに表示

2018 年 6 月 5 日　初版第 1 刷
2020 年 11 月 25 日　　　第 2 刷

編集者　斉　藤　幸　子

　　　　小　早　川　　達

発行者　朝　倉　誠　造

発行所　株式 朝　倉　書　店
　　　　会社
　　　　東京都新宿区新小川町 6-29
　　　　郵 便 番 号　162-8707
　　　　電　話　03（3260）0141
　　　　Ｆ Ａ Ｘ　03（3260）0180
　　　　http://www.asakura.co.jp

〈検印省略〉

ⓒ 2018 〈無断複写・転載を禁ず〉　　　印刷・製本　東国文化

ISBN 978-4-254-10668-8　C 3340　　　　Printed in Korea

JCOPY ＜出版者著作権管理機構 委託出版物＞
本書の無断複写は著作権法上での例外を除き禁じられています．複写される場合は，
そのつど事前に，出版者著作権管理機構（電話 03-5244-5088, FAX 03-5244-5089,
e-mail: info@jcopy.or.jp）の許諾を得てください．